新南腔北调集 3

科学的幻想与历史构建

江晓原 刘 兵 著

图书在版编目（CIP）数据

科学的幻想与历史建构/江晓原，刘兵著．—上海：上海科学技术文献出版社，2021
（新南腔北调集）
ISBN 978-7-5439-8364-9

Ⅰ.①科… Ⅱ.①江…②刘… Ⅲ.①科学学 Ⅳ.①G301

中国版本图书馆CIP数据核字（2021）第135616号

选题策划：张　树
责任编辑：姜　曼
封面设计：留白文化

科学的幻想与历史建构
KEXUE DE HUANXIANG YU LISHI JIANGOU
江晓原　刘　兵　著
出版发行：上海科学技术文献出版社
地　　址：上海市长乐路746号
邮政编码：200040
经　　销：全国新华书店
印　　刷：常熟市人民印刷有限公司
开　　本：889mm×1194mm　1/32
印　　张：14.25
字　　数：320 000
版　　次：2021年8月第1版　2021年8月第1次印刷
书　　号：ISBN 978-7-5439-8364-9
定　　价：88.00元
http://www.sstlp.com

总 序

江晓原

我从 2002 年 10 月起,在《文汇读书周报》上特约主持该报与上海交通大学出版社合办的《科学文化》专版,每月一次。这个版面每次包括三部分:我和刘兵教授的《南腔北调》对谈专栏、一篇书评、三种新书简介。2015 年这个《科学文化》专版移到了《中华读书报》,改为逢双月出版,但每次的版面篇幅增加了一倍。从 2020 年 8 月起,该专版改为《中华读书报》和上海科技教育出版社合办。这个《科学文化》专版持续至今,我和刘兵教授的对谈也持续至今。

我们对谈中所讨论的书籍,完全由我和刘兵两人商定,专版上的书评由我选定书籍后约作者撰写,新书简介则由我自己撰写,这些全都不受专版合办出版社的影响,所以完全可以视为真正的"独立书评"。我们选书的标准,是兼顾如下三方面:

书籍的思想价值;

公众的阅读趣味;

当下的热点话题。

这件事情,我们持之以恒做到如今,已经 18 年了。这个《南腔北调》对谈专栏,至少就持续时间之久而言，或许在"专栏史"上也可以有一席之地了。

事实上，持之以恒做一件事情，用不了 18 年，就会引起人们的注意。所以我们的对谈已经有过三次结集：

江晓原、刘兵：《南腔北调：科学与文化之关系的对话》，北京大学出版社，2007；

江晓原、刘兵：《温柔地清算科学主义》，北京大学出版社，2010；

江晓原、刘兵：《要科学不要主义：〈南腔北调〉百期精选》，上海交通大学出版社，2010。

现在这部"新南腔北调集"（三卷本），则是《南腔北调》对谈专栏 18 年来的第一次完整结集。

对于《南腔北调》这样的专栏，读者不难想见，当初选书时肯定有相当大的随机性，某本书刚好进入了我们的视野，引起了我们的兴趣，我们就会谈它。这次结集，为了便于读者阅读和检索，我不再受当初见报时先后顺序的约束，而是将每卷分为若干个专题，将属于同一专题的对谈纳入其中。

这些年，我和刘兵教授还在《中国图书评论》杂志上开过一个《南辕北辙》对谈专栏，在《文景》杂志开过一个《学术品位》对谈专栏，这两个专栏每次的篇幅稍长一些，所谈也都是与书籍及学术有密切关系的话题。这次结集"新南腔北调集"（三卷本）时，我也将上述两个专栏的对谈全数编入了。

2020 年 10 月 1 日
于上海交通大学科学史与科学文化研究院

目 录

总　序　　　　　　　　　　　　　　　　　　　　　　*1*

1. 幻想世界

美女是一种革命力量
　　　——重温科幻经典《我们》　　　　　　　　　*3*
《黑客帝国》的哲学意义　　　　　　　　　　　　　*8*
日本小说家幻想中的末日　　　　　　　　　　　　　*13*
《基里尼亚加》：乌托邦与现代化之战　　　　　　　*18*
《傅科摆》：又见埃科　　　　　　　　　　　　　　*25*
是不朽经典，还是皇帝新衣？
　　　——关于奇书《万有引力之虹》　　　　　　　*30*
2012-12-21：让我们明天准时上班　　　　　　　　　*35*
在高科技时代捍卫公众隐私
　　　——《数字城堡》中的观念冲突　　　　　　　*41*
灵魂与大脑：哪个完善得更快？
　　　——《天使与魔鬼》　　　　　　　　　　　　*46*
《失落的秘符》：丹·布朗又来反科学了　　　　　　*51*
作为科幻小说的《地狱》　　　　　　　　　　　　　*56*
丹·布朗走在反科学主义的道路上吗？　　　　　　　*61*

《异海》：在科学和神秘的交界上 68
《蚁生》：一个反乌托邦的寓言 73
"咋越学越对科学不放心呢？"
　　——科幻小说《十字》 78
《与吾同在》：上帝也无法裁决的善与恶 83
《血祭》：科幻作家的新尝试 89
应对宇宙灾变的新预案 95
王晋康的新追求：从《逃出母宇宙》到《天父地母》 100
看看美国电影怎样为五角大楼服务 107
科学幻想：一个无边的世界
　　——从《彩图科幻百科》说起 114
科幻小说史：是不是一种科学外史？ 118
西方科幻作品中的悲观主义问题 124
"野蛮人"眼中的现代化 129
生物技术：幻想中的末日
　　——关于小说《羚羊与秧鸡》 134
玩火自焚：一个滥用技术的寓言
　　——关于科幻小说《猎物》 139
《基地》：一曲科学主义的赞歌吗？（上）
　　——关于科幻小说《基地》 144
《基地》：一曲科学主义的赞歌吗？（下）
　　——关于科幻小说《基地》 149
莱姆到底想说什么？
　　——关于小说《索拉里斯星》 154
克隆：还想扮演上帝的上帝吗？
　　——《南腔北调》专栏5周年 159

目 录

我们能够有一个永远的家园吗?
　　——从《没有我们的世界》谈起　　164
宇宙尺度下的资源争夺与发展策略
　　——从科幻小说《三体》出发进行思考　　169
谁是黑暗森林中的傻孩子?
　　——科幻小说《三体II·黑暗森林》　　175
在幻想的故事中思考
　　——迈克尔·克莱顿的小说　　181
《群星》:人类的命运到底是什么?　　192

2. 科学史

一位德国学者眼中的中国技术文化史　　201
女性主义和科学史的后现代情缘　　208
电报背后的科学技术和政治　　215
这回是真的剑桥科学史啦
　　——读《剑桥科学史》第四卷　　220
一碗来自剑桥的科学宽面条
　　——《剑桥科学史》第七卷　　225
纯真年代的数理科学
　　——关于《剑桥科学史》第五卷　　231
"非欧洲中心"的科学技术史是否可能?　　239
那是一个个科学的碉堡啊!
　　——关于《天地有大美》　　244
"李约瑟难题"还能成为有生命力的研究纲领吗?
　　——初读陈方正《继承与叛逆》　　249

一片留给未来的痴情
　　——读戈革译《尼耳斯·玻尔集》　　　　　　　　　*255*
科学史就在你我身边
　　——关于《过去 2000 年最伟大的发明》　　　　　*260*

3. 大师与经典

从牛顿看现代科学的"血统"
　　——《最后的炼金术士：牛顿传》　　　　　　　　*267*
从伽利略那里领略科学文化　　　　　　　　　　　　*271*
狄拉克传记：深奥的学问冷门的书　　　　　　　　　*276*
萨顿的宏愿：一个人与一个学科　　　　　　　　　　*281*
走进爱因斯坦的生活　　　　　　　　　　　　　　　*289*
爱因斯坦的上一半和下一半
　　——关于《恋爱中的爱因斯坦》或《爱翁情史》　　*296*
爱因斯坦奇迹年：一个针对今天的教训　　　　　　　*302*
再走近一次爱因斯坦吧
　　——关于爱因斯坦的社会责任感　　　　　　　　*309*
历史文化背景中的爱因斯坦　　　　　　　　　　　　*314*
亲近经典，懂不懂都有收获
　　——关于霍金《站在巨人的肩上》　　　　　　　　*320*
《时间简史》：一个科学传播的神话　　　　　　　　*325*
《大设计》：科学之神晚年站队　　　　　　　　　　*330*
回顾生平：霍金的第二部《简史》　　　　　　　　　*335*

目 录

4. 学界的人和事

戴维·洛奇：一个后现代智者和他的小说　　343
物理学家的人文情怀
　　——费曼其人其书　　353
净土背后：大学校园中的那些事儿
　　——谈《文学部唯野教授》兼及几部中国同类小说　　365
日本第一个诺贝尔奖得主的科学观
　　——汤川秀树的《现代科学与人类》　　376
李约瑟在今天的意义与局限
　　——从《李约瑟：揭开中国神秘面纱的人》说起　　381
李零：当代学者中的异数吗？　　393
高才自古多沦落
　　——戈革教授其人其事其书（上）　　405
高才自古多沦落
　　——戈革教授其人其事其书（下）　　415
珊戈独具忆先贤　　428
忆周雁　　435

5. 附　录

享受谈话中的不确定性
　　——《南腔北调》前言　　439
南腔北调，畅谈当代科学文化　　443

1. 幻想世界

美女是一种革命力量

——重温科幻经典《我们》*

□ 江晓原　■ 刘　兵

□ 当你提议我们这次谈《我们》时，我很快从书架上找到了2005年的中译本。书页已经发黄，但书的品相极好，我的藏书印在发黄的书页上显得年代久远。当所谓的"数字阅读"正闹腾得甚嚣尘上的时候，在午后斜阳中，翻开这样一本书，真可让人发思古之幽情，去奔竞之俗念。

这部反乌托邦的鼻祖小说创作于1920年——十月革命后的第二年，但无法得到苏维埃政权的出版准许，到1924年以英文版在美国问世。注意到这部小说的创作年份，有助于我们对作者扎米亚京的思想能力和文学天分做出恰当的评价。考虑到世界上第一个社会主义政权才建立一年，扎米亚京已经在小说中对未来的集权社会——这样的社会后来确实在苏联的历史中出现过——做出了准确的想象。

小说在假装正面描绘这样的未来社会时，其反讽笔触也是显而易见的。

■ 我觉得，确实可以理解和想象你所说的"在午后斜阳

---

* 《我们》，[苏联]叶甫盖尼·扎米亚京著，范国恩译，译林出版社，2013年12月第1版，定价：28元。又，殷杲译，江苏人民出版社，2005年10月第1版，定价：18元。

中，翻开这样一本书，真可让人发思古之幽情，去奔竞之俗念"这种意境。

通常，人们会将此书归为经典的"反乌托邦三部曲"之一。不过，在与另外两部反乌托邦经典，也即《1984》和《美丽新世界》相比，我觉得，这本书的作者倒是真正在对极权的统治有所体验的背景下，再将极端的"科学主义"的技术与社会发展想象相结合，才写出了这样一部杰作。这是与另外两本书的作者的写作背景大为不同之处。当然，在另外一种意义上，另外两部小说的作者虽然缺少这种直接体验，却也居然能够写出那么传神的与现实或可能的现实如此接受的情景，其想象力更是令人惊叹。

但另一方面，在我的感觉中，在我们这里的社会传播中（我不知道在西方又是如何），似乎这本《我们》的影响，不像另外两部反乌托邦经典那么大。这是什么原因呢？或许，作者的那种更为俄式的文学语言风格是一个影响因素？

□　我认为这仍然要考虑至少一二个世纪以来西方在文化方面的话语霸权。这种霸权不仅体现在"主流"的观念中，甚至还能体现在对"主流"持批判态度的观念中。何况"反乌托邦"的批判矛头，本来主要就是指向共产主义和社会主义阵营的，它和西方鼓吹的"自由""民主"本来就是大体合拍的。所以，在"反乌托邦三部曲"中，出于西方学者之手的后两部，自然就会更有名，尽管《1984》和《美丽新世界》的作者在反乌托邦小说这件事上应该算扎米亚京的学生。如果我们这样看问题，那对《我们》的评价就会更高一些。

有趣的是，《1984》的作者乔治·奥威尔在《1984》问世之前，对《我们》和《美丽新世界》有过一番评论，虽然他对于《我们》本身所呈现的小说技巧评价不高，但他着眼于扎米亚京在反乌托邦传统上的开创之功，对《我们》的评价也比《美丽新世界》更高一些。而且奥威尔强调，《我们》中所描绘的反乌托邦未来社会，具有广泛的讽刺意义，并非仅仅是针对苏联社会现实的，而是针对"机器"——用今天的话来说，可以认为就是以机械化和自动化乃至信息化为特征的现代化——的思考。

■ 如果从开创性来说，无疑《我们》会得到更高的评价。不过，我前面所说的，也含有这样一种意思，即中国读者在文学阅读习惯上，似乎现在也变得更西化了，那种俄化的风格，随着追随"老大哥"时代的过去，也越来越不太为更多的人所欣赏了。当然，这种情形同样可以用你刚说的西方的话语霸权，或者用现在比较流行的"文化殖民"概念来解释。

我们在对谈中曾经太多地谈到有关科学主义的问题。其实在这当中，比起那些当下有反科学主义倾向的科幻、（广义的）科普等作品来，三部"反乌托邦"经典之作是另有一些特殊性的。其最重要的，是将科学主义的危害与集权的统治相联系。而就这点来说，扎米亚京的《我们》，又更有特点，我觉得其现实的成分在深层上甚至或以超过幻想的成分，尽管它是以幻想的形式写出来的。

在这部作品中，就像在另外两部作品中一样，一些细节也同样耐人寻味。比如说，在作者以第一人称塑造的主角身上，科学主义的烙印不可谓不深，但当他遇到了Ⅰ-330这位让他莫名其妙心动的女"号民"时，"非理性的"，或者也可以说是那种更属于人文的情感因素,与其理性的冲突,显示出其不可思议的巨大力量,并决定了其后情节的发展。这是否是以一种文学的方式暗示着科学理性力量的"局限"呢?当然,最后仍然是悲剧的结局,但我更以为那不仅仅是因为理性的力量所致,而是以理性的方式形成的理性与极权制度相结合的可怕力量带来的结果。

□ 非常有趣的一点是,Ⅰ-330对男主人公的影响、启蒙和唤醒,是现代许多西方科幻作品中经常出现的桥段。比如影片《撕裂的末日》(*Equilibrium*,2002)中,身为集权社会执法人员的男主人公,也是在一个参与地下反抗组织的女子的感召下,挺身"反叛",最终杀掉了集权首领"老大哥"的。换句话说,革命经常是在美女的"挑唆"下发生的。这个观念至少在西方的幻想作品中,也是相当"主流"的。

这背后的逻辑是什么呢?我认为和你刚刚提到的科学主义有关,简单地说是这样:洗脑见成效之日,就是"理性滥用"之时,此时表面看是"理性"占统治地位的;要打破这种洗脑的成效,就要诉诸"非理性"。"非理性"在哪儿呢?通常它最深的藏身之处,首先就在男女情爱,其次在美的震撼。所以《撕裂的末日》中的集权社会严禁一切文学艺术,就是怕美扰乱人心。而一个反叛的美女,情爱加上美感,对集权社会而言当然就具有双重危险,革命和反抗自然经常会在美女的感召下发生了。

■ 哈哈,这样说来,所谓"红颜祸水"之说,也可以有一种新的解释了。其"祸"者,乃集权之祸,科学主义之

美女是一种革命力量

祸也。

但是,美女作为"革命"的力量,力量也有限。至少,我们今天面对着科学主义的"理性"统治时,要指望用美女的力量来解决问题,恐怕可能性与可行性都还不够,尽管人们都会对像"爱情"这样的更为非理性的体验有所感觉。这里出现的矛盾是,如果科学主义是理性的,那么,反科学主义就一定是非理性的吗?如果反科学主义也可以是理性的,那么此理性与彼理性的对决,又会是谁胜谁负呢?当然这里还有一个更难的问题,即何为理性,在历史的不同时期其实是有着不同的理解的,当今,我们又该如何定义理性呢?

就像看《归来》这部电影时,许多年轻人虽然可以被感动,但其感受其实与经历过"文革"的老一代人相当不同了。阅读这部《我们》,情形也许是类似的。尽管如此,对于哪怕是带有荒诞之感的对于某种未来的幻想的设想的接触,仍然可以帮助年轻一代对于科学主义在极端的情形下会带来什么可怕情景的阅读中,潜移默化地形成某种影响。因此,在对经典越来越远离的现代科学主义喧嚣中,呼吁人们重读像《我们》这样的反乌托邦经典,这肯定对于改变人们思想中的"缺省配制"会有积极的作用。

原载 2014 年 8 月 1 日《文汇读书周报》

《黑客帝国》的哲学意义

□ 江晓原　■ 刘　兵

□ 虽然我曾经发表的那些对《黑客帝国》的评论后来并不能让我自己满意，但是我仍然乐意向你指出这一点：在中国，我或许是影片《黑客帝国》系列最早的评论者之一。这部影片让我产生了前所未有的兴趣，所以我收集了若干种有关《黑客帝国》的书籍，其中有一本还收录了我的评论。这次你提议谈这本《黑客帝国与哲学》*，虽然有点出我意料，当然也是我非常乐意的。

据说有史以来，从未有电影像《黑客帝国》那样，引起哲学家们如此巨大的关注兴趣和讨论热情。我想这主要是因为《黑客帝国》涉及了一些哲学上的最基本的问题。

有哲学意蕴的科幻影片当然也可以举出不少，但达到《黑客帝国》那样深度的则确实从未有过。通常被认为"非常深刻"的《2001太空漫游》(*2001: A Space Odyssey*，1968）和《黑客帝国》一比就相形见绌了，"浅薄而伟大"的《星球大战》(*Star War*，1977—2005）从哲学角度来说更是不足挂齿；在我看过的数百部科幻电影中，也许只有《银翼杀手》(*Blade Runner*，1981）差可比肩。但《银翼杀手》在表现手法上又太缺乏大众娱乐色彩，使得它始终只能是一部小众电影。而《黑

---

* 《黑客帝国与哲学》，[美]威廉·欧文编，张向玲译，上海三联书店，2006年9月第1版，定价：30元。

《黑客帝国》的哲学意义

客帝国》呢？套用一句你的著名广告语，居然做到了"看《黑客帝国》，懂与不懂都说好看"。

■ 我虽然不像你那样迷科幻，但对于《黑客帝国》电影系列很有兴趣。我也注意到，这三部广受欢迎的大片，其实颇有些像红楼梦一样，不同的受众可以在不同的层次上，产生不同的兴奋点。

我想，既然我们把这次对谈的标题以现在的方式选定，那其实注定是要就《黑客帝国》来谈一个比较小众的话题了。我们要谈的这本书，我早已买下，但直到不久前，才在一次出差的机会中认真地看了一遍。这实际上是一本论文集，是国外学者从若干不同角度和领域来对《黑客帝国》进行哲学研究，或者说讨论《黑客帝国》与哲学之间关系的。这本文集中的文章，又涉及了哲学的诸多领域，其中，虽然也有一些我读的时候感到兴趣稍差，但大部分文章还是颇能让人进行一些有益的哲学思考的。我尤其感兴趣的是结合电影的内容与关于"实在"的哲学问题（从古希腊一直到最新的科学哲学）的分析和讨论。这里，应该说是触及了许多非常根本性的哲学问题。

我在读时，甚至想，以后如果有机会，给非哲学专业的学生开一门选修课，就叫"《黑客帝国》与哲学"，也许是一件很有意思的事，结合着这部众人皆看的超极大片来讲那些本来非常抽象的哲学问题，岂不是拉近哲学与娱乐的一种好方法？

□ 我当然很乐意看到你将上面设想的选修课开设出来。我以前只就《黑客帝国》给大学生做过两次讲座。

要谈论《黑客帝国》的哲学意义，当然有许多方面，不过在我看来，最根本性的论题应该是这个：一旦我们承认了 Matrix（所谓"母体"，即影片中电脑所建构的虚拟世界）存在的可能性，我们还能不能确定外部世界是真实的呢？我看到的答案通常都是否定或倾向于否定的（比如本书中"母体存在的可能性"一文）。我自己当初思考的结果也是否定的。你不难想象，这个否定的答案，对于我们习惯于确定的外部世界的客观性来说，具有致命的摧毁作用。因为你一旦承认"母体"存在的可能性，那也就得跟着承认你此刻正在"母体"之中的可能性；而这样一来，你对外部世界的真实性就再也无法确定了。

上面这个问题，其实并非《黑客帝国》第一次提出，在此之前，哲学家们讨论的所谓"瓶中脑"问题，就是它的先声。在《黑客帝国》之前的某些科幻电影中，比如《十三楼》(*The Thirteenth Floor*，1999)、《银翼杀手》等，已经或多或少地接触了这个问题。但是它们都未能像《黑客帝国》那样将这个问题表现得如此生动和易于理解。也许这正是哲学家热衷于讨论《黑客帝国》的原因。

■　哲学，如果不是按照过去某些时间段中来自上层的旨意而将其庸俗化的话，其重要性，恰恰在于通过思考，人们可以发现在日常的习惯性思维中很难设想的东西。关于从我们认知的角度来谈论外部世界的客观性，以及对此的怀疑，就是其中典型的问题。《黑客帝国》所涉及的核心问题也正在于此。

但《黑客帝国》之所以有别于一般的哲学讨论，又在于它是一部娱乐性很强的商业电影，尽管广大受众并不一定都会被引导到去思考那些艰深抽象的形而上学问题（就如同《红楼

《黑客帝国》的哲学意义

梦》的众多读者并不一定都要像红学家一样去读《红楼梦》），但毕竟使这种思考成为一种潜在的可能。

此外，它又把当下流行于世的高新科技，如电脑、数字技术等引入，使其成为一个虚幻世界的技术支撑，使其看上去更具有某种可信性，这又潜在地引入了一种高新科技恰恰可以带给我们更精致的骗局。更为高明的是，即使对于那些并不想看过电影之后就去思考哲学问题，甚至对于那根本就不想思考哲学问题的观众，这部电影依然充满了令人惊叹的视觉震撼和娱乐性。

于是我们就可以思考这样一个问题了：我们经常抱怨国产电影不好看，中国电影人也经常把这种情形归罪于某些外部原因。让我们设想，即使那些国产片的编剧、导演、制片和主角们拥有了极大的自由空间，他们就一定能拍出《黑客帝国》这样的片子吗？这背后的潜台词之一也就是：他们有这样的哲学修养吗？

□ 你上述设想，虽然听上去有点过于苛求中国的电影人了，但确实也有合理性。有人说"哲学在中国早已臭大街了"，这当然不是持平之论，但如果我们读一读这本《黑客帝国与哲学》，就会发现，与其说我们缺乏哲学，不如说我们缺乏哲学思考。哲学思考的空间几乎可以说是无限的，即使有某些约束，仍然有足够广大的思考空间，怕就怕人们失去进行哲学思考的习惯。

中国的电影人没有拍出《黑客帝国》那样的影片，这不构成指责他们的理由——毕竟全世界的电影人中也只有少数几个拍出过类似的影片。但是当《黑客帝国》在中国公映之后，中

科学的幻想与历史建构

国的哲学家们并没有做出过类似的思考,这才是值得反思的。也许他们觉得,以哲学家之尊去评论这样一部"商业电影"是有失身份的?抑或他们觉得,自己也看不懂《黑客帝国》不如藏拙为好?

■ 你这最后的说法,把我们谈话的矛头从中国的电影人转向了中国的哲学家们了。当然,最后这种分析似有推测之嫌,但也不无合理性。至少,从现象上看,我们这里的哲学家们通常确实显得比较"清高",似乎不屑与电影大片这种通俗的东西扯上关系,至少是没有像国外的一些哲学家们那样,能专门写出讨论《黑客帝国》的哲学论文集来。而这样的"清高",在有保持哲学的高雅地位这一好处的同时,也更让哲学远离了本有可能对其产生兴趣的公众。而我们当下在大力推动提升公民的科学素养的时候,似乎也鲜有人来呼吁提高公民的哲学素养。

说到这里,又回到了公众的素养这一话题。当然,在最广义的理解中,哲学工作者也是公众的一部分,在素养的定义中,它又不完全等同于知识。也许我们反而可以借此机会再呼吁一下提高公众哲学素养的重要性吧,实际上,在真正公众需要理解的意义上,需要提升的科学素养的很大一部分,不正也是哲学素养而非那些过于具体的、专门化的科学知识吗?

原载 2012 年 6 月 1 日《文汇读书周报》

日本小说家幻想中的末日

□ 江晓原　　■ 刘　兵

□ "最后一个人消失了，日本人口终于清零了。一个月前，这里有约一亿三千万人，现在这些人都不在了。……空无一人。"这不是仇日网民匿名发泄时的诅咒，而是日本小说作家笔下日本末日的场景。这部科幻小说的书名，就是赤裸裸的《日本灭绝计划》*，书中详细描写了代号为"零计划"的杀人计划，旨在灭绝全日本的人口。

一个小说家，在自己的作品中假想自己民族被灭绝的场景，不知他如何下得了手。当然，类似的幻想作品，美国人也创作过，比如《我是传奇》之类，但那至少还留下了一线希望，没有让自己的民族彻底"清零"。而这部日本小说的想象，竟是如此的冷酷、决绝、不留余地，还真让人有些吃惊。

■ 我还记得，我们商定要谈这本小说，是在你家的书房里，你提到可选的几种书，包括你当时称为"科幻"小说的这本书。或许是因为书名的刺激性，我们选定了这本书。不过，在我读过之后，比起你刚说的那种对于作者的想象如此"冷酷、决绝、不留余地"的震惊，让我感触更深的，却是一些困惑。

首先，是对于此书的分类。显然，它不是寻常意义上的

---

* 《日本灭绝计划》，[日] 清凉院流水著，汪洋译，译林出版社，2011年3月第1版，定价：28元。

科学的幻想与历史建构

"科幻小说",但更合适的分类是什么呢?政治幻想小说?惊悚小说?再有,就是写这本小说的目的,说实在的,我似乎真的没有看得很明白作者究竟要向读者传达什么样的思想,就情节来说,似乎也算不上特别好看。你应该是更先读了此书的,对此,你有些什么想法呢?

□ 我觉得将此书归入"政治幻想小说"是可以的,尽管这种故事情节更像同类的科幻小说。为了有助于理解这部小说,也许提到此前相关的日本作品是有必要的。

1973 年,小松左京发表了科幻小说《日本沉没》,假想由于地质原因——这样就毫无疑问可以归入科幻了——导致日本列岛全部沉没。这原是科幻作品中常见的末日题材作品,不料在日本极为畅销,很快同名电影就上映了,次年又改编成了电视剧。30 多年后的 2006 年,又同时上映了两部影片,一部是《日本沉没》的翻拍片,另一部是根据同名短篇小说改编的恶搞电影《日本以外全部沉没》——小说作者就是我们以前在这个专栏谈过的《文学部唯也教授》的作者筒井康隆。这些想象日本末日的小说和电影既然都能够在日本广受欢迎,那么再出一种更厉害的《日本灭绝计划》,似乎也就不难理解了。

另一方面,我所接触过的一些日本古今文学作品以及绘画、电影等,给我一个奇怪的印象是,虽然日本人也避讳"死"字(甚至因为数字"四"的发音近于"死"而避之),但他们却喜欢讲究"死亡美学",这种癖好似乎在别的文化中很少有表现。就以这部《日本灭绝计划》中的"零计划"而言,从它的策划者和实施者在谈论这一恐怖计划时的语言和心态描写来看,又何尝没有"死亡美学"的影子?

日本小说家幻想中的末日

■ 我也同意你的分类。你说的《日本沉没》这部电影我倒是看过,原来本以为这本小说与那部电影是类似的,但看过之后,还是觉得,那部电影倒更有科幻的意味,而这部小说,如你所说,确实更像一部政治幻想小说。

你谈到的"死亡美学"的说法,似乎也是很有针对日本人(至少在文学作品中)的特殊风格的指向。至于为什么是这样,恐怕那将是另外一个值得研究的话题了。

具体到这本书,在前面的绝大部分章节中,作者只是在描述这一让日本灭绝的计划的实施过程,而为什么会有这一计划,或是作为悬念,或是出于其他的考虑,一直到全书快结束时,才简要提及。其间的动因,似乎与计划策划者对于人类在处理发展与环境问题上的失望还有关系,可惜这一点作者并未充分展开。其中,美国和其他"某国"的作用和立场,似乎也还是语焉不详。由此,恐怕也只能是出于日本人对"死亡美学"的情有独钟,才好解释这一作品的写作了。

□ 以往所见日本作品中的"死亡美学",通常都是体现在个体身上的,但《日本灭绝计划》中,如果有"死亡美学"的话,却是试图表现在日本民族这个群体上了,这一点也许可以算本书的"创新"之处了。

这部小说确实有些莫名其妙的地方,比如灭绝日本全部人口的"零计划",到底出于什么动机?小说最后有"只是暂时清空,这是为了从头再来"这样的说法,但是"从头再来"的是什么事呢。特别是,和灭绝日本人口同步进行的,是一个灭绝全人类的计划——到小说结尾处,这个计划也已经"顺利"实施,"日本之外的全人类已经灭绝"。到了这样的结局,还有

科学的幻想与历史建构

什么能够或值得"从头再来"呢?

这种"为描写死亡而描写死亡"的作品,我们从自己熟悉的文化中确实难以理解。这让我想起了日本另外两部著名影片,《大逃杀》(2000)和《大逃杀II:镇魂歌》(2002),假想了未来世界成人通过法律,强迫某个班级的中学生自相残杀的故事。电影几乎从头到尾都是血腥的杀戮场面。影片上映后当然引起了剧烈争议,但是最终仍然得以跻身为日本电影史上的"名片"之列。《大逃杀》中关于为何要强迫中学生自相残杀,并无言之成理的解释,只是在片头用字幕简单交代了几句,而将绝大部分的篇幅用于描写杀戮和死亡的过程。《日本灭绝计划》不是和这种故事结构相当类似吗?

■ 看来,跨文化的理解有时确实是一件很难的事。同样是谈死亡,虽然我们现在也有人在有意义地提倡死亡教育,但像这种莫明其妙地为死而死的故事,还是颇难以欣赏。更不用说,在其描述的过程中,作者似乎更多的是在展示一种对于"制造死亡"过程的享受中,丝毫没有我们平常呼吁的那种对于生命的敬重感。

其实,在其他一些(出于其他原因)与死亡相关的小说或电影中,还有另外一个功能,即展示在这种特殊的极端情况下人性的各种表现,这很有些像科学家们经常会在极端条件下进行实验研究,不过,在《日本灭绝计划》这本小说中,虽然不能说没有这方面的表现,但似乎也并不十分突出。

在平常对于外国作品的阅读中,有时会遇到我们很难理解的作品。这经常在提示我们文化间的巨大差别,提示我们还没有能从另一种文化的阅读范式中来把握作品。当一部作品已经

日本小说家幻想中的末日

是处于经典的地位时,也许我们会更加有意识地、积极地去弥补这种认识和理解上的不足。但当一部作品的地位尚未有定论,我们甚至一时无法判断究竟是由于我们自身对于另外的文化了解不够的原因而不能理解一部好作品,还是这部作品本来就是无厘头的荒谬之作时,我们又该如何行事呢?这似乎也正是我在阅读这部作品时遇到的困惑。

原载 2012 年 8 月 10 日《文汇读书周报》

《基里尼亚加》*：乌托邦与现代化之战

□ 江晓原　■ 刘　兵

□ 刘兵兄，这本内容让人爱不释手、封面设计却不尽如人意的《基里尼亚加》，首先有个相当特别的地方，书中10个故事都可以独立成篇，事实上它们也都是独立发表的，所以可以看成短篇小说集；但这10个故事又是围绕着一个主题展开的，而且情节逐渐推进，讲述一个乌托邦如何在它创立者费尽心血的维护之下仍然不可避免地逐渐走向解体的过程，所以也完全可以视为一部长篇（或中篇）小说。

作者颇为自得的是，这10个故事先后得了2个雨果奖、9个雨果奖和星云奖提名。对于看过一些科幻小说的人来说，这些故事初看起来似乎平淡无奇，但合而观之，则呈现出深刻的思想性和启发性。我猜想，这不仅是它们在国外得奖的原因，也是它们让你以及你身边那些深受反科学主义思想熏陶的爱徒一见就爱不释手的原因吧？

本书的思想性和启发性，当然可以见仁见智，我想至少有如下数端，是值得讨论的：

一、在周边的现代化阴影之下，建设一个乌托邦是可能的吗？

二、现代化为什么会让一部分人厌恶或对它失去信心？

---

* 《基里尼亚加》(科幻小说)，[美] 迈克·雷斯尼克著，汪梅子译，四川科学技术出版社，2015年8月第1版，定价：28元。

《基里尼亚加》：乌托邦与现代化之战

三、乌托邦是"反现代化"的可行的药方之一吗？

在《基里尼亚加》中，上述第一个问题和以前"一国能否建成社会主义"问题有着某种内在的相似性，而这种相似性背后所蕴含的思想性和启发性，更是充满了迷人的色彩。

■ 我也是在很偶然的情况下发现这本有趣小说的，读后发现这确实是一本奇书。当我把它推荐给周围的一些人时，我发现，无论是我自己还是他们的阅读反应，都与很多年前我发现、阅读和推荐戴维·洛奇的小说《小世界》很相似。

古人说物以类聚人以群分，我推荐的这些对象，当然包括你所说的"深受反科学主义思想熏陶的爱徒"，还包括其他一些好友，甚至连你的反应，应该说也在我的预想之中。你用了"深受反科学主义思想熏陶"这一定语，也许这就是人以分群的方式之一。但我估计许多看惯了传统形式的科学小说，特别是喜欢"硬科幻"，以及科学主义倾向强烈的人，会不太喜欢这本"科幻小说"。

这本书，其实只是在一个有些科幻意味的大背景下，想象在科技非常发达的未来，利用科学技术作为手段，一些人艰难地试图保卫某种非常传统（很多人会认为非常"愚昧"）的文化和生活方式的故事。《1984》不是也被许多人看作"科幻小说"的一种吗？尽管《基里尼亚加》中的科技含量还要比《1984》多出许多。

你提出了三个值得讨论的问题，我觉得，至少第一个可能是有答案的，不仅仅是在小说中，就是在现实中亦是如此。比如，美国阿米什人的例子就很典型。尽管在《基里尼亚加》中所描述的情景要更加"乌托邦"一些。

□ 这个名叫基里尼亚加的乌托邦，是"人工"建构起来的。对这个乌托邦，我们可以从两个角度来考察：外部环境和内部机制。

先看内部机制。和早期想象中的乌托邦相比，基里尼亚加有着更为鲜明的反科学主义色彩，这个乌托邦的创立者，也就是它的维护者，极力设法让基里尼亚加保持老子设想的那种"小国寡民"的状态，也就是田松喜欢的"有圣人的民族"的状态。在这种状态中，人们拒绝使用现代化的工具，无论是生产工具、交通工具、通信工具，乃至生活用具，都是如此。在这一点上，基里尼亚加和经典的乌托邦相当不同，因为在经典的乌托邦想象中，科学技术通常扮演着重要角色，而不是拒绝或逃避的对象。

再看外部环境。基里尼亚加倒是和乌托邦传统中后来那些实验性质的空想社会主义社团有着很大程度的相似之处。最重要的一点是：在它们外部存在着一个现代化高歌猛进的社会。和基里尼亚加的乌托邦相比，外部的现代化社会显得更"人性化"，或者说更能迎合人性中的丑恶和弱点，所以在外部社会的"感召"之下，基里尼亚加逐渐人心浮动，最终土崩瓦解。

现在我们能够找到的唯一例外，也许就是美国的阿米什人社团了。阿米什人还在坚持，从外部报道所描绘的阿米什人生活来看，他们确实就是基里尼亚加乌托邦的蓝本。

■ 基里尼亚加的命运，除人性因素外，还存在着一个非常根本性的问题，即这个努力保存传统文化与生活方式的试验场所，却是完全依赖现代科学技术手段来支撑的。

一是它的存在本身，就是依赖于现代科学技术而实现的，

《基里尼亚加》：乌托邦与现代化之战

更不用说那些往来于地球各地和基里尼亚加之间的交通手段了。更重要的是，那位基里尼亚加的领导者，那个巫医，以超自然的方式显示其能力对那些不服从者进行惩罚时，所依靠的恰恰是像调整星球的运行方式来改变气候之类的现代科学技术手段，而不是传统中巫师应该拥有的超出科学认识之外的能力。

这样的描述实际上表明了作者的某种立场，这虽然使得小说可以成为"科幻小说"而非奇幻小说，但恰恰暗示着科学的一支独大，而传统的文化和生活方式只能是一些利用科学技术保护的古董。这样传统文化和生活方式就缺少了其存在所必须的最深层的根基，所以这个乌托邦试验的失败也就是可预料的了。科学技术因素也使基里尼亚加不同于一般的空想社会主义实验，因为后者并不一定需要现代科学技术作为必要条件。

□ 你上面的看法中，有一点我不甚赞同。我认为小说中的基里尼亚加乌托邦依赖科学调节气候之类的设定，只是为了自圆其说，就像许多作品中科学技术只是一种包装那样，这些设定不仅在思想层面无关紧要，而且在推动故事情节发展中也基本没有作用。

我倒是觉得，更加本质的问题之一，是我前面提到的第二个问题：现代化为什么会让一部分人厌恶或对它失去信心？在小说中，基里尼亚加这个乌托邦之所以能够建立，当然是因为有一部分人对现代化感到厌恶，或对现代化失去了信心，所以他们愿意去尝试这个乌托邦。小说中的"我"，巫医"蒙杜木古"，是这个乌托邦的创建者，更是这个乌托邦的尽心尽力的守护者，他对各种本质问题，都比乌托邦的其他居民思考得更深入、更透彻。但他是在西方受过完备现代化教育的人,所以他是现代化的反叛者和批判者的典型代表。

在小说中,作者其实经常在回答"现代化为什么会让一部分人厌恶或对它失去信心"这个问题,这通常表现在蒙杜木古自己的思考和他对人教诲或与人辩论时。他的答案,我替他归纳起来,大体是这样:

> 因为现代化只是以破坏环境为代价满足了我们的物欲,却让我们迷失了精神家园,所以我们应该拒绝现代化。

这个答案,在现实生活中,只有极少数人会赞同,至少目前是如此。在小说中,除了蒙杜木古有着坚定的信念,其他人要么浑浑噩噩根本不思考这类问题,要么软弱动摇不敢直面这个问题,要么在物欲的驱使下最终选择了相反的答案。

■ 但我还是觉得依赖科学技术是个重要问题。因为这涉及从根本上如何看待基里尼亚加非现代化传统生活的意识形态和知识基础。基里尼亚加的领导者巫医本人,除了从价值层面反感现代化,他在一些像草药、占卜等,在各种知识的选择中,如何看待现代科学和传统巫术的竞争?本书作者又如何看待巫术的知识地位?蒙杜木古真的相信巫术作为统治基里尼亚加生活方式的意识形态的合理性吗?

你关心的第二个问题,简单地说,在现实中,确实大多数人不大会去思考,并会不自觉地选择更让人舒适和懒惰的现代化,但如果现代化到最后真的要危及人们的基本生存条件,比

《基里尼亚加》：乌托邦与现代化之战

如说当下令人恐怖的雾霾，那么怀疑现代化的人就会越来越多，这要有一个过程。更复杂些，就会涉及不同的生存方式和社会发展模式。但这样的选择是唯一的吗？是一元的还是多元的？选择的基础是什么呢？小说中蒙杜木古的徒弟不就已经开始怀疑了吗？我觉得这些问题对于思考这部小说也是同样重要的。

□ 你说的这些问题，正可以引导到第三个问题：乌托邦是"反现代化"可行的药方之一吗？事实上，在看到现代化的种种弊端之后，迄今为止谁也给不出有效的药方。基里尼亚加的乌托邦，作为思想实验当然很有意思，它可以引导和启发人们思考各种问题，比如现代化的弊端、现代化是不是可持续、我们的精神家园在哪里等；但谁都知道，基里尼亚加并不是药方。作者也知道这一点，所以基里尼亚加的这场乌托邦实验，小说中也失败了。

我们对现代化的态度，包括我们对它的热爱或痛恨程度，都会随着时间而改变。因为在这个过程中，现代化的后果会改变，我们的价值标准也会改变。比如，即使已经有成功的论证证明雾霾就是现代化的直接后果，并且这种论证已经被大多数人接受，仅仅目前的这些雾霾，显然还不足以让大多数人决定放弃现代化。但是，如果雾霾进一步严重起来，比如导致一些地方疾病暴发，人均寿命大幅下降，并且"现代化→雾霾→寿命下降"这样因果链又被大多数人接受，赞成基里尼亚加式"退回现代化之前"的主张就有可能会流行起来。

■ 这样看来，似乎只能得出一个令人沮丧的结论，即只有现代化的弊端严重到直接威胁人类的生存而且人类尚未被毁灭时，才有可能让人们放弃对现代化的追求。

但基里尼亚加的试验为何会失败呢？书中有趣的情节之一是，基里尼亚加的领导者和居民来自肯尼亚，却认为肯尼亚的现代化是一种"堕落"，虽然那种"堕落"远没有达到让人类无法生存的地步，反而是许多人梦寐以求的"发展"。这其中体现的是一种对生活方式和传统文化的价值选择，而不是一种生死选择。难道这是在提示人们，只基于文化和价值选择远不足以对抗现代化的诱惑吗？我们周边的现实似乎也在暗示着这一点。

在小说中，巫医展现其"神力"是依靠科学技术，而那里的居民却相信"神力"是传统知识的结果，这就出现了一种分裂。这种分裂自然也就可以延伸到对巫医作为统治者和传统文化代言者所应具有的其他能力上。一个我一直特别关心的问题是，那位主人公自己是否也还像他的先辈那样笃信自己坚持的传统文化和信仰？对此，我也没有想明白。

《基里尼亚加》这部小说可以引人深思的问题实在太多，也太复杂了。我觉得，对于一些愿意思考的人来说，它的价值远远比那些只在表面上炫目耀眼和打打杀杀的"硬科幻"要更有吸引力。

原载 2016 年 2 月 15 日《中华读书报》

《傅科摆》*：又见埃科

□ 江晓原　■ 刘　兵

□ 这些年来，我已经收集了 15 种翁贝托·埃科（Umberto Eco，有时也译作艾柯、艾可等）的著作，这次的《傅科摆》新译本是第 16 种了。说来有点奇怪，我最初对埃科发生兴趣，是因为根据他的小说改编的同名电影《玫瑰之名》(*The Name of the Rose*, 1986)，由此开始接触他的另两部小说《昨日之岛》和《傅科摆》。这些小说渊博、神秘而充满隐喻的风格，以及与我们通常称为科学的那些知识的若即若离的关系，都让我对它们产生了特殊的兴趣。

我以前收集的埃科著作中有《傅科摆》的谢瑶玲译本，由作家出版社出版，那个版本前面还有张大春的导读。我初步挑选几段将两个译本比较了一下，总体感觉是新译本更为流畅和准确。例如，正文开头的第四个自然段，埃科通过物理学初阶中"理想单摆"来谈论傅科摆的原理，郭世琮的译文明白流畅，而且在物理概念上准确无误；谢瑶玲的译文则晦涩难解，而且会带来歧义，看上去很像是因为没有搞明白"理想单摆"的基本概念，所以其实自己也不知道译出的句子在说什么。

■ 看来，你对埃科的兴趣，又是源自电影了，这样说，

---

* 《傅科摆》，[意] 翁贝托·埃科著，郭世琮译，上海译文出版社，2014 年 1 月第 1 版，定价：69 元。

科学的幻想与历史建构

倒是可以理解。而反过来,我对《傅科摆》一书的作者,以前倒真是没有什么特殊的关注,以前,也曾买过另一个译本,可惜,一直未及细读,直到这次你提要谈此书。因此,版本及不同版本的翻译质量和风格的问题,我就没有发言权了。

但是还有另外一个问题,我觉得,也许其他的读者也会有类似的问题。这就是,尽管这部小说名头甚大,但就内容和写作风格来说,应该还是相当"怪异"甚至相当令人费解的,那么,你觉得作者的这部小说究竟是什么地方吸引了你呢?或者说,一般地讲,你认为这部小说的独特之处和价值何在?特殊地讲,从我们关注科学文化的角度来看,这部无论从名称上还是从内容上又都与科学(包括科学知识、科学史、科学家等)有某种非常特殊的"关联"(我在这里这样说是因为这种关系与其他非标准科学文化研究作品中那些常见的"关联"有所不同)的小说,又可以怎样来欣赏它呢?

□ 如果从科学文化的角度来看,那《傅科摆》最吸引我的,应该是它利用故事对历史的建构性质的生动展示。你看,历史可以被建构成一个又一个不同的版本,谁能辨别出这些版本中哪个是历史的真相呢?更可能任何一个都不是历史的真相。比起《傅科摆》中的展示,胡适当年"历史是任人打扮的小姑娘"的名言,就显得非常保守而且苍白了——小姑娘再怎么打扮毕竟还是小姑娘,而在埃科笔下,恐怕可以是女神或魔鬼。

《傅科摆》中的历史建构,经常让人将它们和"谎言"联系在一起——我们以前熟悉的观念是,那些不是"真相"的历史就是谎言。通常"谎言"一词总是让我们立刻产生负面的联

《傅科摆》：又见埃科

想，哪怕是用部分真相建构起来的高明谎言，也仍然会让我们产生负面的联想。但是埃科在《傅科摆》中建构的历史，却丝毫没有引起我负面的感觉。这一方面是因为我早已习惯没有真相的历史言说，另一方面是因为埃科的谎言建构（或者说历史虚构）使用了相当令人亲近的方法——按照张大春的说法，就是用知识去建构谎言。书中无数细致的历史细节，尽管许多是埃科杜撰或附会的，却是极为迷人。以至于我虽然知道埃科正在利用这些真实的或杜撰的知识虚构历史（或建构谎言），却仍然乐见其成。

■ 就同意历史是建构的这一点上，我并不保守，甚至偏于激进。不过，在你所讲的意义上，我却有不同的看法。这也许涉及历史和文学性质的差异，尽管也早已有人讨论过两者间的相似性，甚至于虚构比所谓的严肃历史更"真实"的看法，但那已是在另外一种意义上的讨论了。

这里问题的关键在于，在历史研究中的建构，是基于史料的，尽管史料本身也有局限，其真实性、意义甚至对不同的解读，也都值得商榷，但人们之所以要考订史料，也正是因为历史的研究毕竟只能依赖于它们，这也就像现代科学要必须要依赖来自实验的经验陈述，尽管人们也早已提出了像观察渗透理论之类否定实验和观察完全客观的观点一样。

与历史研究不同的是，像埃科的小说中的这种被"建构"的历史，固然可能由于作者强大的建构能力而在解释的逻辑性、自洽性和逻辑性等方面没有什么问题，甚至更加理想于通过历史研究所得到的历史，但关键性的差别在于，它们并不需要史料的支撑，或者说，作者在其历史叙事与相应的对所谓

"史料"的利用方式上有别于历史。更不用说你也并不否认这种"杜撰"和"虚构",这作为一种独特的文学形式,自然无可厚非,但这种"虚构的历史"对于我们理解科学文化(标准的科学史恰恰也是其内容及基础的重要内容之一)的价值又表现在哪里呢?

□ 不必那么功利嘛!况且间接的价值肯定还是有的。比如,至少可以帮助读者摆脱对"建构历史"这种学术游戏的朴素恐惧,从而也就有可能对于各种真正学术意义上的历史书写变得更为宽容。

正在我们谈论《傅科摆》的过程中,又有两条关于埃科的新信息到来:一是出版社给我寄来了我搜集的第17种埃科著作——《无限的清单》的中译本;二是在报纸上看到有人谈及《傅科摆》时的一个说法,"要评论《傅科摆》,犹如老虎吃天,无处下手"。这个说法深得我心,不禁为你我这"两只老虎"(这可是有典故的哦——读着埃科就邯郸学步起来啦)暗自好笑。不过,我们不还是努力在尝试"下手"评论吗?

最后想和你交流一个问题:你觉得《傅科摆》中所涉及的那些科学知识,在埃科的建构游戏中,究竟占有一个怎样的位置呢?

■ 好吧,既然你谈到不要那么功利,也就不必过分急于发现埃科与科学文化的更直接的联系了,但是,我还是怀疑,对于会阅读像埃科这种非常小众的作品(不管他如何有名气但我仍然坚信他的小众性)的读者,解构客观历史的意义究竟有多大。

《傅科摆》：又见埃科

我以前曾讲过一种想法，即所谓经典作品，一个典型的特征，就是对其进行解读的可能性空间会更大些，或者说，就是对其更容易有更多不同的解读方式。我想，像埃科这样的作者的作品，就这种特征来说，应该是足够明显的。

关于你最后一个问题，我想首先要有一个前提，即他建构游戏的目的是什么？从前面的讨论来说，似乎我们都可以认为并不是为了像科学文化之类的直接目标，那么，答案似乎就是：那种科学知识，只不过是埃科用来搭建他建筑的建筑材料而已，对于高明的建筑师，使用的建材可以是美玉，也可以是普通的石头，都可以物尽其用，更何况埃科在他的表达中，也并未直接把科学比作美玉或者顽石！

原载 2014 年 3 月 7 日《文汇读书周报》

是不朽经典,还是皇帝新衣?
——关于奇书《万有引力之虹》*

□ 江晓原　■ 刘　兵

□ 前不久我在深圳参加《深圳商报》"2009年度十大好书"评选,《万有引力之虹》以高票当选第二名。投票后陈子善教授说:"看到此书竟被批评为'伤风败俗',我就要投它一票。"旨哉斯言,深得我心。

此书因其大胆离奇的情节、天马行空的想象力,出版后引发广泛关注和争议,誉之者谓之"当代文学的顶峰""20世纪最伟大的文学作品",毁之者谓之"预告世界末日的呓语"。而故事后面广阔的社会文化背景则展现了色彩斑驳的历史画卷。

阅读此书被称为"阅读自虐",因为这部作为后现代文学中经典之作的巨著,情节复杂,扑朔迷离,由许多零散插曲和作者似是而非的议论构成,内容包括现代物理、高等数学、火箭工程、国际政治等。

小说围绕着德国以V-2火箭袭击伦敦的故事线索展开。"万有引力之虹"即指火箭发射后形成的弧线,因火箭在当时显得威力强大,作者以此作为死亡象征。作者又将热力学第二定律引发的前人哲学猜想"热寂说"(随着"熵"的单向增加,终将在全宇宙达到完全的均衡,宇宙即成死寂世界)引入小说,故

---

* 《万有引力之虹》(长篇小说),[美]托马斯·品钦著,张文宇译,译林出版社,2009年1月第1版,定价:48元。

是不朽经典，还是皇帝新衣？

"万有引力之虹"同时也是现代世界终将灭亡的象征，因而被用作书名。

■ 这次，是在你的提议下，我们一起去读、去谈这本"奇异"的小说。我用"奇异"二字来形容它，要比你所说的"阅读自虐"在程度上还差一些吧。不过，确实也真有些"自虐"的感觉。在这些年来我们在这个对谈系列中所涉及的书中，我觉得这是至今为止最难读的一本。

但世界上的事情往往就是如此矛盾。一本公认难读的书，却成为文学经典巨著（虽然还是加上了"后现代"的修饰限定）。但书中，作者也确实是充分地展示了他渊博的知识，尤其是科学技术方面的知识（不客气地说，有时甚至近乎炫耀的地步）。以这样的方式写小说，除知识方面超乎常人的储备外，也确实需要有打破常规的过人勇气。

我在阅读此书时，有些像最初听交响乐的感觉，似乎是在阅读，又似乎同时在走神，在局部，可能会被局部的情节抓住，在整体上，又有一种觉得难以把握作者思路的混沌感。不知你在阅读时感觉如何。

既然你先接触到这本小说而且提议谈它，你对它的了解总应该比我要多，这里我还是先以提问为主吧。除想知道你的阅读感觉外，还想听听你对它的整体理解。这部小说中，以后现代支离破碎的叙事方式，围绕着"二战"期间德国以 V-2 火箭袭击伦敦的故事，插入了那么多有关科学技术知识的内容，在与科学技术相关的意义上，作者究竟是要炫耀自己的知识渊博，还是要以这种特殊的方式来展示（或者隐藏）什么更深的寓意呢？

科学的幻想与历史建构

□ 你在电话中对我说，你已经快读完了——不过和没读也差不多。这句话听起来似乎很荒谬，却极富意蕴。因为你这句脱口而出的读后感，充分表明了《万有引力之虹》极其强烈的后现代色彩——混搭、拼贴、隐喻、非理性等。在读此书的过程中，一个经常萦绕脑际的问题就是：品钦到底想说什么。人们将它和《尤利西斯》相提并论，确实是很有道理的。事实上，我觉得《万有引力之虹》比《尤利西斯》更尤利西斯，因为作者还要将许多科学技术的概念和话头搅和进来，而《尤利西斯》基本上没干这样的事情。

这就直接引导到你的问题了：书中搅和进了那么多的科学技术知识，究竟是品钦想自炫博学呢还是别有更深的寓意？我的感觉是，这两者兼而有之。

通常，作家都避免在小说中出现方程之类的内容，怕的就是把读者吓跑。就连《时间简史》这样的普及性科学著作，出版商还要提醒霍金"每放进一个方程书的销量就会减半"，可是在《万有引力之虹》这部本来完全没有必要出现方程的小说中，甚至出现了偏微分方程（例如在第259页上）！在小说中自炫博学者早已有之，通常所炫者多为文史方面或日常生活中的知识，但品钦要炫得与众不同，所以搞进来许多科学技术概念和细节。

但品钦也未尝没有更深的寓意。比如小说中关于"熵"的概念。品钦对这一概念十分有兴趣，在他的另一部长篇小说 V 中，"熵"也扮演了重要角色。品钦让"熵"和由此引发的前人哲学猜想"热寂说"（随着"熵"的单向增加，终将在全宇宙达到热的完全均衡，宇宙即成死寂世界），来隐喻或象征他关于现代社会的幻灭感，这就超出纯粹的炫耀了。

是不朽经典,还是皇帝新衣?

■ 你很坦率地承认你认为品钦的小说存在(至少是部分地存在)作者想要炫耀的成分。当然,在这样一部分极端后现代风格的小说中,作者显然不像本来就以通俗为取向并努力争取更多普通读者的科普作品一样,不需要担心涉及过多的科学内容(包括极端地引用公式)而吓跑读者。谈到此处,我倒是联想到霍金的《时间简史》,其实那本书对于普通读者也还是不够通俗,却取得了神话级的销量。在这之间,是不是也有些相似呢?但说实话,面对这本"天书",我还真是不敢再用"懂与不懂,都是收获"来形容。

你说到作者在炫耀之外引用科学内容的更深含义,以对"熵"的概念为例,说这里面有其寓意,但我却觉得,在此小说中,关于"熵"内容(当然包括由之而引申的"热寂"的象征),在这本书中并没有占很大篇幅,相反,倒是其他一些科学知识在不断重复地出现。因此,我倒有点怀疑:难道品钦是想要把其最精髓的实质隐藏起来?

虽然说,作者创作出了作品,解读并重构意义的工作就得由读者来完成了,但读者面对这种重新解读并获得意义的过程,也并非与作品全然无关吧。一部成功的作品,通常是正好提供了相对恰当的解读空间,但我还是觉得,也许,品钦这部作品所提供的解读空间实在是太大,或者说,过大了。当然这会让不同的解读彼此相异之处也随之放大。

那么,又如何分辨究竟这部作品是一部不朽的经典,还是另一件"皇帝的新衣"呢?

□ 看来你是颇有些怀疑《万有引力之虹》是另一件"皇帝的新衣"了,我倒觉得还不至于如此。记得此书在西方获得的一个评语是"一部有野心的作品",品钦到底有什么野心,大家不得而知,但如从正面来理解,他似乎是"有追求""有抱负"的。我近年接触了一些后现代作品,对于"混搭""拼贴"和"隐喻"这几种做法,竟然逐渐欣赏起来,感到有时这些做法就是一种创造,它能够给我们某些启发,拓展想象空间,也能够带来阅读快感。从这样的角度来看《万有引力之虹》,如果要我在"一部不朽的经典"和"另一件皇帝的新衣"之间来选择,我还是会选择前者。

■ 我姑且也还是同意你的判断吧,尽管内心里还是想有一点保留。因为,一方面,说是这部作品"有野心",另一方面,又不清楚其野心是什么,这总是会让人有些怀疑。

但也正如你所说的,我在阅读时,也会有这样的感觉,即在一些局部的阅读中(而非把各个局部联系起来的整体阅读中),就其文字和描述,也确实还是有一些阅读快感的。

既然这部作品被许多人看作是经典,那也就意味着会有许多人阅读它。既然它拼贴了如此多的科学内容在里面,那么,从表层来讲,也可以算是一种广义的、另类的"科学传播"吧,从深层讲,也许,对这种写作背后所隐藏的隐喻及其深义的分析,还有待人们继续去发掘。

原载 2010 年 1 月 1 日《文汇读书周报》

2012-12-21：让我们明天准时上班

□ 江晓原　■ 刘　兵

□ 写下这个题目，已是老生常谈——说实话，我已经厌倦了谈论这个话题。记得2009年影片《2012》上映前后，我接受了多次媒体采访，最后《中国国家天文》杂志的编辑孙小姐向我约稿，我脱口对她说，"建议你们取消这个题目吧——你们杂志怎么也要登这种文章"。孙小姐温婉地笑笑说，是领导安排的呀。这时我终于明白了当代"大片"营销对媒体的强大作用，任谁——哪怕是杂志主编——也是身不由己的！结果是，2010年第1期《中国国家天文》主打栏目是《〈2012〉启示录》，头一篇文章又是我写的。

从那以后，对于"2012"话题我改变了态度——反正总是要谈论这个话题的，与其让鼓吹神秘主义的人去谈，还不如让我从"宽容的科学主义"立场来谈呢。

关于"2012"的书，借着"大片"之势，当然已经出了一大堆，绝大部分免不了神秘主义色彩。这次的契机，是因为收到了一本相对比较有意思一点的书。所以打算将你也拖进来"未能免俗"一把，谈谈这个话题吧。

■ 《2012》这部大片我倒是看过，可是，除以娱乐的心态来休闲外，似乎并未将片子里的内容当真。而且，由于我的专业方向与天文之类的并不相关，也没有专门研究科幻，所以并不像你那样有众多的媒体来约谈这个话题，但也还算不是厌倦什么吧。

不过，虽然没有专门的探讨和研究，在日常的各种活动中，对于像"世界末日"之类的说法还是有所耳闻的。也确实有时会听到一些人津津有味地谈论这样的话题，只是自己并不很感兴趣罢了。

但这次促成我们谈这个话题的由头，却是一本专门讨论2012问题的书*。从书的宣传包装和介绍等方面来看，似乎是一本严肃地讨论这一话题的书，不过，既然你对此问题已经想过那么多，又谈了那么多，我倒是很想先听听你对这本书的基本评价和定位。也就是说，这本书的说法在你看来是否可信？是否专业？毕竟，在我们今天这个时代，大多数谈论这个话题的书，在我看来，以学术的标准来衡量，似乎都是颇为值得怀疑的。

□ 确实如此。本书的"作者简介"中说，作者"是2012理论的先行者，此前已就这一话题写了9本书。……他也是第一个指出2012年与地球、太阳、银河中心成一直线的时间巧合的人。……他的研究工作在美国电视广播中被广泛讨论"。这种简介套路就有着浓厚的"民科"色彩和畅销书色彩。事实上，这段简介恰如其分地暗示了本书的定位——迎合了神秘主义话题的"民科"作品，但是态度比较认真，社会效果也是有益无害的。

---

* 《2012：史上最神秘日期背后的神话、谬论和真相》，[美]约翰·梅杰·詹金斯著，钱峰等译，中国人民大学出版社，2010年5月第1版，定价：36元。

我之所以认为本书"社会效果也是有益无害的",主要基于如下两个理由。

第一个理由是一般性的,即我经常说的"伪科学具有娱乐功能",而我向来不主张对伪科学斩尽杀绝,只要伪科学不侵害公众利益,不造成社会伤害,让它有时娱乐娱乐公众,并无不可。

第二个理由是基于本书的结论。据说近几十年来的"末日预言",始作俑者可能是一个叫 Zecharia Sitchin 的科幻作家,但是直到最近,这些流传已久的传说才和玛雅人于 2012 年冬至日结束的"长历法"联系起来并广泛流行。从时间上看,这和影片《2012》的强力营销有着明显的对应关系。但是具体到话题本身,那种认为 2012-12-21 并非真的"世界末日"的观点,即便仍然是伪科学和神秘主义的,显然也比认为真有"世界末日"的观点要更有益于世道人心。而本书结论正是主张 2012-12-21 并非"世界末日"的。

■ 按照你的说法,此书似应定位于一本"态度比较认真"的"民科"作品。这我是同意的。而且,作者也并不认同那种将 2012 年作为世界末日的观点,其中的积极意义,我也可以同意。不过,结合到此书的具体内容,读者会发现,其中非常核心的部分,是在讨论玛雅历法及其与 2012 之间的关系问题。由于我对此外行,我还要再向你提几个问题,希望能够从你对天文历法等方面的专业立场给出回答。这也算是对于包括我在内的非天文学者进行一点普及工作吧。

其一,作者在书中对于玛雅历史的讨论是否专业,或者说，是否符合学术规范？鉴于此书内容上关于玛雅历史部分的比重，这应该有助于我们决定对作者的说法是否相信（如果不仅仅是出于娱乐目的的阅读）。

其二，你认为，作者对于其他有关围绕着玛雅历法而提出2012话题人观点的分析，是否成立（不仅仅是在当代科学的意义上，而且可以是在更宽泛的学理意义上）？如果不是以当代科学（天文学等）的标准来评判，而是以像玛雅文化等非西方当代科学的立场来看，在包括作者在内，以及作者所谈及的各种说法中，有哪些是可以成立的？其中，不可信的内容的比例有多大？

其三，从现代科学的角度来看，当"地球、太阳、银河中心成一直线"时，会有什么物理效果出现吗？或者，为什么人们会对此类现象有着特殊的恐惧呢？

□ 首先，按照现有的天文学和物理学知识，这个被当作本书作者首先发现的"地球、太阳、银河中心成一直线"的天象，一点也不神秘。真的到了2012-12-21那天，世界将还是这个世界——这种直线不会对地球产生任何具有物理意义的作用。所以第二天我们还得准时上班。事实上，对于太阳系这样一个相当复杂的系统来说，要凑巧看到若干个天体形成某种直线、十字、三角之类的几何图像，机会是相当多的。从现代天文学的角度来看，这些几何图形都没有什么科学意义，所以天文学家不会把它们当回事儿。

其次，你的前面两个问题，老实说，我没有把握回答，因为我不是玛雅文化的专家。尽管关于玛雅文化的书籍，我也收集过相对比较严肃的若干种，但是你的问题，我想只有真正的

2012-12-21：让我们明天准时上班

玛雅文化专家才能正确回答。

不过我可以尝试指出一点：我披阅这些书籍所得到的印象是，关于玛雅文化研究，至今仍是一个缺乏明确学术规范的领域。我的意思当然不是说引文注释之类的形式规范，这种规范认不少"民科"也会遵守（不过本书却没有在这些形式规范方面做到"规行矩步"）。我是指学科内在的那些规范，比如经典文献的认定、基本概念的确认等等。就举本书中的例子，在"长历法"（本书译作"长计历"）结束的 2012-12-21 这一天，究竟是世界末日还是新时代的开始，号称研究玛雅文化的人就没有共识。

总之，玛雅文化至今似乎仍是一个神秘主义的狩猎场，许多爱好神秘主义的"民科"纷纷投身于此。本书作者应该也是其中一员。

■ 按照你的说法，如果现在对于世界末日以及作为其基础的玛雅文化研究的主要力量仍然还只是"民科"的话，这种判断的传播，我想，对于许多担忧世界末日的人来说，应该是一种很好的安慰了。

但此书作者除在科学上的"民科"倾向外，还提到了另一个观点，即伴随着 2012 的到来，人类还是应该面临着一种精神上的"转折"，这也许是一个值得关注的现象，尽管包括本书编者在内的一些人会把这与当下人们关注的环境资源和人与自然关系的问题联系在一起，有些牵强，不过，也总还是有些积极的意义吧。

话说回来，人们总是对于一些神秘的事情感兴趣，这既是由于我们今天的科学还远远达不到解释许多"神秘"现象的程度，也是由于人类的一种天性吧。因而，才会使这类读物经常会"畅销"。面对这种现实，也许，除了宽容的心态，更重要的，就是向广大读者提供各方面有关的信息，这才能让人在更全面了解情况的基础上做出自己的判断。我们这次对谈所做的，其实也不过如此。

原载 2010 年 8 月 6 日《文汇读书周报》

在高科技时代捍卫公众隐私

——《数字城堡》*中的观念冲突

□ 江晓原　　■ 刘　兵

□　如今大家都能够感觉到，随着高科技大举进入我们的日常生活，公众要捍卫自己的隐私是越来越难了。前不久因小说《达·芬奇密码》(*The da Vinci Code*)而大红大紫的丹·布朗(Dan Brown)，在他的另一部畅销小说《数字城堡》(*Digital Fortress*)中，就表达了这样的忧虑和恐惧。在这部科幻小说中，美国的一个情报机构"国家安全局"为了防止恐怖活动，建造了一个可以窥探全世界一切电子邮件的"万能解密机"，此举遭到一些人——包括该机构原先的成员——的极力反对，最终"万能解密机"被摧毁。

但是，丹·布朗自己对这个问题的立场，在小说中则是暧昧不明的。

■　与《达·芬奇密码》相比，《数字城堡》一书的文化含量似乎差了一些，但如果从商业小说，或者说通俗小说在情节上引人入胜的角度来看，后者却并不逊色。以这样的方式来传播一种与科学技术应用有关的理念，可以说是一种极有效果的手段。其实，与这部书类似的主题在其他一些商业小说中也

---

* 《数字城堡》，[美]丹·布朗著，朱振武等译，人民文学出版社，2004年9月第1版，定价：25元。

科学的幻想与历史建构

是常见的，但此书所反映的科学技术应用的伦理难题，则是有着我们这个数字化时代的鲜明特色。

你前面已经讲了此书的大致情节脉络，也提到作者布朗自己的立场在小说中暧昧不明。我想这倒不难理解，因为像这样的难题，或者说悖论，有时确实是难以用简单的方式来表态的。一方面，个人隐私的神圣不可侵犯，是美国文化的不可触动的基础之一，而另一方面，对于国家利益的保护，当然也是一个不可忽略而且冠冕堂皇的理由。正是在这种两难的悖论之中，引出了小说中的故事情节。因而，作者或许也是因为意识到难以下一个简单的结论，而宁肯愿只讲故事，而将价值判断留给读者做出。

但是，布朗确实在故事的字里行间又潜在地表现出了某种倾向，我以为，其倾向还是更偏向于政府不应窥探私人隐私这一方面的。而读者，自然在通过阅读，也会得出个人的倾向性结论。说到这里，我不禁想到《历史深处的忧虑》一书中所讲到的美国关于枪械管制的争论。在那本书的说法中，大致给出了这样一种解释，即枪械在民间的存在确实为社会带来了诸多的危害，但除去其他一些因素不谈，美国人要捍卫其个人自由的意愿更占有压倒优势，从而，宁愿付出如此大的代价而保留下来个人持枪的自由。在这里，我们似乎也可以看到在一些涉及个人与社会的矛盾时不同的人基于不同的价值观可能会做出的不同抉择。当然，具体到《数字城堡》一书中，更是加上了当代的科学技术之应用这一维度。

□　这牵涉两方面的问题。一方面，窥探公众隐私的理由，本来是为了防止犯罪，但是在犯罪实施之前，"万能解密

在高科技时代捍卫公众隐私

机"之类的高科技设施,窥探到的其实只是犯罪计划或犯罪的思想动机,而仅仅因为某人有犯罪计划或犯罪的思想动机,就对他进行制裁和惩罚,这虽然从理论上说不无道理,实际操作起来却是不可能的。因为实施了犯罪,才会形成证据,才可以据此认定犯罪事实;而犯罪动机则是思想上的事情,仅有犯罪计划也没有事实可以被认定,因此就需要"解读",而这种解读,哪怕是由菲利普·迪克(Philip K. Dick)的小说《少数派报告》(*Minority Report*)中的"预测者"来进行,也会出现歧义、误读、武断等问题,就像《水浒传》中黄文炳对宋江题在浔阳楼上"反诗"的解读那样,据此定罪,不可能是公正的,因为很容易将无辜者入罪。

■ 上述这些分析,还是限于对于犯罪之类事情的一些法律性问题的讨论。但我觉得,此书更重要也更有特色之处,还是在于它引进了高科技这一维度,因而才被冠以像高科技惊悚小说或科技惊险小说之名。在传统中,像涉及对公众隐私的侵犯或保护,以及与国家安全之类的问题相联系,本来就是一些类似文学作品的主题(例如关于密码学的应用就在文学作品中很常见),但在这部作品中,正是因为像超级计算机这样的高科技手段的引入,使得传统的话题呈现出了完全不同的面目。

表面上,这里所涉及的高科技给社会带来的影响,在故事情节中只限于书中所说的国家安全局的工作,但实际上这里所说的事情,稍稍推演一步,人们会自然地想到,像信息技术等高科技手段的发展和应用,给人们在传统中极为珍视的隐私权的保护等问题所可能带来的冲击,将会是前所未有的。虽然在伦理学甚至在法律意义上,人们会承认应该保护个人隐私,但以各种理由对个人隐私的侵犯，却从来没有停止过，而高科技手段的出现，正是将这样的侵犯的可能性和便利性大大地放大了。

□ 技术手段的进步，确实有可能给我们带来难以预料的后果。当一种新技术刚出现时，人们往往很容易看到它带来的便利——因为通常新技术总是针对某种具体需求而开发的，但是，当人们已经如此习惯于使用这种技术（比如电子邮件）以至于一天也离不开它时，它的弊端就开始显现出来了。当人们一天也离不开电子邮件时（有很多人已经是这样了），"万能解密机"之类的东西就开始威胁公众隐私了。

《数字城堡》中展示的另一个重要问题是，有些人总是想"悄悄地"掌握别人的隐私，"万能解密机"这类东西是必须极其严格地对外保密的，不能让公众知道自己正在被严密监控着，而自己实际上能够知道别人的一举一动，这给情报机构的首脑带来某种"君临天下"的感觉，那种感觉真是好极了——那是权欲和偷窥欲的双重满足。

这正好联系到我想到的另一方面的问题。以"预防犯罪"为理由侵犯公众隐私，则公众的权利尚未被犯罪侵犯于彼，却已先被"预防犯罪"侵犯于此了；换句话说，如果侵犯公众隐私被认为是违法的，则可能的违法（犯罪）尚未发生，而对每个人的另一种违法（侵犯隐私）却已经发生了，这当然也是难以接受的。

■ 这里所谈的主要涉及两个问题，其一，是对于传统法律、伦理等涉及的一些问题，其二，是高科技对这些问题的放大。其实，你说的"通常新技术总是针对某种具体需求而开发"这种说法，也还是可以商议的。因为许多新技术的出现，并不是为了满足人们现有的需求，而是在创造从前只是潜在地存在甚至原来根本就不存在的需求。当然，这是一种"发展"，然而，并非所有的发展都是值得鼓励的。对那些已经明显地可以看出问题的技术发展，我们要有所警惕，而对那些尚未明显地显示出问题的技术发展，根据人们已有的经验，也要尽力去注意其可能带来的不良后果和问题。这才是我们对待技术发展应有的、非盲目乐观的态度，也正是通常我们所说的"技术评估"的重要内容。而且，还有一点非常重要的就是，有时，要回避某些发展，人们也是需要付出某些代价和牺牲的，但这些代价和牺牲的付出，却是为了换回人类某些更珍贵的东西。至于什么东西更珍贵，应该如何权衡利弊，那就正是科学技术伦理学所要研究的内容了。由此，我们不是也可以看出以这样的方式来解读《数字城堡》这部小说时可以揭示出来的某些启示吗？

原载 2005 年 3 月 4 日《文汇读书周报》

灵魂与大脑:哪个完善得更快?
——《天使与魔鬼》*

□ 江晓原   ■ 刘 兵

□ 丹·布朗的又一部畅销小说《天使与魔鬼》的中译本,正在此间畅销着。有些国内图书销售排行榜上,前十本中竟有三本是丹·布朗的小说。有人试图为这三本小说(另两本是《数字城堡》和《达·芬奇密码》)定位,却发现十分困难——科幻小说?侦探小说?主题似乎也不明确,科学?宗教?人权?……但有一点是可以肯定的,这些小说都反映了作者面对科学技术的飞速发展所产生的疑虑。

这些疑虑,很难通过"学术论文"之类的形式来表达,因为"缺乏实证",很可能没有足够的形式要件让一个所谓的"学术文本"得以成立。而采用小说这种形式来表达,那就收放自如了,反正只是讲一个虚构的故事嘛。

在《天使与魔鬼》这部小说中,"天使"和"魔鬼"是一对,"科学"与"宗教"是另一对,你觉得这两对之间有没有对应关系?如果有的话,在丹·布朗心目中,这两对又是如何对应的?

■ 丹·布朗的这三本小说我倒是都看过,就畅销小说来

---

*《天使与魔鬼》,[美]丹·布朗著,朱振武等译,人民文学出版社,2005年2月第1版,定价:29.80元。

灵魂与大脑：哪个完善得更快？

说，都非常好看，因而不难理解其在市场上的成功。不过，比较起来，在这三本小说之中，又当推《天使与魔鬼》最为精彩。说到精彩，除小说中那些作为商业畅销小说必备的元素外，其思想深度，也是令人惊叹的。也许，它们可以归入带有思想性的商业小说一类吧。而且，尤其重要的是，在《数字城堡》和《天使与魔鬼》这两部小说中，科学是重要的主题，以这样的方式来传播有关科学的思考和理念，其传播效果真是影响巨大。

我同意"天使"和"魔鬼"，"科学"与"宗教"是小说中重要的对立主题。不过，我认为后一对矛盾的范畴是更为基本的主题，而前一对则只是价值的判断，而且其间并非简单的一一对应关系。其实上，作者也并未明确地讲出在科学与宗教中，究竟谁是天使谁是魔鬼。这显然是一个存在着很大争议的问题。不过，从小说的行文叙述中，从小说的倾向上，特别是在那位教皇内侍（他也许在某种程度上成为作者的代言人）的长篇大论中，似乎有把"天使"与"宗教"相对应，而将"魔鬼"与"科学"相对应的味道。你觉得呢？

□ 是有点这样的味道。不过，我觉得小说中的那位教皇内侍，不应该被视为作者的代言人，而应该被视为一种立场的代言人，这种立场是丹·布朗打算在小说中让它们相互对立的两种立场之一。这种立场认为，如今科学发展得太快了，这样下去是非常危险的。而在小说中与之对立的立场，则是由科学家所持的，认为科学发展无论已经有多么快，它总还是不够快。

而这两种立场的对立，又可以直接引导到科学研究应不应该有禁区的问题。如果认为科学发展总是不够快,自然就会主张"科学研究无禁区";而如果认为科学发展得太快了,这样下去非常危险,就必然会倾向于认为,科学研究应该有禁区。小说中那一滴要命的"反物质",就是在"科学研究无禁区"的思想指导下搞出来的。

至于丹·布朗本人在这个问题上的立场或观点,实际上已经被隐藏在故事情节的背后。他也许并不完全赞成教皇内侍的观点——尽管小说给读者的印象,丹·布朗显然是站在教皇内侍一边的。

■ 我可以同意你的观点。但是,小说中表述的与科学家的观点相对立的观点中,除你前面所说的科学发展过快失控外,还有一点是很重要的,即科学给人以力量和才智,却并未给出告诉人们应该如何使用才智的有关善恶的道德标准。而这一点,也恰恰是有关科学的重要伦理问题。

我们当然也并不完全同意教皇内侍所代表的观点,只是说,在其观点中,也有着一些合理的、应该引起我们重视的问题。例如,"它(即科学)所承诺的高效而简单的生活带给我们的只有污染与混乱","有些人虽然本身并不完美,却倾其一生恳求我们每个人去理解道德标准而不至于迷失自我,难道我们真的不需要这样的灵魂人物吗"如此等等。我们也许可以从像哲学、伦理学等角度去思考类似的问题,但那同样也是超出了狭义的科学范围的。总而言之,科学并不能解决人类所有的问题,这个简单的观点也许并不新颖,但却被当下的一些唯科学主义者所否定和反对。

丹·布朗并没有自己站出来明确地表明自己的观点,这是

灵魂与大脑：哪个完善得更快？

他的高明之处，但他通过小说中各种角色之口，把有争议的问题摆了出来，放到争议的焦点上，让人们去思考，这正是这部小说在引人入胜的情节之外的重要价值。

□ 小说中的教皇内侍是一个令人印象深刻的人物。丹·布朗通过此人之口所说的有些话，很值得回味。比如，他说科学家对反物质的研究制造"只不过再次证明了人类头脑进步的速度要远远快于灵魂完善的速度而已"，这话的意思，可以理解为，我们虽然可以很快掌握某些科学技术，却未必能够同步地对使用这些科学技术所产生的后果进行估量，或者是，未必能够同步地掌握使用这些科学技术时应该遵循的道德原则或伦理界限。又如，他说"就定义而言，科学是没有灵魂的，是与人的心灵相分离的"，这种有点诗意的语言，当然很难追问它的正确与否，但仔细推敲，却也不能简单地指为胡说八道，而是至少若有若无地掩映着某些有意义的思考。以这样的态度来考察教皇内侍在小说结尾处的鸿篇大论，我们应该承认小说还是有一定的思想深度的。

■ 确实如此。不过，对于书中所讲的反物质的研究制造，至少在书中所讲的那种水平上，目前还是一种像科学幻想。而另外一些科学成果及其应用，如生物技术基因工程，则在相当程度上已是现实。你所提到的丹·布朗的那些讲法，其实不也同样可以用于此吗？遗憾的是，当一些人认真地用这样的观念来思考、讨论这些问题时，却被一些唯科学主义者，或者说，被一些相当极端的唯科学主义者指责为"反科学"。这样看来，这部小说所具有的思想价值，恐怕就会更值得关注了。

我们已经谈了不少有关《天使与魔鬼》一书中的思想性问题。不过,我想我们还是应该特别指出:读者不要被我们的这些讨论误导,以为这只是一部采用了小说形式的理论性著作!它在畅销书排行榜上名列前茅,绝不是因为读者对理论问题的兴趣——作为一部畅销小说,它确实是极其引人入胜的。

原载 2005 年 6 月 3 日《文汇读书周报》

《失落的秘符》*：
丹·布朗又来反科学了

□ 江晓原　　■ 刘　兵

□ 我在北京参加了《失落的秘符》的研讨会。多年来，在这个栏目上连续两次谈论小说，我记得这是第二次。我们仅限于谈论与科学文化有关的小说，也不刻意赶时髦，不过这次还是"一不小心"赶了时髦了。

之所以要谈《失落的秘符》，是因为它确实与我们关注的科学文化有着密切关系。以前我曾经说过，丹·布朗先前被引进中国的四部小说中，除了名头最大的《达·芬奇密码》，另三部都是科幻小说（《数字城堡》《天使与魔鬼》《骗局》）——尽管他本人并未着意标榜这一点。然而这次的《失落的秘符》，看来再归类于科幻小时就不很合适了，我想出了一个新的表达，不妨称为"科学文化小说"。

《失落的秘符》与科学文化最密切的关联，就在它贯穿全书的悬念中的那个主题——共济会代代保守着的古代秘密知识。如果站在现代科学的立场上来看，这种知识就将被认为是一种超自然的知识——如果我们不那么谨慎的话，也可以直接称之为神秘主义或伪科学。而一涉及这样的问题，它就变得非

---

* 《失落的秘符》，[美] 丹·布朗著，朱振武等译，人民文学出版社，2010年1月第1版，定价：38元。

常"科学文化"啦。

■ 如果你这样来定义科学文化,肯定又会让有些人不舒服的。

但是,丹·布朗这本让人们期待已久的新小说,确实在人们如何看待科学的问题上,提出了一个敏感的话题。

从情节上看,这部小说仍然延续了他以前在《达·芬奇密码》和《天使与魔鬼》中的风格,当然,也还是相当的引人入胜、扣人心弦。不过,在与保守传说中的共济会的秘密和要揭示这一秘密的紧张情节中,作者作为相关的附线,提出了所谓"意念科学",这既体现在小说中主人公之一凯瑟琳的"科学"研究工作中,也间接地与那个共济会深藏的"秘密"相关。不过,至少到小说结尾处,还是留下了一个悬念,而没有直接说明那个据说会带来对整个世界的革命性变革的"意念科学"究竟是怎样的结果。

其实,这里所说的"意念科学",与前些年我们这里争论激烈的"特异功能"之类的东西有些相似,而在书中,在说到凯瑟琳的研究时,提及的一些著作也暗示着这一点。

我不知道那些当年激烈地反对特异功能研究的人们,会如何看待这本小说(如何他们也会关心和阅读这样的小说的话)?

□ 关于这个问题,我倒有些特殊的想法。

我们以前总是推崇"透过现象看本质",实际上有时候太注意直奔"本质",会给我们造成误导。有些问题,随着谈论它的语境不同,人们对它的认识或感觉也会不同。记得以前

《失落的秘符》：丹·布朗又来反科学了

吴国盛谈过一个例子，他说现代人如果谈论超自然的现象或能力，就会被指责为伪科学，但是改为谈论外星人，就会被认为是科学。实际上这两者的本质是一样的，都是谈论超自然现象或能力——外星人如果真的来到地球了，这本身就意味着超自然能力的展现（比如超光速运行，或寿命长到类似永生）。

我之所以说"丹·布朗又来反科学了"，是因为他在前几部小说中，都有明显的反科学倾向（尤其是《数字城堡》《天使与魔鬼》《骗局》三部），而在《失落的秘符》中，无论是"意念科学"还是"古代秘密知识"，其实都是超自然能力。再进一步看，在小说中既然那些"古代秘密知识"是如此的威力巨大，在这些神秘知识面前，现代科学技术显得就像某种残次品或等外品，这样一来，古代的神秘事物当然就被凌驾于现代科学技术之上了，这正是《失落的秘符》中反科学的地方。

■ 确实如此。

在丹·布朗前几部（用你的话来说是）"反科学"的小说，还是针对着现代科学带来的伦理和应用等方面的问题，而正如你注意到的，在《失落的秘符》一书中，又出现了新的"反科学"内容。这就是对于古代神秘事物地位与意义的提升，而这恰恰正是传统中现代科学的捍卫者们所无法认可的。

对于那些与现代科学技术不同的知识体系，站在现代科学的立场上，自然是要对之进行排斥的。但如果超出了现代科学的立场，仅仅把现代科学看作是人类认识事物的方式之一，或者站在那些与现代科学有冲突（或者说不一致而且"不可通约")的知识体系的立场上,对此就可能会有不同的看法。当然这些不同的看法本是可以并存而且一直争论下去的。

不过在丹·布朗的这部小说中,似乎潜在地存在着一种立场上的矛盾。一方面,他试图通过凯瑟琳对"意念科学"的"科学研究",使之成为现代科学发展的延伸,当然,由此"意念科学"也就成了现代科学的一部分。另一方面,在结尾的结局里,又将被设想为具有超出现代科学已有威力的古代神秘智慧与宗教联系起来。但这后一点,却与他在《天使与魔鬼》那本实质上在以文学的方式来探讨科学与宗教的差异和冲突的立场不一致。难道是他的立场发生了变化?

□ 其实我觉得还是一致的。丹·布朗的立场没有变化。

在《天使与魔鬼》中,丹·布朗强调的是,科学发展得太快,人类心灵进化的程度远远赶不上头脑进化的速度,所以人类面对高新技术就像小孩玩火一样危险,而宗教就是要扮演"减速者""踩刹车者"的角色——哪怕为此遭到世人怨恨也在所不惜。这样的立场,和《失落的秘符》中共济会死活要保守住古代秘密知识的立场,本质上完全一致,就是说有一些知识,人类目前还没有做好接受的准备,或者说还消受不起,所以还不应该去追求、掌握或获得。

这里唯一的区别其实是非常表面的,那就是:这种人类目前还不应该获得的知识,在《天使与魔鬼》中是欧洲实验室搞出来的超级现代的反物质,在《失落的秘符》中则是共济会要代代保守的"古代奥义"——人真的可以成为神。

《失落的秘符》中的迈拉克,其实就是《天使与魔鬼》中

《失落的秘符》：丹·布朗又来反科学了

教皇内侍所痛斥的人，他代表了人类的贪婪恶行。本来贪婪无论如何都是恶行，但是我们以前习惯于给出一个例外，即对知识的贪婪，似乎这不仅不是恶行，反而永远可以被视为一种美德。丹·布朗则用他的小说表明，这一例外也不应容忍。

■ 你这种说法倒确实是言之成理。也许，我们要是把《失落的秘符》中对"古代奥义"的追寻理解为一种隐喻，就像你上面解释的那样，就更能在阅读这部没有在结尾揭秘的小说时，在心理上有一种安慰的感觉。

说到这里，我想到，其实对于这部小说的绝大多数读者来说，恐怕是不会像我们这样以这么理性的方式来分析其中的科学（或反科学）寓意的。但那也没有关系，因为，更是在对那种好看、抓人的情节的阅读享受中，这样的理念以潜移默化的方式来渐渐地深入人心，这倒是对一种你我所赞同但在现实中依然颇有争议的观念的有效传播方式！

原载 2010 年 2 月 5 日《文汇读书周报》

作为科幻小说的《地狱》*

□ 江晓原　■ 刘　兵

□ 丹·布朗是我喜欢的作家之一,他的六部长篇小说我全都读过。考虑到过我们这种所谓"学术生涯"的人通常很少读长篇小说,丹·布朗的长篇小说居然会被我全部读过,足见我对他的兴趣之大了。

我喜欢丹·布朗,主要是喜欢他"有思想",而且是喜欢他"反思科学"时表现出的思想。我一贯认为,"反思科学"是科幻小说或电影的专利,因为任何作品一旦表现出对科学的反思,它就自动成为科幻作品。丹·布朗迄今为止的六部小说,除了名头最大的《达·芬奇密码》不是科幻小说,其余五部在我看来都是不折不扣的、完全够格的科幻小说。

丹·布朗的六部小说按照出版年份依次是:《数字城堡》(1998)、《天使与魔鬼》(2000)、《骗局》(2001)、《达·芬奇密码》(2003)、《失落的秘符》(2009)和《地狱》(2013)。其中除了《达·芬奇密码》是北京世纪文景文化传播有限公司出品,其余五部都由人民文学出版社出版。有趣的是,据说其余四部中译本的销量之和也及不到《达·芬奇密码》的一枝独秀(访谈时《地狱》刚刚开始销售,销量暂不计入)。

---

* 《地狱》,[美]丹·布朗著,路旦俊等译,人民文学出版社,2013年12月第1版,定价:39元。

作为科幻小说的《地狱》

■　对于丹·布朗小说的阅读，我和你的情况差不多一样。他的其他几本书我也都曾仔细地阅读过，甚至，还在中央人民广播电台文艺之声节目中，以将近一个小时的直播时间来谈他的《天使与魔鬼》。这次，是出差时在机场的书店偶然见到了他的新书《地狱》，于是赶快买下，并几乎是以最快的速度读完了。

这觉得，这次，在这本新书中，丹·布朗基本沿袭了他以往的写作风格，仍然将符号学家丹·布朗兰登设为穿针引线的人物（不过比起《达·芬奇密码》和《天使与魔鬼》等书，其利用符号学的功能似乎稍弱了些）。但在整个故事情节的设置上，仍然选择了一个与科学利用密切相关的背景，当然，用你的话来说，他"反思科学"的热情也依然如故，在表面上，似乎也依然像《天使与魔鬼》一书一样，形式上站在中立的立场来叙述，但在叙述中隐含地表达出来的深层的倾向，却也还是颇有让人对科学及其应用加以深思的意味。

如果仅从小说的阅读而言，这本书也依然保持了相当的可读性，但从创意上讲，却也没有更为新颖的突破，一个附带的价值就是，让读者（与科普作品的读者相比，这恐怕应该算是为数颇多的公众了）开始思考人口问题、资源问题等，思考解决这些问题如何利用科学技术，以及背景的伦理问题。就此而言，倒是让我不由得联想到我们刚刚谈过的那本不是小说的《反对完美》。

□　我的感觉是，反思科学在发达社会的思想界、文学艺术界都是司空见惯的，所以许多有科幻内容的作品会自觉或不自觉地反思科学，就像我们这里许多人会自觉或不自觉地赞美科学一样。所以桑德尔"反对完美"和丹·布朗反思科学，同样是很自然的事情。

《地狱》的故事框架其实是"纯科幻"的：一个生物遗传学方面的狂热天才佐布里斯特，认为现今人类世界许许多多问题的总根源是人口过剩，遂高调招募信徒，要用生物学手段来解决这一问题。因为人们推测他的"生物学手段"很可能意味着大规模人口死亡，他当然被视为潜在的恐怖分子，受到联合国有关部门的严密监控。不料佐布里斯特棋高一着，最终还是成功实施了他的计划。

正如你所敏锐地感觉到的，这部小说虽然仍以兰登教授为主角，但对符号学的利用是变弱了，甚至可以说，符号学在这个故事中是不必要的，只是因为佐布里斯特有着极度病态的美学追求，他竭力要在实施计划时做得极富仪式感、神圣感，才使得兰登教授有了用武之地。而在我看来，本书最大的价值，是以科幻故事的形式，向公众介绍了一种解决地球人口过剩问题的新思路。

■ 我觉得，之所以把佐布里斯特的行动设置得如此有一种以符号形式来体现的美学追求，一方面这可以继续让兰登再度登场，以维持丹·布朗新小说与过去小说在系列上的某种连续性（这种连载性或许又有继续抓住老读者的营销需求），另一方面，这种以符号学为线索的写作，又保持了一种吸引眼球和制造悬念的神秘风格，并成为丹·布朗小说的一种标志性象征，就是克里斯蒂小说中的"私室"一样。

另一个我觉得比较有意思的情节，是符号学家兰登被"科普"的场景。在小说中，当最初设置的一些悬念逐渐被揭秘，在科学专家告诉他了有关进化、基因、基因增强等科学知识时，兰

作为科幻小说的《地狱》

登在了解了最基本的科学知识内容之后,马上的反应却是与之相关的伦理思考:"这意味着合法的基因增强会立刻创造出一个富人和一个穷人的世界……想想看,如果那百分之一也是货真价实的超级物种——更聪明、更强壮、更健康,那将必然会产生出奴隶社会或者种族清洗的局面。"更有意味的是,科学专家的反应则是:"教授,你已经快速理解了我所认为的基因工程最严重的陷阱。"与我们当下主流的、最常见的"科普"活动相比一下,我们自然会看出其间在内容、目标和价值取向上的重大差别。尽管这是在一本小说中的虚构,恰恰这些观念,与涉及科学伦理的普及读物《反对完美》中的观点甚至说法,竟然是那么的相合。也正因为如此,我才会经常在不同的场合,提倡国内的科普工作者们去关注和研究那些在本来不是以科普为第一目标的娱乐形式中所蕴含的"科普"意味,更何况对这些差异的发现本来就为我们反思我们现在的科普提供了极好的借鉴!

□ 我非常同意你后面的这番分析。国内"科普"严重缺乏对于科学的反思,仍然习惯于仰视科学,将无条件地赞美科学视为自己的天然义务——尽管其实并没有任何人给科普工作者指定过这样的义务。

最后,我很想听听你如何看待丹·布朗在《地狱》中所给出的解决地球人口过剩的方法——佐布里斯特用非法手段"改造了人类这个物种",使该物种的总体繁殖能力下降了三分之一(他弄出来的病毒会随机地使三分之一的宿主丧失生育能力)。我觉得这也是《地狱》故事中最具思想性和启发意义的地方。

科学的幻想与历史建构

■ 这倒是一个很难简单地说得非常清楚的伦理方面的问题了。其实,丹·布朗在此书中,只是把这样一个伦理悖论交给读者去思考,而没有给出作者的明确答案,甚至在书的结尾还留下了悬念,当然这也给后续——如果他还想写后续的话,留下了开放性的展开空间。书中,作者将对立的两拨人都没写成非黑即白的形象,但同样为了全人类终极目标而采用或不采用某种科学技术手段,不同的人对这样一个计划表现出不同的态度,其实只是基于伦理出发点的不同而已。一派是以整个人类的延续为第一原则,为此可以牺牲一部分人权利,哪怕这一部分大到占人类的三分之一。另一派人,则更多的是基于更常见的伦理出发点,将当下已经存在的人类每个个体的权利选择的自由和知情权作为第一原则。如果一定要我选择,我会选择后者!最简单的理由就是,如果按前一种立场,不要说在像这部小说的这种极端情形下,就是在我们日常,也会有人据此为更宏大更冠冕堂皇的理由而不惜牺牲部分人的利益。

最后,再补充谈一个小故事。当我看到此书大约一半多的篇幅时,根据小说中前面种种扑朔迷离的铺垫,居然已经大胆地猜到了最后情节发生的场所,因为那个在伊斯坦布尔的地下水中宫殿真是有现实原形的,2013 年我在访问土耳其时,就曾经参观过,而且印象颇深!这也许是在隐喻式地提醒:对"地狱"的认识,与我们已往的知识和经验是相关的。

原载 2014 年 2 月 7 日《文汇读书周报》

丹·布朗走在反科学主义的
道路上吗?

□ 江晓原　■ 刘　兵

□ 我们不止一次对谈过丹·布朗被引进中国的小说,这次要谈的是他的《本源》*。但这次我打算先将丹·布朗小说问世和引进中国的时间线清理一下。到 2018 年 6 月已经有七种丹·布朗的小说被引进中国,按原作出版年份开列如下。

《数字城堡》(Digital Fortress,1998),中译本:2004
《天使与魔鬼》(Angels & Demons,2000),中译本:2005
《骗局》(Deception Points,2001),中译本:2006
《达·芬奇密码》(The da Vinci Code,2003),中译本:2004
《失落的秘符》(The Lost Symbol,2009),中译本:2010
《地狱》(Inferno,2013),中译本:2013
《本源》(Origin,2017),中译本:2018

从上面的清单可以看出,中译本的出版顺序是这样的:
《达·芬奇密码》《数字城堡》《天使与魔鬼》《骗局》《失落的秘符》《地狱》《本源》。

开列这些时间顺序并非毫无意义,从中可以看出一些名堂。

---

* 《本源》,[美]丹·布朗著,李和庆等译,人民文学出版社,2018 年 5 月第 1 版,定价:72 元。

例如，尽管此前丹·布朗已经出版了三部小说，但他的畅销书作家地位是靠《达·芬奇密码》奠定的，这一点可以从《达·芬奇密码》中文版权以极低价格售出（据说只有几千美元）得到佐证，这表明此时丹·布朗的经纪人还未意识到他马上就要红了。

其次，中国出版人是在丹·布朗出版了第四部作品时才决定引进他的小说的。《达·芬奇密码》中译本售出了百万册以上，堪称奇迹。此后五部丹·布朗小说中译本销售之和也比不上《达·芬奇密码》，估计加上《本源》也仍是如此。

当然，奇迹之外还有奇迹，胡赛尼力压丹·布朗，《追风筝的人》(*The Kite Runner*, 2003) 中译本已经销售超过一千万册了。

■ 你前面的梳理，对于我们了解丹·布朗作品的整体出版情况，是很有意义的背景。其实，即使在国外，很大程度上，也是因为《达·芬奇密码》这本书而带动了他其他书的畅销。我曾在几个欧洲小语种国家的机场书店，看到突出位置并列地摆放他的一系列小说；甚至在越南的书店里，也有着包括他最新作品在内的小说列系越文译本。由此也可见他的小说在全球流行的现象。

以往，我们已经谈了好几本丹·布朗的小说，其中一个很有意思的背景是，他的《数字城堡》《天使与魔鬼》《骗局》等小说居然都是与科学技术的主题密切相关的，而且还与我们所关心的像科学与社会、科学与伦理、科学与宗教等主题密切相关，再加上他的作品的可读性，所以我们会关注他和他的作品。我在清华开设的一门关于小说、电影与 STS 的课程上，也

丹·布朗走在反科学主义的道路上吗？

选择了《天使与魔鬼》作为学生要阅读和讨论的作品。

但这一次，我们要谈的《本源》，却另有一番意味。此书中从一开始，直到接近结尾，除那些依旧是商业畅销小说的路数、曲折莫测的追杀和解疑悬念情节外，居然以"生命从何而来"，或者说是"生命的起源"这个颇具哲学意味的"科学发现"作为主线背后的悬念，也算得上是独出心裁了。当你把对谈的标题先定为"丹·布朗走在反科学主义的道路上吗？"的设问句，是否也与此有关呢？

□ 确实与此有关。我们看丹·布朗小说在中国出版的时间线，在《达·芬奇密码》和《本源》之间的五部小说，每一部都是不折不扣的科幻小说——尽管丹·布朗自己并没有这样宣称，而且都带有明显的反科学主义立场。所以我以前经常说，丹·布朗的小说除了《达·芬奇密码》，每部都是很优秀的科幻小说。

例如，他的第一部小说《数字城堡》，据丹·布朗自己对媒体说，当时只售出 12 册，在签售活动中他枯坐了三个小时，没有一个人找他签名。可是这部小说中所虚构的可以窥看全世界一切电子邮件的"万能解密机"，13 年后确实在美国本土建设起来了。据美国前副总统戈尔（Al Gore）在《未来：改变全球的六大驱动力》(*The Future: Six Drivers of Global Change*, 2013) 一书中披露，美国人建立了一个"世界上迄今所知最具侵入性和最强大的数据收集系统"，这个系统于 2011 年 1 月在犹他州奠基，它有能力"监控所有美国居民发出或收到的电话、电子邮件、短信、谷歌搜索或其他电子通信（无论加密与否），所有这些资料将会被永久储存用于数据挖掘。"

科学的幻想与历史建构

自己小说中想象的事物后来真的出现了，应验了，一直是科幻小说作家特别喜欢标榜的事情。丹·布朗"万能解密机"的应验，要是按照已故科幻大师阿瑟·克拉克（A. C. Clarke）的心性，那非得大书特书不可，它比克拉克反复标榜的那几件鸡毛蒜皮的琐事重大得多。不过丹·布朗好像并不拿这些来标榜自己。

■ 我觉得《本源》这部小说与你说的那几部"科幻"小说略为有所不同。因为我刚才说的那个作为主线的悬念，即"生命从何而来"，基本上只是作为一个概念性的东西，而书中绝大部分情节，是围绕着故事展开的追杀和解疑来演进的，除其中那个似乎很可爱的人工智能"温斯顿"还算个科幻要素外。只是到临近结束时，才出现了"超级计算中心"，讲出了主人公埃德蒙的"惊人发现"，即也"物理定律自发产生生命"，而不需要上帝，以及未来作为非生命的所谓"第七界"，或者说"技术界"，将会吞噬其创造者人类。

以这种"建模"方式计算出来的生命起源世界的未来，当然也可以算作是一种大胆的科学幻想。至于在哲学思考的意义上，这种对"我们从哪里来？我们要往哪里去？"的回答，恐怕也算不上有特别的新意。就科学与宗教的关系来说，丹·布朗所设置的小说中一直作为悬念的那个发现，能否算作典型的反科学主义立场，我也是心存疑问的。

□ 我完全同意你的感觉。事实上，当我说丹·布朗"在《达·芬奇密码》和《本源》之间的五部小说"都是科幻小说时，已经暗含了"这两部不是科幻小说"的意思。从那五部科

丹·布朗走在反科学主义的道路上吗？

幻小说来看，丹·布朗似乎毫无疑问行进在反科学主义的"康庄大道"上，但是我们考察他作品原版问世的时间线，就不得不怀疑，他也许只是反科学主义在某些时候的同路人。

他迄今为止最成功的小说，是第四部《达·芬奇密码》，偏偏它不是科幻小说。《本源》严格来说也不能算科幻小说了，尽管有人工智能作为道具，有"科学发现"作为悬念，但它的主题不再和科学有直接关系了，所以不能算科幻小说了。

丹·布朗写科幻小说时，他的反科学主义立场是十分鲜明的，那么当他在写第四、第七这两部不是科幻的作品时，他有没有离开反科学主义的立场呢？看来倒也没有。从情感方面来说，一个写了五部反科学主义立场鲜明的科幻小说的人，已经不可能再崇拜科学、热爱科学了。这样的人，更习惯的自然是践行田松教授"警惕科学，警惕科学家"的金句。

在《本源》中，开篇不久就被谋杀的埃德蒙·基尔希，当然也应该算科学家，但他更像一个行事高调乖张的科学狂人；而他那极尽夸张铺垫之能事的惊世发现，有点唯恐天下不乱的样子。基尔希在小说中被描写成一个教会和西班牙王室认为需要极端警惕的人（警惕到极限就是将他杀掉），岂不正是在践行田松教授的金句吗？

■ 这样说来，我们在讨论的就是一部并非科学小说，但与此前此人作品的反科学立场有一定关系，又存在某些矛盾的作品了。

首先，埃德蒙·基尔希，正如你形容的，确实是被描述成科学狂人的形象，无论是他对高科技的开发应用，对其"科学发现"的高调宣扬，对"生命不需要上帝"的坚定确信和对宗教的极度反感与诋毁，还是那种在放荡不羁的风格中试图利用高科技手段对事件进程的控制，都体现出这种"狂人"特点。但另一方面，就像你所说的，"一个写了五部反科学主义立场鲜明的科幻小说的人，已经不可能再崇拜科学、热爱科学了"，因而在字里行间，我们不时地还是能感觉到一些对科学技术和现代化的嘲讽。例如书中这段描写："生活中那些曾经可以静思的时刻——坐在公交车上、步行在上班的路上，或者等人的那几分钟里——现代人都静不下来，都会忍不住掏出手机、戴上耳机，或者打电子游戏，科技的吸引力让人欲罢不能。过去的奇迹渐行渐远，取而代之的是对新事物无休止的贪恋。"

不过，你说小说的情节是在以极端的方式践行田松教授的金句"警惕科学，警惕科学家"，我还有点理解，这样的践行是代表了作者的立场还是仅仅出于吸引读者的情节需要呢？

□ 和丹·布朗以前的招数一样，他在叙述故事时自身的态度仿佛是中立或暧昧的，我们所感觉到的他反科学主义立场，主要是通过故事本身传达出来的。比如他的《天使与魔鬼》中教皇内侍那段著名的长篇大论，简直就是一篇反科学主义的宣言，但从形式上看，那是故事中人所说，并非丹·布朗的言论。

读《本源》时我有一个感觉，好像丹·布朗有点丹郎才尽了。和前面六部作品相比，这第七部在思想上和技巧上都没有什么突破。当然，要求一个作家每一部作品都有突破，显然是过分的。有这些作品传世，丹·布朗作为一个畅销小说作家，作为一个科幻小说作家，都已经是非常成功的了。

况且《本源》也仍然不失为相当好看的作品，例如丹·布

丹·布朗走在反科学主义的道路上吗？

朗延续了每部小说以一个城市作为"工笔画"风格背景的做法，对故事发生的城市做足功课，小说中娓娓道来如数家珍。这次故事的发生地放到了西班牙的马德里和巴塞罗那，丹·布朗的功课也是做足了的。

■ 我同意你的看法。这一次，似乎我们谈的观点是比较相近的。如果按照一部好看并且满足消遣要求的小说来看，《本源》也还是成功的。也确实无法要求一位作家每部小说都要成为理论性创造的经典，丹·布朗也不是专门以撰写反科学主义小说的作家，他以往的作品在这方面能够有那样好的表现已经很不错了。

更何况，也像你所说的，为了使小说好看，有特色，有艺术性，他也确实是做足了功课。就像小说开头标榜的："本书中提到的所有艺术品、建筑物、地点、科学知识和宗教组织都是真实的。"以往，因为他小说的成功，和小说中涉及的环境背景的真实与特色，出现了以他的小说情节中涉及的地点和艺术品为线索的旅游方案，也许，这本小说还会给西班牙的旅游带来一轮新热吧。

原载 2018 年 6 月 13 日《中华读书报》

《异海》*：在科学和神秘的交界上

☐ 江晓原　■ 刘　兵

☐ 很长时期，以大国争夺为背景的间谍或军事小说，似乎不明所以地成了西方作家的专利，比如汤姆·克兰西的一系列著名小说——好几部拍成了著名影片，在中国享有很高的知名度。但是近年来，这样的作品也开始出现在中国本土作家笔下了。在科幻作品中，蛇从革的《异海》，郑军的《决战同温层》等都是这样的作品。

这类作品，用某些套话来说，可以视为具备了"国际视野"的"与国际接轨"之作。当然更深层的原因，无疑是中国的崛起。即使作者的本意并非刻意要反映中国的崛起或为崛起出谋划策，但这类作品的出现，至少在客观上，是与中国在经济和军事上的崛起同步的。

■ 蛇从革的《异海》这部小说，我是在伴随着很强的阅读愉悦感看完的。也许，对于它是不是一部典型的科幻小说，人们还可以有争议，但其实小说的分类本身也是一种人为的产物，某部小说是否典型地属于某一类型其实并不重要，重要的在于能够有其自身的特色和可读性。我觉得，在看这部小说时，一个很突出的感觉，是它把各种坊间的传说，包括那些一

---

* 《异海》，蛇从革著，南海出版公司，2012年7月第1版，定价：32元。

《异海》：在科学和神秘的交界上

方面被许多人许多媒体津津乐道而流传广泛，另一方面又被许多"科学"立场的人士斥责为伪科学的"传奇"，通过作者独特而大胆的想象力，构造出一个在某种叙事逻辑上自圆其说的故事，从而带着读者去思考世界的存在及人们生活的另一种可能性。

但从这次谈话的开场，你似乎更把第一位的关注点放在间谍或军事小说这一类型及与中外竞争的背景下。不知为什么我们的关注兴趣会有这样的不同。

□ 哈哈，君子和而不同，这正是理想境界呀。这次我们两人都在第四届全球华语科幻星云奖的评选中担任评委，我记得你对《异海》的评价，也明显比其他评委更高。至于我首先将对此书的关注放在军事和大国竞争的背景上，估计是因为我最近"纸上谈兵"的兴趣又浓厚起来了。

你注意到了作者将许多"传奇"——我相信你是指类似百慕大三角神秘区域、费城实验、罗布泊实验等——组合建构成一个能够在某种程度上自圆其说的故事。这一点也引起了我相当大的兴趣。因为这里面有着某种明显的反差。

《异海》是以比较接近于所谓"硬科幻"的风格开场的，这种风格通常都会更亲近当代科学，更远离神秘主义；而你注意到的那些"传奇"，则更多是从血缘和感情上亲近神秘主义的。在传统的语境中，前者更"科学"而后者很"伪科学"。事实上不少学者会将谈论这些神秘事物的作品归入"伪科学"，包括我本人也是如此——当然，我一直主张对"伪科学"应该宽容。而本书的特征之一，就是试图以幻想的故事，将"科学"与"伪科学"熔于一炉，这就很有意思了。这既可以视为

科学的幻想与历史建构

对科学哲学上关于科学与伪科学之间划界难题的一个图解，也可以视为对我曾提出的认为伪科学可以成为科学温床之一的说法的例证。

■ 第一，我同意你所说的，这种将"伪科学"与"科学"熔于一炉的写作新意。第二，我倒是对你认为伪科学可以成为科学温床之一的说法不够认同。这种不够认同，不在于我否认有这种可能性，而在于，当你这样说时，似乎仍有意无意地将科学置于一个更优越的地位。

不过，话说回来，这次我对《异海》评价偏高的原因，倒主要不是因为什么立场之类的原因，而更主要地在于它的可读性和想象力。虽然我们在反科学主义这个立场上是比较一致的，但我也会想到，过于图式化的写作，有时也会损害一部文学作品，而在这里，我当然是把科幻小说首先看作文学的，尽管是与科学（以及你说的"伪科学"）有某种直接间接关系的文学。

从这种反衬中，我们反而可以思考，为什么在正统的"科普"中，对于像这里所涉及的"传奇"的"伪科学"进行了那么多的"揭露"，而在公众传播中的效果却与其初衷不甚相符？而在公众的兴趣点上，像《异海》这样的写作，倒应该是比那些"科普"更有亲和力。

□ 其实从广义来看，那些谈论神秘事物的大众读物也未尝不可以视为"科普"的一部分。事实上，许多书店就是将这类读物和"科普"读物放在一起的，这种做法经常受到批评，却也暗含着某种合理性。

不过，如果允许稍微夸张一点，我倒觉得可以这么说：多

《异海》：在科学和神秘的交界上

年来，"科普"在客观上伤害了科幻。因为将科幻视为"科普"的一部分或一种形式，就使得科幻在中国一直处于"低端"的状况——它既进不了科学殿堂，也登不上文学殿堂。在许多人心目中，科幻就是一种少儿读物，这严重阻断了成年人阅读和欣赏科幻作品的路径。所以我最近在一个科幻论坛上表示：如果我们希望科幻在中国走出"低端小众"的困境，就应该远离"科普"，告别低端。如果"小众"的命运一时改变不了，至少也应该设法让科幻走向高端。

持这种观点来看《异海》，这样的小说和"科普"没有任何关系，它完全是适合成人的读物，也未尝没有资格进入高端。

■ 我们现在经常会听到这样的说法，说中国人缺少想象力等。其实，在这当中科幻的缺失应该算作重要的原因之一吧。但另一方面，某些过于大胆的想象力，因其与当下科学的不符，也会被许多短视的、坚定的当下科学捍卫者当作异端，这在我们的教育中尤其如此。所以，把科幻引入教育，至少是做到在教育中不排斥科幻，应该是一件需要倡导的事。当然正像你所说的，如果在这样做的时候，仍然过于功利地把"科普"的目标置于首位，那还是要让通过阅读科幻来培养想象力的努力大打折扣。

说到想象力问题，这本《异海》甚至有时会让我联想起《索拉里斯星》。也许它还达不到那种经典的地位，但其间总是让我感到有某种相似性，而且因其在大胆想象的同时兼顾了具象性以及与我们现实世界中"传奇"的关联，更容易为更多的读者所接受。

科学的幻想与历史建构

□ 你提到的《索拉里斯星》,就是一部非常有思想深度的作品。《异海》固然还达不到这个层次,但这种将伪科学"传奇"与科学融合的努力,倒也是富有哲学意味的。

不过我倒觉得,对于中国的科幻作品来说,想象力不是问题,至少不是主要问题。主要问题是思维方面的约束,导致对一些问题的思考盲点,或者说,不去思考某些有深度的问题(尽管并没有任何人禁止人们思考这类问题)。这更重要的,恐怕和某些作者平时不亲近哲学有关。

这里我说的哲学,就是一般意义上的哲学。由于哲学以前在中国声誉欠佳,导致许多人鄙视哲学。相比之下,西方许多科幻作品是有哲学素养作为支撑的。前不久索耶在中国接受媒体采访,他表示:与其将自己的小说称为科幻小说,他倒不如"将自己的小说称为哲学小说",这简直就和我以前说的"科幻的三重境界中最高境界是哲学"异曲同工啊。

■ 当然,不过我也还是认为想象力也是个问题。这里说的想象力,并不只是无规的胡思乱想,而是指那种既合乎逻辑又超越常识的想象。

但哲学确实是一个问题。这里的哲学肯定不是指那种我们在学校的基础教育中被教授的那种哲学,那种哲学不仅无益,而且害处极大。

回到这部小说,其实,它的最基本的出发点,不正是一个传统中颇有哲学意味的观点吗?那就是:天外有天!

原载 2013 年 11 月 8 日《文汇读书周报》

《蚁生》*：一个反乌托邦的寓言

□ 江晓原　■ 刘　兵

□　我前一阵将20世纪以来幻想小说和幻想电影中的乌托邦—反乌托邦作品谱系梳理了一遍，还在文章中感叹说，我们中国人除先贤在《礼记·礼运》中留下的那段"大道之行也，天下为公……"外，连一部带有中国特色的"空想社会主义"小说也未能产生，以至于对整个乌托邦—反乌托邦思想传统几乎毫无贡献。谁想到我那篇文章才发表没几天，就被证明我是说错了——中国大陆科幻作家的反乌托邦新作已经闪亮登场。

王晋康的新作《蚁生》，如果事先不知道这是科幻小说，那你一直读到将近一半的时候，还会以为是一个怀旧的爱情故事。然而作品的"峥嵘面目"在后半部中豁然显露，而前半部分的爱情故事则构成必要的铺垫。整个故事相当有力度。有朋友曾半开玩笑地说，王晋康"一直在对科学妖魔化"，也许这部《蚁生》也会被归入"妖魔化"之列。但在我看来，《蚁生》是一个反乌托邦的寓言。我们中国作家也开始对乌托邦—反乌托邦思想传统贡献自己的作品，这应该是一件光荣的事情。

■　可以这样说吧，我在读这本小说之前，也没有想到它

---

* 《蚁生》，王晋康著，福建人民出版社，2007年8月第1版，定价：23元。

科学的幻想与历史建构

会是这样一部小说。以前,说来非常惭愧,读的科幻小说不多,读国内作者所写的科幻小说,就更少了。知道王晋康的名字,还是从一些"批判"他人的文章中。当然,这也引发了想要读一读他的作品的兴趣。但这次有机会真正阅读时,还是不免有意外之感。我虽然没有像你那样大胆地做出关于中国科幻作家反乌托邦作品的断言,但也没有想到如今中国国内的科幻作品已经能够在认识水平上达到了如此的境地。

从内容结构上看,似乎是一部很工整的科幻小说,但我更关注的还是作者的立场和倾向。当然这是在作品好看的前提之下,因为毕竟小说(哪怕是科幻小说)不同于学术论文。在这部小说中,作者对于科学和技术应用的各种问题思考,确实已经与学术界对有关问题的前沿研究有了一致。你是否这样以为呢?

□ 确实如此。

我们以前很长时间试图以"毫不利己,专门利人""狠斗私字一闪念"来要求社会中的每一个个体,以为这样就能够建设起一个理想社会。这样的社会确实在很大程度上就是蚂蚁的社会,所以《蚁生》中的"蚁素",可以说就是一个时代理想社会的隐喻。而这一结果,是人性扭曲,罪恶横行,国民经济濒临崩溃,宣告彻底失败。

"蚁素"及其应用的效果,当然是小说作者想象的产物,纯粹从科学技术的角度来看也不见得有多少具体依据——《蚁生》不是一部所谓的"硬科幻"作品。这部小说的主要价值在它的思想深度。

小说中的男主角颜哲,用他那被迫害致死的昆虫学家父亲

《蚁生》：一个反乌托邦的寓言

留下的"蚁素"，将他所在的农场改造成了一个"小伊甸园"（让农场职工们都吸进了"蚁素"），他自己则成了这个伊甸园中的上帝。这个伊甸园就是一个不折不扣的乌托邦。一开始，那真是"比白雪更纯洁，比水晶更透明"，这个乌托邦也成了颜哲的精神寄托。然而，就像所有的乌托邦都注定要失败一样，小说中的这个"理想"社会也无法持久。

■ 其实，乌托邦的情结在许多人心中不同程度地存在，而且在我们所见到的有关文字中，想要利用科学技术的手段来实现和维系它，并且认为只要科学技术充分地发展就能够用来达到这样目标的心理也是很普遍的。甚至在像《一九八四》或《美丽新世界》这样的经典名著中，也有这样的要素。与奥威尔或赫胥黎相类似地，王晋康也利用了这样的要素，并且在小说中更为明确地表明：这样的梦想首先是不可能真正实现的，其次，即使实现了，也一定是非人性的！科学技术的手段也许在某种程度上可能成为一时的有效工具，但其局限也同样明显。

此外，在这部小说中，"蚂蚁"和"蚁素"这两个隐喻是很有意思的。在那个时代，"蚁民"们所接受的各种意识形态灌输，难道不是一种精神上的"蚁素"吗？它也许并不能让人像小说作者设想的那样绝对利他，但至少在相当的程度上使人丧失自我。

□ 你的分析我非常赞同。而《蚁生》中的思想深度，让我联想到更多的问题。

近年有些科幻研究者认为，科幻原是以"呼唤"科学技术为己任的，随着科学技术飞速发展到了"走在时代前面"，科幻的历史使命就已经完成，所以科幻的衰落是不可避免的。八月我们都去成都参加了"2007中国（成都）国际科幻·奇幻大会"，发现原来有些国外著名的科幻作家就是持这种看法的。

但这种看法其实对科幻的价值缺乏充分认识。在这次大会上发表的主题演讲中，我提出科幻有三重境界：一、科学境界，这是"呼唤"科学技术的；二、文学境界，让科幻作品摆脱"科普"的初级身份，自立于文学之林；三、哲学境界，也是科幻的最高境界，主要表现为反思科学技术的滥用及其自身的负面作用。在国外，至少在20世纪下半叶，迈向第三重境界就是科幻的主流；在国内，20世纪90年代之后，大部分科幻作家与时俱进"与国际接轨"，也已经进入这一境界。

《蚁生》毫无疑问已经进入科幻的第三重境界。恰恰是由于科学技术已经飞速发展到"走在时代前面"，对科学技术的滥用及其自身负面作用的反思就显得极为必要和迫切。科幻的这一历史使命，还远远没有完成。既然如此，判定科幻的衰落已经不可避免，又有多少理论依据呢？

■ 你所说的三种境界中的第三重，当然是非常重要的。也许，反思科学技术的滥用和负面作用，那只是对科学技术反思的一个方面而已。

还有，这三重境界当然是"向下兼容"的——在第三重境界达到较高的水准的同时，也不妨碍在第一、第二重境界上努力提高。在我看《蚁生》这部小说时，就有这样的感受。当我们阅读一些国外优秀的科幻作品时，也同样在享受着文学。相比之下，国内科幻作品在这方面还有更多努力的空间。倘若一

《蚁生》：一个反乌托邦的寓言

部科幻作品只是在哲学上有高度，而文学上显得苍白，那还是会削弱其影响力的。毕竟，只有在人们愿意阅读的前提下，哲学的思考才能有效地传播。

总之，就国内的科幻创作来说，有喜有忧，但无论如何，科幻依然会生存下去，至少在目前，其读者数量，就远多于常规的科普作品。这次，我们在成都看到的那些科幻粉丝的"狂热"，不就很能说明问题吗？

原载 2007 年 10 月 12 日《文汇读书周报》

"咋越学越对科学不放心呢？"

——科幻小说《十字》*

□ 江晓原　■ 刘　兵

□ 标题上的这句话，是《十字》中的一个重要角色，孤儿美女梅小雪说的，这句话似乎也揭示了本书的主旨。这部科幻小说借助奇情异想的故事情节，对人性、道德、科学的善恶、要不要敬畏自然等问题，做了深刻的思考。

一个优秀的病毒学家，花费数十年时间，纠合一小批顶级的国际同行，成立了一个秘密组织。而这个组织的目的，竟是在地球上复活"天花"病毒！

天花曾经是人类"消灭"的第一个致命传染病，1979年10月26日，联合国世界卫生组织在肯尼亚首都内罗毕宣布，全世界已经消灭了天花病，并为此举行了庆祝仪式。这个胜利经常被用来证明"人定胜天"，也是科学主义最心爱的凯旋曲之一。科学主义的宣传还曾许诺：人类将来可以消灭所有有害病毒，从而生活在一个生物学乌托邦之中。

截至2009年世界上仍有两个戒备森严的实验室里保存着天花病毒，一个在俄罗斯的莫斯科，另一个在美国的亚特兰大。世界卫生组织曾于1993年制订了销毁全球天花病毒样品的具体时间表，后来因病毒学家和公共卫生专家们在这个问题

---

* 《十字》(科幻小说)，王晋康著，重庆出版社，2009年3月第1版，定价：28元。

"咋越学越对科学不放心呢？"

上发生了争论，这项计划被推迟了。一些科学家认为，天花病毒不应该从地球上完全清除。因为在未来研究中可能还要用到它。美国政府已向全世界表示，反对销毁现存的天花病毒样品，理由是美国必须做好对付生物恐怖威胁的准备，为继续研究对付天花的手段，必须保留这一病毒样品。《十字》的幻想故事就是从俄罗斯的实验室开始的。

《十字》的故事中表达了一种更为激进的观点：消灭天花造成的"真空"，很可能引发更为离奇的病毒（比如艾滋病）前来填补；这种"消灭"是对大自然生态平衡的粗暴破坏，只会带来大自然更可怕的报复，所以要人为散布一些弱化了的天花病毒，以恢复大自然的生态平衡，而人类整体也能够通过激发产生对天花的免疫功能而从中获益——尽管在此过程中某些个体有可能被牺牲。

■ 你已经把故事的梗概叙述了不少了。当然，从读者的角度来考虑，后面更有悬念的情节和结局，还是保留一些为好。但是也正像王晋康的其他科幻小说一样，此部小说依然是非常引人入胜，非常可读的。

正如你刚说到的，这部科幻小说的重要背景，以及其中虚构的情节，都与天花这一人类历史上令人恐怖的传染病相关。而"消灭"天花，也可以看作是当代医学史中的重要事件，但当我们把视野扩展到更大的范围，包括生命伦理学，包括到更深层次的人与自然的关系，以及科学与科学能力的限度等，也依然是可以对此有些不同的思考的。

也算是偶然，但按前面所说的，也有某种必然，在2008年10月，清华大学专门研究生态哲学的雷毅先生，我的女儿，

科学的幻想与历史建构

以及我自己三人合著出版了一本名为《生态伦理十日谈》的书，在书中正好也提到了天花的例子，并有这样一段话："比如，我们现在完全有能力灭绝天花，而且我们已经消灭了天花，但理智告诉我们，不能灭绝天花。因为在我们不了解天花病毒这个物种实际的生态功能的时候，不了解它与各个物种究竟是何种关系的时候，我们不能贸然地处理掉它们。任何一个物种的灭绝对我们来说都是一件非常糟糕的事情。我们之所以跟其他动物不一样，就是我们有这样一种理智，来很好地思考这个问题，预见比较远的未来。"

当然，《十字》这部小说仅仅是利用天花病毒作为其叙事的背景与情节的基础，作者所要谈论的，我想，还是对于人与自然以及科学之限度的思考。有意思的是，从《十字》中我们甚至能看到近几年国内有关科学文化争论的某些事件乃至代表性人物的影子。

□ 你说的那个影子，想必就是小说中的赵与舟了。作者让赵扮演极端科学主义的代言人，而其人的冬烘之气，又有点像伽利略《关于托勒密与哥白尼两大世界体系的对话》中僵化的亚里士多德主义代言人辛普利邱。作者对赵基本上是揶揄和怜悯，但有时仍然掩饰不住对这个角色的厌恶，比如说他"倒更恰如一个散发着灾难气息的男巫"。

在赵与舟的立场上看来，天花的消灭当然是科学的伟大胜利，而且科学还将乘胜前进消灭更多的病毒。因此"十字"秘密组织的所作所为，在赵与舟看来是十恶不赦的罪行，他只盼着见到梅茵"被烧死在正义的火刑柱上"。

不过这部小说的微妙之处在于，对于其中梅茵等"十字"

"咋越学越对科学不放心呢?"

秘密组织的成员来说,要想简单地给他们贴上"科学主义"或"反科学主义"的标签,都相当困难。我的感觉,梅茵、她的义父、她的情人和丈夫等,其实应该算是"仁慈的科学主义者"或"开放的科学主义者"。他们可以接受"广义人权"之类的动物保护主义乃至"病毒保护主义"观念,但他们在天花问题上的立场,也未尝不可以被科学主义引为同盟军。

在小说的情节副线中,那个名叫齐亚·巴兹的恐怖主义者,则是"利用科学做坏事"的典型,他不顾一切地策划和实施生物恐怖袭击,成为人类公敌。

■ 像赵与舟,作为极端科学主义的代言人,小说作者显然是将其作为反面形象来处理的(只不过似乎在对其的夸张处理中略有点儿生硬),其基于极端科学主义立场的所作所为,我相信绝大多数读者也应该是不会喜欢的。而你将梅茵等"十字"秘密组织的成员归于"仁慈的科学主义者"或"开放的科学主义者",是有一定的道理的。他们确实不属于典型的反科学主义者。他们得出天花病毒不应该被彻底销毁并要继续保存和利用的结论,也是基于科学研究的,而非人文伦理的出发点。这与像生态学这样的科学对于人与自然、对于自然生态系统的一些观点也是相近的。我们虽然可以说,在一定程度上,某些与人文伦理立场得出的类似的结论也可以从科学研究中得出,但我们依然要意识到仅有科学的局限,即使是持"开放"的科学或科学主义的立场的局限。

北京上演迪伦马特的名剧《物理学家》,那是一部写于半个世纪前,基于物理学研究而制成原子弹为背景,讲物理学家社会责任感的经典戏剧。在接受记者采访时,我曾表示:与几十年前不同的是，在过去的几个世纪中，物理学最先对人类的思想方式和社会生活产生了巨大的影响，物理学家更多地处在与哲学、道德、政治的矛盾与交锋之中。然而，几十年来，生命科学家逐渐取代了物理学家，处在这种矛盾与交锋的激点上，如果将来再有人写作、排演关于科学家良知的戏剧，生命科学家很有可能成为主角。

而科幻小说《十字》，不恰恰是以生命科学家为主角来讲述这类问题的最新作品吗？

原载2009年6月5日《文汇读书周报》

《与吾同在》*:上帝也无法裁决的善与恶

□ 江晓原　■ 刘　兵

□ 以前我们通常回避"上帝"这个话题,当然更不会去考虑上帝的具体形象——即使在西方也很少有人考虑这个问题。所以在最近出版的王晋康科幻小说新作品中,竟然出现了对上帝形象的具体描述,马上引起了我特别的兴趣。

王晋康新作的书名《与吾同在》,就是来自《圣经》的话头,更大胆的是,他居然将上帝写成一个真实的外星人。在这部小说的故事中,上帝起先一直不向地球人显露他的真容,直到他召集七人执政团开会时,才露出了他的本来面目,他竟是一只五爪的章鱼。按理说"非我族类其心必异"的传统思维不可能不影响人类,但是因为上帝此前一直在用脑电波和人类沟通,他以超高科技能力学习(不如说培植)了地球文化十万年,他精通全世界一切语言,了解全世界一切文化,所以还是轻易获得了人类的认同。

别的先不说,仅这个"正面建构上帝形象"的方案,我觉得还是非常富有想象力和创造性的。

■ 这种写法固然大胆,但作为科幻小说,倒也合情合

---

* 《与吾同在》,王晋康著,重庆出版社,2011年9月第1版,定价:29元。

理。小说虽然写了上帝，却是以无神论的立场，以科幻的方式，解释了也解构了上帝的存在。

说以科幻的方式解释了上帝，是指作者利用科幻作品中经常出现的外星人这一特殊的要素，在逻辑上自恰地解释了地球人为什么会有上帝的概念，为什么地球上会有不同的宗教的原因。

说以无神论的立场解构了上帝，是因为作者的立场显然不是传统中人们所具有的宗教立场。作者并未把上帝作为超自然的存在来看待，而是仅仅作为外星人这一自然物的存在来看待，是把上帝解释成了外星人给地球人带来的一种幻象。然而，如果站在传统的宗教立场以传统的对宗教的理解来看，这样的解释和解构并未彻底解决问题。因为上帝如果以传统宗教的理解方式存在，如果有外星人的话，那显然上帝的子民也应该包括外星人。外星人中的"人"这一说法，其实定义了其并非上帝。

当然，作为非宗教的科幻，这种写法也很正常。至于是五爪的章鱼还是别的什么形象，这我倒觉得不是特别重要，毕竟，在过去的科幻中，外星人经常被想象为这类的样子。

□ 在西方人解释人类为什么找不到外星人的方案中，有一种称为"动物园假想"，是约翰·鲍尔（J. A. Ball）1973年提出的，他认为：只要满足存在和进化出生命的条件，生命就会出现；而且生命能在宇宙中的许多星球上出现；所以宇宙中遍布地外文明，只是人类没有察觉到他们的存在。他还认为，最先进的文明形态，可以取得整个宇宙的掌控权，随后慢慢把落后的文明形态摧毁、制服或同化掉。

《与吾同在》：上帝也无法裁决的善与恶

再进一步，就像人类保留野生动物园一样，鲍尔认为地球就是一个被先进外星文明专门留置出来的宇宙动物园。为了确保人类在其中不受干扰自发生长，先进文明尽量避免和人类接触（他们拥有的技术能力完全能确保这一点），只是在宇宙中默默地注视着人类。所以人类甚至可能永远不会发现他们。

《与吾同在》中的故事架构，与"动物园假想"颇多吻合之处。稍有不同的是，王晋康为这个地球"动物园"设置了一位观察员兼管理员，他就是地球人心目中的上帝，他是那个先进文明（恩戈星球）派来的。

■ 当然，如果按照"动物园假想"，这样的写作方式当然是科幻写作的一种可取的类型。不过，我始终有一种感觉，即在科幻中，构造外星人的方式，过于按照地球人参照自己以及参照现在生物的式样。就此而言，我觉得在我的所见中，最有想象力的科幻，还是莱姆的《索拉里斯星》，因为在那里，他几乎脱开了根据已知生物并加上某种变形来塑外星人的局限。

虽然王晋康的这本小说很可读，又将"上帝"引入其中，但我觉得，其最重要的核心问题，却还不是什么上帝，而仍然像《三体》一样，关注的是在宇宙范围内对资源的争夺。其实，这个问题争论的背景，又是与我们现在在地球上所面临的资源问题不可分离的。

不论是《三体》还是《与吾同在》，其实都不过是以不同的方式来关注整个宇宙的可能为广义的生命形式所不可缺少的资源的有限性的问题。只不过，以科幻的形式，更容易把这个问题放在整个（或者哪怕是部分的）宇宙的范围内。但如果仍旧对地球人更有现实意义的思考来说,能够引起人们关注资源的有效性问题,就已经很有价值的努力了。

□ 王晋康在这部小说中最重要的思考恐怕是在善恶问题上。

在小说故事中,当地球人类战胜恩戈星球远征军之后,作为地球执政长的姜元善,认为地球上的"大同世界"是依靠共御外敌的需求而维持的,如果外敌消失,人类仍会回到相互猜忌、争夺甚至残杀的旧路。为了维护这个大同盛世,人类需要一个外敌,他选择的外敌就是恩戈星球,既然恩戈人试图夺占地球作为第二家园,地球人为何不可以反过来夺占恩戈星球作为第二家园?他的想法得到了执政团的同意,但这一次上帝不再站在他这一边,为此他决定绑架上帝,同时让地球上的战争机器全力准备向恩戈星球远征。姜元善的这一计划被其妻严小晨视为"忘恩负义",她斥责说:"再核心的利益,也不能把人类重新变成野兽。"结果她变成了类似于《三体Ⅲ:死神永生》中的女执剑人程心那样的悲剧角色,因她的善意而给了恩戈星球反扑的机会。

作者用这样的情节向我们显示:恶的动机可以有善的结果,善的动机也可以有恶的结果。这里问题的关键,是我们站在什么立场上来区分善恶?当两个族群相遇于天地间,争夺有限的生存资源,双方处于"零和对策"的博弈局面时,我之善即彼之恶,彼之善即我之恶,这时就既没有被双方认同的"法官",也没有被双方认同的法律了。

■ 我前面说,我觉得这部小说的核心问题是关注在宇宙

《与吾同在》：上帝也无法裁决的善与恶

范围内对资源的争夺，而这又是人类面对地球上现实资源困境的一种折射。你认为在这部小说中最重要的思考恐怕是在善恶问题上。其实也不矛盾，因为这是不同层面的问题。也正是因为有着资源的争夺，其背后的善恶动机才体现出来。甚至，这又会回到关于人（在小说中自然也包括了外星人）本性是为善还是为恶的争论。而关于何为善何为恶，又是一个一直在争论中的伦理问题。

就此来说，我觉得，这部小说倒是并未试图给出一个确切的答案，而是在作者自己设定的情节中展开，揭示了伦理上善与恶的差别，以及善恶之报的悖论。当作者把考查的范围扩大到包括外星人在内的宇宙时，这种悖论的存在其实与将视野只限于地球上同样具有利益之争的不同国家是一样的。

那么，面对这样的悖论存在，我们又能选择什么，能做些什么呢？

□ 我看是无法做什么。而且也没有选择的余地。

这正是我以前说过的，作为"世界公民"和作为"中国公民"在资源问题（环境问题归根结底也是资源问题）上的矛盾立场。我们当然赞成博爱，赞成世界大同，但是在有限资源的刚性约束下，只要有一个人不博爱，大家就只好"各为其主"，最后难免干戈相向，展开争夺。刘慈欣的冷酷就表现在，他赤裸裸地主张：既然争夺不可避免，我不如在第一秒钟就先动手——《三体》中的"黑暗之战"就是这种想法的图解。

王晋康的想法，似乎比刘慈欣要"慈"一些。小说结尾处，严小晨留给丈夫的遗书中，有这样的段落："此刻我宁愿相信天上有天堂，天堂里有上帝。……他赏罚分明，从不将今生的惩罚推到虚妄的来世，从不承认邪恶所造成的既成事实。在那个天堂里，善者真正有善报，而恶者没有容身之地。牛牛哥，茫茫宇宙中，有这样的天堂吗？"

换了刘慈欣，一定认为根本不用问，根本就不会有这样的天堂。而王晋康毕竟有此一问，是不是他潜意识中仍然希望有这样的天堂呢？

■ 其实，这也可以算是有关人性、有关善恶之争的一个不可能有最终结论的问题吧。也许，正因为在现实中有着如此之多的恶，科幻作家在创作中，才有可能把这种情形推广到幻想中的宇宙。但宇宙中如果真有其他生命形式与文明，他们一定会按照地球人的逻辑行事吗？就算在地球上，那些仅仅在一种可能的逻辑解释中被王晋康化解的宗教，在其根源上不也还是努力超越这种世俗之恶而追求善吗？

这样，最终极的善恶之争，也许在有限论证不可证明的前提下，只能按各人不同的信念来作为前提吧。无论是信恶还是信善，面对现实，有努力总比没有努力要好。为可持续的理想（或哪怕是梦想）而努力，总比破罐破摔的同归于尽要好。说到这里，我似乎并无逻辑地想起了你曾为《鲁拜集》所写评论时引用其中诗句的标题："卿为阿侬歌瀚海，茫茫瀚海即天堂！"

原载 2012 年 1 月 6 日《文汇读书周报》

《血祭》[*]：科幻作家的新尝试

□ 江晓原　　■ 刘　兵

□ 我在往返成都的飞机上兴味盎然地读完了《血祭》。我觉得它基本不能算一本科幻小说了。它是一本用人类Y染色体谱系树、人类迁徙路线、人类学、考古学、文物修复等等知识包装起来的探案小说。不过作者对案情的设想足够奇特，对Y染色体谱系树和人类迁徙路线方面的"科普"也相当成功，作为一部富有文化意蕴的探案小说，应该说是非常成功的。近结尾处羊路呈现了佛门所云修行大圆满者的"大迁转虹光身"，既适度引入了神秘主义，也形成了开放式的结局——可能真是超自然的"虹化"，也可能只是魔术障眼法。类比好莱坞电影常用的招数，这个结尾也留下了拍摄续集的接口。

■ 确实，我读了此书之后的感觉，也不觉得这是一本典型的科幻。不过，毕竟像你所说的，此书中有许多的科学的要素。既然有这么多的科学要素，我们在这里谈论它，而不管它的类别是什么，也就言之成理了。

或者说，也可以认为这是一本新类型的科幻，即把科学的内容，与传统文化的、民族的、地方性的知识系统，甚至神话的内容结合起来。在这样的结合中，一种新的阅读感觉和意境

---

[*] 《血祭》，王晋康著，四川文艺出版社，2012年11月第1版，定价：28元。

也就产生了。虽然说，在基调上，此书对于情节的叙述在原则上还可以用现代科学的逻辑来解释，而那些像"虹化"之类的情节，则是作为未有定论的悬念而留下来，不过，在字里行间，隐约之间，这样的叙事方式，还是给你留下了一些超越现代科学解释的可能空间。而其中，像羊路对那种神秘的仪式的向往、追求乃至不顾一切的实施，也带给读者一种更有人文特色的文化统的寓意。

□ 你的措辞相当微妙，"超越现代科学解释的可能空间"是一种令人遐想的说法，它肯定是以前那些认定科幻只能为"宣传科学""普及科学"服务的人所不愿听见的。其实对于科幻，没有必要非将它界定在某种框框之内，比如说不允许引入神秘主义。科幻、魔幻、玄幻等，并无明确的界限，西方人常用"幻想作品"这样一个笼统的措辞，就可以将这几类作品都包容在内。

幻想作品的创作，当然需要思想资源，但这种幻想的思想资源并非只有科学才能提供，神话传说也可以提供，甚至神秘主义也可以提供。在《血祭》，王晋康就同时从神话传说和神秘主义中汲取思想资源。其实这很正常，阿西莫夫甚至在他的科普（注意，不是科幻）作品中，也照样从神秘主义那里汲取资源呢！

■ 说到这里，也许就又回到了以前我们讨论科学时争议的"宽面条"和"窄面条"的问题，或者说这似乎又与"科学观"有联系了。你说，"以前那些认定科幻只能为'宣传科学''普及科学'服务的人所不愿听见"，这句话中所指的科学，

《血祭》：科幻作家的新尝试

显然只是一种最狭义的、主流的、西方近现代科学。不要说神秘主义，就是许多"标准"的科幻作品，在这种狭义的科学的立场下，也是不可能达到那种宣传和普及的目标的。

但另一方面，至少就科幻来说，其中的"科"，如果也是指"科学"的话，那其实是一种在文学形式中所采用的概念化的框架。如果这样相对于最狭义的科学理解的松动一旦可以成立，那么，进一步的松动为什么就不可能呢？因为原则上讲，这里很难在可接受和不可接受的"科学"之间画出一条明确的界限。像《血祭》这样的作品，其实也只不过把这条模糊的界限向另一个极端又推进了一些而已。

□ 确实可以这么看。不断寻求新的思想资源或灵感资源，是作家寻求超越自己努力的一部分，对于成名作家来说更是如此。王晋康被认为是中国当下最优秀的三位科幻作家之一，而在此三人中，王晋康是成名最早的，所以超越自己相对而言也是最迫切的。事实上，这些年来，王晋康一直在这方面进行不懈的努力，而且卓有成效。

作家超越自己，当然有多种路径，比如不断尝试新的写作技巧、开拓新的主题等。对科幻作品而言，还有一条似乎是现成的路径，就是在所谓"硬"的科学技术方面不断"与时俱进"——当然我们知道，仅仅这样的"与时俱进"实际上并不能真正带来超越。而王晋康的超越努力，从我们近年曾经先后评论过的几部作品来看，主要表现在对新的思想资源的寻求和接纳上。这部《血祭》在我看来就是这样的努力之一。

科学的幻想与历史建构

■ 《血祭》确实有这样的意味，不过，我觉得，还是不能完全忽视这种命题作文的约束所带来的某些局限。相比之下，我还是更喜欢王晋康那些涉及科学伦理等方面的作品，觉得，在那样的题材中，王晋康更能发挥其思考的优势，以及将思考与想象力相结合的吸引力。

不过，对于一位作家来说，能够有题材的拓展，也是非常重要的一种探索，《血祭》在王晋康的作品中，就此而言，似乎是比较独特的。而且，他在处理神秘主义的要素时，还是显得比较谨慎，是留有余地的。不过对我来说，阅读这样的题材，也还是会感到在其中对科学内容的讨论和对神秘主义内容略有一些不协调，似乎作者总是在力图把某些东西拉向科学。或者，也许我们可以设想，如果作者真的在写作上更为极端一些，把那些"不科学"的内容更纯粹地呈现出来，那又会怎样呢？毕竟，那些内容在某些地域的不少人当中还是颇有影响的，而且，仅靠科学的分析，至少就我们所见，并不一定就能在实质上能真正有效地消除那些影响。

□ 和先前《蚁生》《十字》这类以思想深度见长的作品不同，《血祭》让我感觉到某种游戏性质，绝对没有贬义，游戏笔墨向来是我喜欢的。

首先，我愿意给《血祭》这样的小说一个新名称，我觉得可以称为"同人小说"。王晋康不仅交替使用第一人称来叙述故事（这意味着他自己是故事中最主要的两个人物之一），而且将他生活中的许多朋友写进了《血祭》中，成为重要人物。其中有几个这次我们在成都都遇见了。大家对于自己在小说中

《血祭》：科幻作家的新尝试

被编派为盗窃文物、爱上罪犯等，似乎都毫无意见，反而觉得这样挺好玩。这实际上是将《血祭》变成了一众朋友的共同游戏。

其次，《血祭》中所叙述的羌族、汉族的迁徙故事，是将遗传基因、人类学、考古学、神话、宗教等知识混合应用而建构起来的，披着科学的外衣，但也有戏说的成分。

还有，根据《血祭》和他先前的某些作品比如《类人》等，我感觉王晋康对于探案小说是相当喜欢的。他曾在小说中自嘲想过一把福尔摩斯瘾，那么在《血祭》中，他就直截了当地过起这个瘾来了。

■ 这种特点，在《血祭》中确实都是很突出的。但与你可能略有不同，我还会更偏爱你说的那些"思想性更为见长"的作品。

不过，说到王晋康的这部作品，我们还是可以看出其若干的积极意义。这倒可以从两方面来说。其一，就传统科普立场来看，甚至，也许一些心态开放一些的"科普"人士，反而可能会更喜欢这部作品，因为在其中，毕竟作者在情节中融入了诸多有关像人类起源学说、人类 Y 染色体谱系树、人类 DNA 测序、考古学、文物修复等知识，恰恰很像过去人们常说的那些"寓教于乐"的科普方式，只不过故事性大为增加。

但另一方面，如果从非传统的科普立场，而更强调科学文化的风格，此书确实也有若干可圈可点之处。其中我最看重的，还是对于那些民族地方性文化的叙事，这自然就包括了神秘主义的内容在其中。其实对于传统科普或科幻，这是很有解构性的，只是可惜，这样的叙事有些不太明确，正像我前面说过的,更担心与科学相冲突仅作为悬念而出现。其实,本来科幻也并不一定非就要在科学上如何正确。神秘主义之所以可能成为一片雷区,也许只是因为一种概念式的科学及正确的观念隐藏在背后。一位中国的科幻作家能够触及这样话题,已经是比较大胆的探索了。

原载 2013 年 1 月 4 日《文汇读书周报》

应对宇宙灾变的新预案

□ 江晓原　■ 刘　兵

□ 人类文明发展到今天，我们自己觉得也算非常高了（毕竟我们还从未遇到过其他类型的文明）。既已发展到如此之"高"，当然也就会觉得这件事情已经非常不容易，这就会产生一种情怀，谦虚点说是"敝帚自珍"，自恋些说就是"天生丽质难自弃"，总之就是觉得人类文明极其珍贵，希望人类文明千秋万代持续存在，持续发展。

文明要持续，就要应对灾变，让自己能够从灾变中生存下来，还要能够走出困境。人类已有的应对灾变的经验和能力，当然是从以往曾经遇到过的灾变中积累下来的。由于以往的灾变都还不太严峻，因此人类应对灾变的能力其实尚未经受足够的考验。如果人类遭遇了以前未曾经历过的严峻灾变，应该如何应对呢？这就没有预案了。

想象人类可能遇到的灾变，并为这些灾变构想应对预案，几乎总是科幻作家的"专利"，中国科幻作家也不例外。刘慈欣在小说《三体》中，先是想象了人类面临先进外星文明的侵略，后来则干脆让人类文明在"降维攻击"下玉石俱焚；王晋康则在《逃出母宇宙》*中想象了一个"空间坍缩"的宇宙级别的灾变，并未人类构思了一个可能的预案。

---

* 《逃出母宇宙》（科幻小说），王晋康著，四川科学技术出版社，2013年12月第1版，定价：46元。

科学的幻想与历史建构

■ 王晋康的科幻小说，我一直是非常喜欢读的，过去，甚至还曾让我做科学传播方向的研究生以其小说作为研究对象写过学位论文。在过去的印象中，王晋康的科幻小说最让我关注和欣赏的，是他在其中所渗透的那种非常人文的伦理思考。不过，这次在这本《逃出母宇宙》中，王晋康似乎在改向另一个方向，即不是再以与科技发展相关的伦理悖论作为核心主题，而是写出了一部最高级别的宇宙（当然也包括人类在内）灾难的科幻小说。这当然会令人联想到刘慈欣的《三体》，不知科幻作家们现在是否都在追求写宇宙问题的终极小说？

如果说，《三体》虽然是在整个宇宙背景之下，是在外星文明的背景之下，来写生存与资源的冲突，但其中毕竟人（包括外星人）的科学技术及其伦理，包括被称为宇宙社会学的背后的伦理还依然构成了其中的重要内容，但像王晋康的这本小说，则最核心的灾难力量，却是自然。虽然为了逃避灾难，在写人类发展各种科学技术来与之对抗的过程中，也涉及诸多伦理问题，但毕竟其主线是人类与自然因其本性而给人类带来的灾难之间的对立冲突，因为如果不考虑人类，其实自然本身当然无所谓"灾难"。恰恰是这一点，导致了小说在核心关注点上的根本性不同。

□ 对此我也颇有同感。"科幻作家们现在是否都在追求写宇宙问题的终极小说"，我猜想这和刘慈欣《三体》的成功有关。史诗般的、以应对宇宙级别的灾变为主题的"宏大叙事"，当然有其独特的魅力，"引无数英雄竞折腰"，也就在情理之中了。

王晋康前几部小说，比如《蚁生》《十字》《与吾同在》等，

应对宇宙灾变的新预案

都着重伦理思考。相比之下,《逃出母宇宙》在这方面的色彩淡薄了。这部小说仍然延续了王晋康对善恶问题的思考兴趣,只是这方面的冲突似乎不那么激烈,选择似乎不那么残酷。所以我有一种感觉,王晋康在这部小说中显得相当的"心慈手软"——他一贯比刘慈欣"心慈手软"。当然,从阅读的角度来说,"心狠手辣"的故事情节通常总是显得更为刺激。读这样的故事,即使我们不同意作者的立场或意见,也仍然会有很大的快感。而《逃出母宇宙》在伦理冲突的色彩淡薄之后,"为应对灾变设计预案"似乎就变成主题了。

■ 其实这本小说还有另外一个问题,即是其中的科学内容,阅读起来显得比较硬,对于一般人理解来说,有一定难度的技术性细节比较多。当然,我们得承认,如今的铁杆科幻迷的数量在增加,对于这些科幻迷,科学内容的技术含量似乎是一种可以刺激阅读的挑战。但有得总有失,这种阅读难度偏大的文本对于更多的普通读者来说,虽然不至于像霍金说的一条公式会推走多少人,但恐怕会让不少科学修养不那么硬的读者望而却步。

这里,我便会想到,其实,科幻作品的真正普及,更应该靠其中的思想和观念,靠作者独特的想象力,科学的内容,反倒是弱化一些为好,毕竟科幻作品仍是文学而不是科学教科书。与此同时,我也承认,阅读难度偏大的科幻作品,作为一种类型,也有其独特的受众,就你我的物理背景来说,基本上理解这本小说中的科学内容应该是可以的,但我却还是觉得,我更喜欢那些在科学内容与可读性上平衡得更好些的科幻小说。当我们看那些国际上的甚至超出传统狭义的科幻圈而有更

科学的幻想与历史建构

大成功的带有很好商业价值（这并非贬义而只是指其在阅读面上的成功），像克莱顿、丹·布朗等，大致也是如此来平衡其科学内容的难度的。

□　这一点我倒觉得也情有可原，因为这是作者一开始设定"空间坍缩"这一灾变所决定的。设定了这样的灾变，在科学上就不得不"硬"一点了。

在小说以及电影创作中，往往有这样的情况：一个作家（或导演、演员）有了某些令人印象深刻并广大受好评的作品之后，读者和观众就会将他"定位"于成功作品的类型之中，觉得他创作此类作品出色当行；而创作者自己念兹在兹的却经常是试图跳出原有类型，追求新的突破，结果是许多突破的尝试不被他原先的粉丝认可，甚至觉得他"丧失自我"。王晋康的《逃出母宇宙》，我看也颇有这种"突破"的意向，所以他不再将他擅长的伦理关怀作为重点，反而下功夫来表现"硬科幻"——他以往的作品相对是比较"软"的，最典型的是《蚁生》。

那么他的这次突破尝试是否成功呢？我猜想至少在你这儿好像不大成功。仅从阅读过程中的感觉而言，我觉得也不算很成功。这样说并非很"严肃"，也缺乏"学术支撑"，但由于是小说，阅读感觉还是很重要的。虽然我仍能够在航班上兴味盎然地阅读《逃出母宇宙》而且毫无倦意，但是我觉得作为一部描绘"宇宙级别灾变"的小说，它还没有达到"降维攻击"的力度。

■　确实如此。其实，当一位科幻作家因其原来的精彩作品而获得读者的认可之后,通常读者会追着读他之后的作品。对于我来说,王晋康就是为数不多的这样一位作家。但同样的,像我这样的读者,总是对于"硬科幻"的欣赏略有障碍,总是更喜欢看那些更有人文关怀的"软"一些的作品,所以对王晋康的这本新作也才会有如此的感觉。

但我也知道,在科幻迷的圈子里,喜欢硬科幻的人也为数甚多,他们大概会对这本"更科学"的讨论宇宙终结的作品更有兴趣。我们也应该承认,这部作品确实也是写得气势恢宏,非一般作者所能把握。

只是就个人喜好而言,我还是更希望在未来还能看到王晋康回归到他更擅长的科学伦理主题的科幻写作,毕竟,那些主题虽然不像宇宙那样宏大,但其空间同样宽广,而且有一种越是表面上异想天开也同时越觉得更贴近我们的现实的阅读感觉。

原载 2014 年 4 月 4 日《文汇读书周报》

王晋康的新追求：
从《逃出母宇宙》到《天父地母》*

□ 江晓原　■ 刘　兵

□　王晋康这部《天父地母》是他2013年推出的长篇科幻小说《逃出母宇宙》的续篇，看来他在这个故事框架中雄心不小。

也许是《三体》第三部《死神永生》中的"降维攻击"，刷新了中国科幻小说对灾变的想象高度，使得描写"宇宙级别的灾变"成为中国科幻作家乐意面对的新挑战。《逃出母宇宙》和《天父地母》就是王晋康在这方面的新尝试。王晋康还经常借书中人物之口，为这种假想的灾变补充着各种各样的理论依据和推理细节。

值得注意的是，刘慈欣的"降维攻击"，已不是我们习惯的唯物主义教科书上的"自然规律"，而是"人工"产物。而王晋康《天父地母》中的"空间暴胀"，究竟是宇宙中"自然规律"的呈现，还是更高阶文明的"人工"产物，他似乎没有明说。

将宇宙中的"自然规律"视为更高阶文明的"人工"产物，这种思想至少可以追溯到波兰科幻小说家坦尼斯拉夫·莱

---

* 《天父地母》，王晋康著，四川科学技术出版社，2016年3月第1版，定价：42元。

王晋康的新追求：从《逃出母宇宙》到《天父地母》

姆（Stanislaw Lem）在 20 世纪 70 年代初期的作品中。在世界科幻史上，莱姆绝对可以跻身顶级殿堂。就思想的深刻程度而言，可以说迄今为止尚无人能出其右。在科幻小说集《完美的真空》中，莱姆设想了这样一种可能：人类今天观察到的宇宙，很可能已被高阶文明规划、改造过了，"工具性技术只有仍然处于胚胎阶段的文明才需要，比如地球文明。10 亿岁的文明不使用工具的，它的工具就是我们所谓的自然法则"。也就是说，所谓的"自然法则"，只有在初级文明眼中才是"客观"的、不可违背的，而高阶文明可以改变时空的物理规则，所以"围绕我们的整个宇宙已经是人工的了"，莱姆所谓的"宇宙的物理学是它的社会学的产物"也是此意。

这种规划或改造，莱姆在小说《宇宙创始新论》中至少设想了两点：一、光速限制。在现有宇宙中，超越光速所需的能量趋向无穷大，这使得宇宙中的信息传递和位置移动都有了不可逾越的极限。二、膨胀宇宙。莱姆认为，"只有在这样的宇宙中，尽管新兴文明层出不穷，把它们分开的距离却永远是广漠的"。

上面这两点，第一点刘慈欣在《三体》中已有创造性的应用，第二点则很可能启发了王晋康的"空间暴胀"和他笔下苍凉宇宙中那些孤独的文明火种。

■ 这次王晋康又奉献了一部规模宏大、故事性很强、非常可读又极具思考性的科幻新作。虽然王晋康一时离开了本是他写作强项的事关伦理与科技发展之纠缠的主题，而转向宇宙题材的科幻写作，让我们有某种程度上的遗憾，但他新写的这个系列，确实又打开了一个新的、有意义的写作空间。

科学的幻想与历史建构

在这样"宇宙级别的灾变"的科幻写作中,"科学规律""自然法则""高阶文明"等问题,甚至"神"的存在,都似乎可以说是在科幻的特殊语境下,对于一些更基本的哲学问题的科幻式思考,是很有挑战性,很有意义的思考。

你从一开始就关心的问题:作为这部小说核心要素的"空间暴胀",究竟是宇宙中"自然规律"的呈现,还是更高阶文明的"人工"产物,确实是一个值得思考的问题。虽然王晋康并未给出确切的说明,但你把"人工"打上引号,以及同样可以打上引号的"神",在这里都与我们平常所谈的概念有着不同意味。

在这样的语境中思考"高阶文明"(或者"神"?)与"自然规律"的关系,可以衍生出多种幻想,而这样的幻想又反射出,在现实的科学及对科学的哲学理解中,我们对于自然规律等问题的思考和信念有着很大的局限。如果说,现实中的STS研究,比如社会建构论,或者科学知识社会学等,从现实地球上的科学家对科学实际研究的诸多案例揭示了我们以往对以"科学规律"来表征的"自然规律"的认识的误区,那么这种在科幻作品中的更加自由的思考,是不是也具有另外一种哲学的意义呢?

□ 你瞬间就将科幻的思想性提升到了"哲学级别",难怪国外有的科幻大神喜欢将自己的小说称为"哲学小说",这倒也从另一个侧面印证了我"科幻三重境界"之说中"最高境界是哲学"的想法。说得更明确一点,或许是这样的。

在我们以往习惯的唯物主义观念中,"神"是人类臆想出来的事物,属于"精神鸦片",它和"上帝""鬼魂"等都被断

王晋康的新追求：从《逃出母宇宙》到《天父地母》

然宣布为不可能存在。但是在王晋康的作品中，这种观念已经被他用相当"唯物主义"的方式打破了。你看在《逃出母宇宙》和《天父地母》中，只要人类的科学技术能力继续发展，就会从物理意义上获得"神"的能力——这些能力既包括了我们今天所谓的"超能力"，也包括了莱姆所设想的改变物理规律、重新设定宇宙的能力。而在《与吾同在》中，王晋康甚至将"上帝"坐实为一个外星高等生物。

王晋康作品中的这类想法，也曾以另一种面貌出现在丹·布朗的《失落的秘符》中。这部小说有一个贯穿全书的主题——共济会代代保守着的古代秘密知识。这个神秘的知识简单来说就是：人的意念可以产生极大的能量（其实就是"精神变物质"），因此"人可以成为神"。如果站在现代科学的立场上来看，这种知识有些人可能更愿意直接斥为"神秘主义"或"伪科学"。

■ 我也注意到了这一点。在王晋康的一系列作品中，虽然有类似于"神"的概念出现，但这种概念都已经被他用"唯物主义"的方式解释了。其实，作为一种本体论立场上对"神"和"神迹"的说明，在更接近于通常意义上所理解的科学基础上，这样的观念倒也是可理解的。

但是科幻的另一种哲学意义，又在于伦理的方面。在王晋康以往的代表作品中，如《蚁生》《十字》《癌人》等，其伦理思考的特色都是特别突出的，也都曾为我们的对谈所关注和赞赏。当他转向这类宇宙题材的作品时，仍将这种特色带入，尽管表面上略有弱化而且略显矛盾。你是否注意到，在《天父地母》中，甚至有这样一段话："如果考察队困在密林中快要全部饿死时,我们可以心安理得地分食一位美女的肉体?"这个说法的出处,我想也许就是几年前你和刘慈欣的那场经典的对话吧!

类似地,在对地球人类逃到息壤星的那几章描写中,出现了与"敬畏大自然"相关的话题,出现了"没有敬畏的科学是可怕的……没有敬畏,就没有文学和音乐"等说法,出现了只能在有限时间中对电脑中从地球上带来的知识的粗暴选择中,仍然留下了伦理部分(尽管也提到在"大难临头时,伦理什么的都可以抛到一边去")。对于王晋康科幻创作中这种伦理关注的持续和变化,你如何看?

□ 我们一直很欣赏王晋康科幻作品中对伦理的思考,他的《蚁生》《十字》我们都评论过,我甚至还为他的《与吾同在》写了序。这方面的思考是王晋康的长项,他这方面的思考贯穿在他的许多作品中。

《天父地母》中"如果考察队困在密林中快要全部饿死时,我们可以心安理得地分食一位美女的肉体?"这段话,当然可以视为2007年我和刘慈欣那场著名对谈的回响。刘慈欣在这个问题上的逻辑过于冷酷无情,有人将他的逻辑归纳为七个字——好死不如赖活着。而王晋康对善恶等伦理困境的体察和思考,则更为理性和细腻。

当然,在致力于描写"宇宙级别的灾变"的《逃出母宇宙》和《天父地母》中,这方面的思考和追问确实有所消退。也许你会和我有类似的感觉:王晋康描写"宇宙级别的灾变"的努力,并没有像他前几部作品中的伦理思考那样让我们激赏。

这里又要谈到科幻作品中的"思想性"问题了。我们激赏王

王晋康的新追求：从《逃出母宇宙》到《天父地母》

晋康作品中的伦理探索和思考当然是着眼于"思想性"。其实描写"宇宙级别的灾变"也同样可以有"思想性"——例如你刚才从"高阶文明""神""自然规律"等联想到它们的哲学意义，这不就是"思想性"吗？可惜的是，王晋康对于宇宙灾变的成因，即它到底是高阶文明的"人工"产物，还是纯粹客观的"自然规律"，似乎采取了回避态度。这就至少从形式上阻断了进一步思考的路径，足以让大部分读者不知不觉地将认识停留在先前教科书的标准答案之中，也就达不到莱姆的思想深度和力度了。

■ 也许我们的要求太高了些？如果要求得更高些，要是能够在"宇宙级别的灾变"的科幻中也写出精彩的伦理思考，那就更理想了。在那些虽然也是幻想，但却与身边事更为接近的故事框架中，固然更容易设置伦理冲突，若是放到宇宙级别、高阶文明级别，表面上看似乎与伦理的关联会偏弱，其实也还是有可能处理得更好一些。例如，在《三体》中，在"三体人"和地球人之间的冲突，刘慈欣实际上是把这样的伦理冲突放到了一个更高的级别，只不过就像在你们的谈话中涉及的话题和分歧一样，我们只是不赞同他那种过于科学主义、过于冷酷无情的伦理观（甚至可以说是反伦理观）而已。

恰恰因为王晋康在过去那些科幻小说表现的伦理立场与我们的期望更加一致，所以我们才会也期望他能把这些思考延续到"宇宙级别"的写作中。因为这也正像前面所说的，在这种更为宏大的范围里，以及科幻所特殊允许的想象中，也完全有可能打破在地球上现实约束，对伦理问题的哲学思考空间和可能性带来极大的扩展。

科学的幻想与历史建构

□ 我也同意，我们上面的讨论有点苛求了。但我们的苛求其实只是期望而已——我们期望王晋康延续他长于伦理思考的风格，哪怕是在描写"宇宙级别的灾变"时，也能让这种风格有新的发挥，那该多好！

我看到盲目"刘粉"表达过这样一种观点："好死不如赖活着"用在人类内部即使会有问题（比如在外敌入侵时为了苟活而当汉奸），但到了"宇宙级别"它就没问题了，一个物种为了生存无论做任何事情都是对的，包括吃人、对自己的同胞下毒手等。我很期待王晋康在他后面的作品中能够讨论这种级别的伦理问题。

■ 我觉得，不能忽略具体的语境。"好死不如赖活着"用在人类内部，也不一定就绝对有问题，而用在"宇宙级别"，也不一定就没有问题。但说"一个物种为了生存无论做任何事情都是对的"，这种同样忽略语境而强调唯一结论的说法，则肯定是有问题的，因为它排除了任何语境的考虑。

在科幻作品中讨论伦理问题的意义，可能会打破惯常的约束，扩大思考的空间，但肯定不是意味着可以无所顾忌为所欲为，那样的伦理标准，显然就成了反伦理的。在宇宙级别的科幻中，反伦理的幻想，应该被允许到什么程度，那也许是另外一个真正值得伦理学家们讨论的问题了，这对于科幻的创作和发展也是至关重要的。但遗憾的是，到目前为止，似乎这还是一个很大的空白。

原载 2016 年 10 月 12 日《中华读书报》

看看美国电影怎样为五角大楼服务

□ 江晓原　■ 刘　兵

□ 这次我们要谈一本内容非常出人意表的书*，作者戴维·罗布（David L. Robb）是好莱坞资深记者。书中要讲什么事情，其实只要看看本书"前言"的第一个自然段就一目了然了，如下：

> 我们或许认为，美国电影的内容是远离政府干预的。其实，五角大楼数十年来一直都在告诉电影制作人，什么能说、什么不能说。这是好莱坞最肮脏的小秘密。

作者这里说的"我们"，当然是指美国人，但是，这也可以百分之百地移用到许许多多中国人身上。我们以前经常称赞美国电影，说它们谁都敢骂，谁都敢揭露，它们甚至敢让电影中的美国总统贩毒。但是现在看来，好莱坞即使敢编美国总统贩毒，也不敢反映（哪怕是如实反映）美国军队的黑暗面；即使敢不听白宫的招呼，却不敢不听五角大楼的招呼（至少在大多数情况下是如此）。

本书的结构相当简单：全书 47 章，总共讲到了近百部影片的审查实例。这些影片中有些是我们大家比较熟悉的，比如

---

* 《好莱坞行动——美国国防部如何审查电影》，[美] 戴维·罗布著，林涵等译，金城出版社，2018 年 9 月第 1 版，定价：59.80 元。

科学的幻想与历史建构

《珍珠港》《独立日》《巴顿将军》《壮志凌云》《黑鹰坠落》《猎杀红色十月》等,也包括了许多中国公众不太熟悉的影片,甚至包括了"007系列"中的影片。

总体是平铺直叙的,但是"料"很足。比如第一章就是"审查詹姆斯·邦德",《黄金眼》(*Golden Eye*,1995)中愚蠢的美国海军上将,在五角大楼的压力下,先是打算换成法国海军上将,法国人当然也不干,最后换成了加拿大海军上将。而《明日帝国》(*Tomorrow Never Dies*,1997)中一句短短的台词,CIA特工对邦德说,"那将是战争。或许这一次我们会取得胜利"。因有暗讽越战之嫌,就被要求"必须删除"。

■ 当你提出要谈这本书时,我一点也不觉得意外。因为,其一,你这些年来一直迷恋电影;其二,对于科学的社会建构或科学与政治等话题的关注。当然,这次也许更多的是关于艺术与政治的问题。当刚拿到书时,确实觉得会很有期待,但在读了之后,却感觉所得比预期的略少了一点点。

之所以这样说,是因为就像你前面讲的,美国人拍电影可以骂政府,但不敢不听五角大楼的,不敢拍不利于美国军队形象的电影。实际上,这种说法是有一些限制的,即如果在拍电影时不需要得到军方的帮助、协助,甚至资助,那你还是可以拍军方所不喜欢的电影,但如果你要得到军方的帮助,那就要受到五角大楼的制约了。

这让我想起,多年前,当我还是在北大读书时,曾听过一个当时很著名的电影导演的讲座,印象很深,现在还有片断记忆。这位导演讲到,国际著名导演科波拉在拍那部获得无数大奖的越战片《现代启示录》(*Apocalypse Now*,1979)时,自己

看看美国电影怎样为五角大楼服务

出巨资租用飞机、军舰来拍摄宏大的战争场面。现在这本书正好印证了那位导演的说法,科波拉正是因为这样才获得了不受美国军方干涉拍摄越战片的独立性,并且也真正拍出了一部有兼具思想性和艺术性的经典之作。

□ 华盛顿大学法学教授乔纳森·特利在为本书写的序言中,提到了这部影片,"《现代启示录》由于对越战中的负面刻画被认为是'不真实的'(片方没有获得军方支持)"。这正好印证了你多年前从讲座中听到的故事。回想起来,我第一次观看这部影片时的情景,至今还历历在目,仿佛就是昨天的事情。

好莱坞的战争片之所以广受欢迎,一个重要原因,就是因为影片中会有大量真实的战争机器,大炮坦克就不在话下,航空母舰也经常可见。许多"军迷",哪怕在政治上早已坚定地认为"天下苦美久矣",仍对好莱坞战争片中这些现代兵器情有独钟。这几乎已在电影观众中形成了一个思维定式,所以科波拉得不到军方的支持,就不得不自出巨资租用飞机军舰,否则《现代启示录》作为一部战争片就会上不了档次。

从本书中我们很容易知道,大部分导演不会像科波拉那样有个性,那样投入。想想军方的支持能让电影省去多少费用,不就几句台词吗?不就一两个情节吗?改一下也不会有多难吧?再想想老前辈希区柯克的名言,"这只是一部电影",用得着那么认真吗?在大多数情况下,妥协很快就会达成。正因为如此,在本书作者眼中,有些电影干脆就成了军方的征兵宣传片。

如果本书所说的那些故事都属实,那就会有这样一个问题：白宫对电影的干预意愿和干预力度，是不是都不如军方？

■ 来自军方的支持确实会极大地节省拍片的费用，而更多的人拍电影不过是为了赚钱赢利而已，即使对电影的质量有所影响，即使在某种程度上成为征兵宣传片，也不是什么大不了的事，所以，才有了此书中所讲的这么多实例。

关于白宫对电影的干预意愿，我想肯定会有，但白宫的干预力度，以及白宫究竟可以以什么样的方式来进行干预，这样的干预是否可行，我并没有看到像这本讲述军方干预电影拍摄那样的相关资料。但至少从这本书所讲的内容来类推，由于存在美国宪法第一修正案，白宫在电影领域至少公开地侵犯言论自由似乎是比较困难的。正像你一开始所说的，美国人可以在电影中骂总统，甚至编出总统贩毒的离奇情节，显然这不会是白宫所愿意看到的，但却也无法干预。当然，政府肯定也不会出钱出力来帮助这样的电影拍摄吧。

□ 我想所谓"美国宪法第一修正案"中有关的条款，应该是指这个吧："国会不得制定关于下列事项的法律：……剥夺言论自由或出版自由"。但是军方对电影的干预，当然不是制定法律，而且军方还可以辩解说并未上升到"剥夺言论自由或出版自由"的高度。据本书所说的那些故事来看，主要是用"利诱"之法：你想让军方为你的电影出动军舰飞机坦克大炮，你就得听军方的招呼，将电影拍成军方能够认可的版本。

如果是这样，那么白宫的干预意愿即使也和军方同样强烈，估计干预能力也会明显弱于军方。毕竟拍一部政治电影可以不用军舰、飞机、坦克、大炮，很多情况下在摄影棚里就

看看美国电影怎样为五角大楼服务

能拍成,白宫"利诱"的手段和资源就会远远比不上军方。据此来推测,如果有记者想写一部《好莱坞专案——美国国会和白宫如何审查电影》,估计难度会比本书大得多,而且很可能"料"也不会这么丰富了。

据我看过的一些关于美国电影审查的书籍,最初美国各州,甚至各个城市的议会,都各自对电影立法,搞得常出现一部电影在这个州遭禁在那个州却不禁的"盛况"。到1930年出现《海斯法典》,给我的感觉主要是集中于影片中的暴力和色情尺度。但那种情况基本上是威胁——"不许拍成这样",而不是美国军方对好莱坞的利诱——"要求拍成这样"。《海斯法典》在美国当然也遭到许多电影人的抗争,而且后来也放松了,现在基本上已经过去了。那些陈年旧事,有过不少论述,而且涉及的电影数量也远比战争影片多,所以广为人知,而美国军方对好莱坞影片的干预,知道的人就没那么多了。

■ 确实,也正是由于这个特殊的角度以前人们关注不多,所以此书是一个很有意义也很有信息量的好选题。

如果我们延伸一下讨论,就你刚才提到了电影审查问题,我们也许会发现,除来自另外一些文化和伦理的而且也还一直是在争议和变化中的审查禁忌外,恰恰是由于影响深远的宪法第一修正案,使得美国政府也不容易以违宪的方式来干预电影中出现的那些对政府不利和负面的情节,但在此限制之外,由权力机构利用自己的资源(如军方对军备设施的提供)来影响电影拍摄者,使之妥协并拍出有利于那些权力机构的影片,还是很有操作空间的。再加上电影制作方对赢利的需要,更使得拍摄者出于追求资本增值的优先动力而接受这种本来是不利于电影艺术的操纵。只有极少数有能力、有财力又把艺术作为首要追求目标的电影人，才能拒斥这些经济和权力的诱惑而拍出符合本心的经典之作。

同样的逻辑，其实也并不只限于美国军方对电影的影响和操控的例子。看看当下那么多的电影，受遵循资本逻辑的商家的影响（包括出资、广告等），而在电影拍摄中做出妥协，甚至于赤裸裸地成为资本工具的例子，难道还少吗？不用说拍电影，就连放电影，在排片上的这种铜臭味，不也差不多成了司空见惯之事了吗？

□ 这事我倒觉得也不用太愤激。电影最初的"血统"就是娱乐，它是为了娱乐公众而被发明出来的一种技术。而给公众提供娱乐，这本身就难免市场化运作。或者换句话说，如果我们对教育市场化，或是医疗市场化，都曾经提出过道德方面质疑的话，那么恐怕还没见过对娱乐市场化的质疑吧？我的意思是说，如果和教育或医疗比起来，人们对娱乐的道德要求本来就相对低一些，那么对娱乐的市场化当然也更能够接受。回到你刚才的感慨，比如对于电影放映时排片上的"铜臭味"，我想公众肯定比教育或医疗中的铜臭味更能够容忍，更能接受。

当然，如果上升到"艺术"这样的高度，想必和"铜臭味"又格格不入了。但是虽然娱乐难免借助于艺术，但娱乐毕竟不能等同于艺术。当我们谈论"电影艺术"时，也不能忘记电影最初的"血统"就是娱乐。

从这个角度来看，也许我们对于五角大楼干预好莱坞影片制作的效果，也不必估计过高。即使五角大楼让某些影片拍成

看看美国电影怎样为五角大楼服务

了征兵宣传片,却也无法让这样的影片成为"电影艺术"中青史留名的佳作。以我观影的经历和对电影史的印象,那些拍成了征兵宣传片的美国电影,绝大部分成了过眼云烟。本书中提到的近百部影片中,至少一半不是电影圈子里著名的影片,尽管我相信本书作者已经尽量将著名影片纳入他的叙述范围了。

■ 讲到电影的"娱乐"血统,倒是另一个有趣的话题,或者,当我们把以娱乐(以及资本和利润)为主要目标的电影,和那种更有艺术追求的电影相比较时,似乎可以说这是两个非常不同的族类。在"娱乐"这一限定下,我们当然也就不好多去评论其艺术、价值、伦理和意识形态的维度了。只是,我不知道你近些年来一直保持着对电影近乎狂热的爱好,自己存了那么多电影,也写了那么影评类文字,到底是为了个人的娱乐,还是把电影作为一个重要的研究对象?

□ 当然是两者兼而有之的。电影给我带来娱乐,但同时电影又是当代社会一个重要的文化窗口,和政治、军事、艺术、意识形态、资本控制等方面都会发生联系。本书就是这些联系中一个比较特殊的例子。

原载 2019 年 2 月 20 日《中华读书报》

科学幻想:一个无边的世界
——从《彩图科幻百科》*说起

□ 江晓原　■ 刘　兵

□ 前些年我得到过一张国外的多媒体光盘,是Grolier公司的《科学幻想多媒体百科全书》,资料基本上到20世纪90年代初为止。当时我已经感到颇为兴奋,因为可以从中看到许多西方世界科幻作品的信息——尽管只是浮光掠影而已。在这之前,我对科幻没有什么兴趣,也许这是因为我没有机会接触到好的科幻作品之故?此后我开始对科幻有所关注,有时也从网上下载一些作品浏览浏览,如田中芳树的《银河英雄传说》系列、倪匡创作的《卫斯理》系列之类,这些作品当然多半没有资格充当正统"科幻"的代表。

但这些作品给我带来了一个困惑:它们都和我以前被灌输的一个观念严重冲突。我从小被告知(当然不是老师说的——学校里从来没有这种课程,是各种读物向我"告知"的),"科幻"是"科普"的一部分,人们之所以创作科幻作品,只是为了普及科学知识、展望科学未来;之所以采用小说、电影等文学艺术形式,只是为了让"小朋友们"更容易理解、更容易接受而已。但是浏览的上述作品,则根本不是服务于上述宗旨的,事实上它们根本就是文学作品,而绝不是"科普"作品。

---

* 《彩图科幻百科》,[英]约翰·克卢特著,陈德民等译,上海科技教育出版社,2003年7月第1版,定价:185元。

科学幻想：一个无边的世界

■ 和你比起来，也许我与科幻的距离要远了不少。小的时候，好像是看过一些科幻，但现在已经记得不是很清楚了，不过可以肯定不是最好的那些作品。实际上，在那时我们也几乎不可能读到最好的科幻作品。后来，这一课差不多就再没有补上。不过，在国外的书店中，看到他们那里专门把科幻分成一类，而且品种如此之多，倒是印象非常深刻。曾听一位国外友人说过，像星球大战这样的电影之所以会如此卖座，而且许多成年人也踊跃观看，这与他们小时候阅读科幻的经验大有相关。这倒也让我想起了另一种说法，即有人曾因为在小时候未曾充分阅读童话而在长大之后在一段时间内集中的大量阅读童话，以追求人格的完善并弥补儿时的欠缺，其实这倒也是一种值得考虑的做法。

不过说到科幻与科普的关系，那就是另一个相对学术的问题了。长期以来，国内许多人一直要把它作为科普的一个子类。分类是问题之一，而为什么会有这样的分类，恐怕背后的问题就更加值得分析了。

□ "我们"背后的原因不妨暂时搁置，先看看别人如何思考。本书封面上有两个巨大的字母"SF"，作者在序言中说，"SF"可以视为三个词组的缩写：一、Science Fiction（科学幻想小说）、Science Fantasy（科学荒诞小说）、Speculative Fiction（推理小说），而且作者强调，如果读者愿意将"SF"理解为 Speculative Fiction 的缩写，他也没有意见，"这样做不会给本书的阅读带来什么误解"。这个看法对于我们正确理解科幻作品的"身份"是很重要的提示和线索。

在中文读物中，将科幻小说写得最接近推理小说者，据我所见当数倪匡的《卫斯理》系列。事实上，《卫斯理》各故事的内容五花八门，武侠、破案、探险、寻宝、恋情、黑社会、伪科学、历史疑案、政治动乱、民间传说等，几乎所有通俗读物中用来吸引读者的题材，都在其中出现。按我们以前习惯的观念，科幻小说中必须具备较"硬"的"科学"内容（大陆的科幻小说作者几乎全都恪守这一原则），《卫斯理》系列中的有些作品就不够格了，但是如果科幻小说也可以是 Speculative Fiction，《卫斯理》系列就会篇篇够格。

我的理解是，"SF"的三种解释，意味着在西方的科幻作品中，"硬"的"科学"内容其实不是必不可少的成分。其实倪匡的这些作品本来就是在西方科幻小说的强大影响下产生的。再进而言之，"科幻""幻想""魔幻"等概念之间，似乎也就没有什么不可逾越的鸿沟了，所以在该书讨论科幻电影的一章中，《沙丘》《裸体午餐》等许多我们不会认为是科幻的作品也包括在内。如果不是本书资料截止的原因，我相信《哈利·波特》系列和《指环王》系列肯定也会榜上有名。

■ 说到这里，倒会让人想起，近来也有人发表议论，声称连《侏罗纪公园》都不是科幻小说（更不用说什么《哈利·波特》系列和《指环王》系列了）。显然，这是一种自我约束的习惯，而在诸多的约束下，想象力又从何而来呢？科幻小说本质，我以为，并不在于前一个"科"字，而在于后一个"幻"字。只要在最广义的语境中与最广义的"科学"概念有着最广义的联系，就完全有资格归入科幻一类。

我想到了三个问题：其一，是为什么我们的科幻不好看，或者说，我们为什么没有形成具有想象力的科幻传统，以及究竟是什么东西束缚了我们的想象力。其二，是为什么在这里会

科学幻想：一个无边的世界

有那么大的阻力反对把科幻与科普分开，而且定要让科幻承担科普的职责。其三，就是面对科幻中那些神神怪怪（当然对于好的科幻，这个词并非贬义）的幻想，为什么也还会有人将其作为伪科学来批判呢。再推延一下，也还可以思考，在这三种现象之间，是不是又有什么内在的联系呢？

□ 对"SF"的上述三种解释，还意味着在西方的科幻作品中，"硬"的"科学"内容其实不是必不可少的成分。再进而言之，"科幻""幻想""魔幻"等概念之间，似乎也就没有什么不可逾越的鸿沟了，所以在《彩图科幻百科》中，《动物农庄》《1984》等自然被包括在内；该书讨论科幻电影的一章中，《沙丘》《裸体午餐》等许多我们不会认为是科幻的作品也包括在内。如果不是本书资料截止的原因，我相信《哈利·波特》系列和《指环王》系列肯定也会榜上有名。

关于你的第一个问题，我的答案是：既然不把它当作文学，又怎能拿它和人家被当作文学的作品去相比呢？再说，中国人创作的科幻作品，情况也未必就那么令人悲观。至于第二、第三个问题，恐怕一时还不易回答。

■ 这样说来，问题涉及的范围就要大得多了，就远远不仅仅是科幻自身的事了。或者说，是不是可以认为我们经常谈论的"唯科学主义"以及这种倾向潜在的作用，也经常会影响到科幻的创作呢？也许这个问题确实有些太大，一两句话说不太清楚，但至少我们可以想象，对于意识形态化的消除，对于唯科学主义的放弃，显然是有利于我们这里科幻事业的蓬勃发展吧。

原载 2004 年 3 月 5 日《文汇读书周报》

科幻小说史：是不是一种科学外史？

□ 江晓原　■ 刘　兵

□ 刘兵兄，自从多年前我们谈过英国人的《彩图科幻百科》(载 2004 年 3 月 5 日本报)之后，我就一直期盼着有一本《科幻小说史》*这样的书。现在真的有人给我们贡献这样一本书了，更巧的是也出于英国人之手。

"外史"这个词汇，原是我们中国传统文化中就有的。比如记载赵飞燕那些绯闻八卦的就叫《赵飞燕外传》，更广为人知的当然是小说《儒林外史》。为何我会产生"科幻小说史：是不是一种科学外史？"这样一个问题，灵感来自我的博士生穆蕴秋小姐。她的博士论文挖掘了大量现代天文学发展过程中与幻想交织在一起的珍贵史料，让我们看到在科学与幻想之间根本没有不可逾越的鸿沟，甚至这两者之间的边界也是很模糊的。正因为这个原因，让我感觉到这部《科幻小说史》在某种程度上就可以是一部"科学外史"。

这是一部被称为"前所未有的学术化的科幻小说史"，而且书中还旁及与科幻有关的电影、电视、漫画、游戏甚至音乐——因为这些艺术形式所表现的科幻作品总是和小说有着千丝万缕的联系。对于科幻的研究者，以及那些愿意有所深究的科幻爱好者来说，这本书实属令人振奋之作。

---

* 《科幻小说史》，[英] 亚当·罗伯茨著，马小悟译，北京大学出版社，2010 年 2 月第 1 版，定价：45 元。

科幻小说史：是不是一种科学外史？

■ 这次阅读这本《科幻小说史》给我的印象，要比上次读《彩图科幻百科》要更深刻一些。也许，是因为这几年逐渐接触科幻多了些——尽管与你的"发热"还远远不能相比，因而对科幻的思考也相对多了些。另外，以这样一本叙述相当说尽的科幻小说的历史，其中谈到那么多的科幻作品，又让我感觉到，以往在我们印象中的那些科幻，其实上在科幻小说的历史中，以及在当下的科幻作品创作出版中，也只不过是九牛一毛而已。

我在原则上同意你将科幻小说史视为科学"外史"的说法。但我又觉得，为什么非要用"外史"这种说法呢？如果我们也可以将科学传播史作为标准科学史的一种类型，为什么科幻小说史就不能凭其自身的特点成为标准的科学史的一个特殊类型呢？因为要用"外史"的说法，总有些将其与更"硬"的科学内史相对立的意味。

如果能够把科幻小说史也真正当作广义的、同时也是标准的科学史的一种特殊类型，还有另外一层好处，即这样更为拓展科学史研究以及与科学史相关的科学传播研究提供更有意义的素材和基础。你提到你的博士生穆蕴秋小姐做了与科幻相关的博士论文，而我在上海交大带的博士生石海明，也正在做与科幻和美国军事科学史相关的博士论文，还有，我带的另一个硕士生，马上要答辩的论文，又是关于科幻画与科学传播的。这样看来，我们在与科幻相关的研究兴趣和指导学生研究方向上，还是很有些共同之处的。

□ 你这种将科幻研究视为"标准科学史的一种类型"的想法，本来已经够激进的了，但是我在本书中还发现了更为激进的想法。本书作者认为，可以将科幻视为"一种科学活动的模式"——他甚至还从著名科学哲学家波普尔、费耶阿本德等人那里找到了支持这种看法的理由。由于费耶阿本德是我非常喜欢的科学哲学家——事实上，在我还是一个科学主义者的时候我就喜欢他，因此看到本书作者从费耶阿本德那里寻找理由来支持自己的做法，竟然让我十分惊喜——因为这种做法十分巧妙。

本书作者先简述了费耶阿本德关于科学方法"怎么都行"的学说，然后不无遗憾地指出，实际上你在科学界并不能看到费耶阿本德所鼓吹的那种无政府主义状态，接着他满怀激情地写道："确实有这么一个地方，存在着费耶阿本德所提倡的科学类型，在那里，卓越的非正统思想家自由发挥他们的观点，无论这些观点初看起来有多么怪异；在那里，可以进行天马行空的实验研究。这个地方叫作科幻小说。"这是多么令人兴奋的想法啊！

既然科幻小说（当然还可以顺理成章地推广到科幻电影、游戏等）可以被视为科学活动的模式之一，那么将科幻小说史视为一种"科学外史"当然就没有任何问题，甚至将它视为"科学内史"的一部分，在理论上也没有问题了。其实这样推广的科学史已经丝毫没有惊人之处——如果去看看我们曾经在这个专栏讨论过的《剑桥科学史》第七卷，就会发现我上面的说法还显得相当保守呢。

■ 其实我想说而还一时没有说清楚的，正是你刚才讲的，即可以将科幻小说史视为"科学内史"的一部分，而且在这里，内史与外史实际上又是彼此不可严格分离的。

科幻小说史：是不是一种科学外史？

你也说到了作者对于费耶阿本德科学哲学观点的欣赏和赞同。而这本对于科幻小说的历史研究，不管是作为"内史"还是"外史"，作为一个史学家，对于科学哲学的关心，一方面决定了他研究的某种明确思想性，另一方面，也显示出这种哲学观念对于其撰写的历史的鲜明影响。从科学编史学的立场来看，这恰恰反映出了科学史家（这里无论是按内史还外史来分析都无关紧要，反正已经是科学史阵营中的人士了）在其研究中学习科学哲学的重要性和可能性。

也许正是因为这种特色，作者才在书中理论分析的部分，经常会有一些大胆然而又很有启发性的观点和论说。这里试举几例。例如，在说到科幻小说的优点时，他认为，在费耶阿本德意义上的"'科幻小说'将能很好适应这一文学类型的流动可能性，而（仍然广为接受的）科学概念——与'真理'有着特别关系的话语——则无法做到"。又如，除费耶阿本德外，作者也表现出对当下更为时尚的海德格尔的技术哲学的重视，"科幻小说其实是在海德格尔意义上的技术小说"。在谈科幻小说的内容时，作者提出，"机器的恶魔化是科幻小说以来的一个长久美学策略"。"用哲学术语来说，机器被认为是在本质上没有有机生命体那般真实，因为它们落入技术而不是真理的范围之内。正是这一修辞主导了对机器的贬低。"因此，作者的结论是"科幻小说"最好被定义为"技术小说"，"技术"在这里不是机械玩意的同义词，而是在海德格尔意义上作为"框架化"世界的一种模式，一种基本哲学观的呈现。如此等等。这可是既显示出哲学的影响，也显示出在这种影响下带来的激进呢！

科学的幻想与历史建构

□ 此书的另一特别之处，是作者罗伯茨的论述对象中也包括了科幻电影、电视，甚至电脑游戏，即该书的第12章《好莱坞科幻电影和电视（1960—2000）》，和第14章《20世纪末的多媒体、视觉和其他科幻》。他这样做的主要理由，是因为20世纪发生了科幻领域最重要的变化——"就今天全球状况而言，几乎没什么人读科幻小说，而非常多的人看科幻电影"。

罗伯茨对这种变化持一定的保留态度，但不得不承认这是大势所趋。就像他对影片《星球大战》（1977年上映）的态度一样，一方面贬斥它"确实是一部幼齿电影"，认为"这部电影应该对科幻（甚至世界、文化）的弱智化负责"，另一方面也不得不承认它的里程碑地位。

罗伯茨有一个重要观点："从（20世纪）70年代晚期到现在，科幻从一种以观念的书面文学为主的艺术，变为一种以视觉风格为主的艺术，充满诗意的画面与奇观。"这个观点可以表达成更为直白简捷的说法，"从影片《星球大战》开始，科幻从以小说为主转变为以电影为主"。他甚至认为"科幻现在是世界上最流行的艺术形式"。

罗伯茨关于影片《星球大战》的看法，其实和我多次谈到过的观点"《星球大战》是里程碑但没有思想"异曲同工。而我正是从电影入手开始涉足科幻研究的，也恰好为罗伯茨的上述观点提供了一个脚注。

■ 哈哈，看来真是阅读者头脑中的观念和兴奋点在某种程度上决定了他能够看见什么。你最后谈及的这种科幻小说形式的延伸，并尤其对科幻电影进入此科幻小说史的关注，显然

科幻小说史：是不是一种科学外史？

与你近些年来痴迷于科幻电影有关。而我，则会更注意到，在和第14章《20世纪末的多媒体、视觉和其他科幻》中，也把"漫画和图画小说"，以及"视觉艺术：绘画和插图"写入。而这后两者，也正涉及我现在在带的学生写的毕业论文的内容呢。

也像前面我提到过的，我觉得此书所提供的信息量极大，甚至超出我们的预期，而这种信息，对于我们这里从科幻，以及广义的科幻来切入进行科学文化研究，应该是迫切需要的，这也是这本科幻小说史除其思想性外的另一重要意义吧！

原载2010年5月7日《文汇读书周报》

西方科幻作品中的悲观主义问题

□ 江晓原　　■ 刘　兵

□　在科学文化中，科学幻想作品是一个非常特殊的范畴。首先它不是学术研究而是文学创作，但是它又和科学有着某种割不断的关系。这里我们当然不能全面讨论科幻性质之类的问题，我想不如从某个特殊的角度入手，可能会有趣些。

我在西方的科幻作品中（小说、电影等），注意到的一个奇怪现象，就是他们所幻想的未来世界，绝大多数是暗淡而悲惨的。早期的部分作品，比如儒勒·凡尔纳的一些科幻小说中，未来还是美好的；但不美好的也很多，比如英国人乔·威尔斯（H. G. Wells）的著名小说《时间机器》*（*The Time Machine*）中，主人公乘时间机器到达了公元802701年（！）的未来世界，但是那个世界却是文明人（智力早已经退化）被当作养肥了的牲畜，随时会遭到猎杀的暗淡环境。而在近几十年大量幻想未来世界的电影里，未来世界都是蛮荒（比如《未来水世界》）、黑暗（比如《撕裂的末日》）、荒诞（比如《罗根的逃亡》）、虚幻（比如《黑客帝国》）、核灾难（比如《终结者》）、大瘟疫（比如《12猴子》）之类的世界，几乎没有光明世界。对这种现象你如何理解？它意味着什么？

---

* 《时间机器》，[英]乔·威尔斯著，孙家新等译，广西师范大学出版社，2002年4月第1版，定价：19.80元。

西方科幻作品中的悲观主义问题

■　你讲的确实是一种值得我们关注的情形。甚至，像《美丽新世界》这样经典的作品也是如此。但要讲清这一点，我想，在直接讨论为什么会如此以及这种倾向意味着什么之前，也许需要先把科幻作品的定位明确一下。这涉及像什么是科幻？它属于文学吗？科幻与科普的关系，以及科普与其中涉及的科学内容和写作者的科学立场的关系？

在很长时间里，在我国，科幻经常被当作科普的一部分，现在虽然许多人不再这样认为，但由于一种观念并不是很快就会消失，因此也还有一些人仍不时地把这种观点表现出来。在一些相关的活动（比如评奖）中，这种分类也经常会体现出来。如果按照这种把科幻归入科普的做法，你讲的情况也许就更表现出某种尖锐性了。

当然，还有一个需要注意的现象是，你举的那些作品都是国外的科幻作品，尽管科幻创作在国内并不发达，但就你谈的问题来说，也还是与国外有所不同。这种差异，是不是潜在地提示着一些什么可以分析的线索呢？

□　中国的科幻作品，在这个问题上与西方作品有明显的不同——中国的作品通常幻想一个美妙的未来世界，那里科技高度发达，物质极度丰富。这种差别背后，应该有着深刻的根源。将科幻视为科普的一部分，我想是原因之一。既然是科普嘛，当然要歌颂科学本身及其一切作用——"科普"这个概念是有一个隐含的前提，就是：科学本身及其一切作用都一定是好的，所以才要普及它。而西方许多被我们归入"科幻"的作品，其实是被当作文学作品来创作的，那些作者未必都有科学主义的"缺省配置"；而作为一个文学家，在人类前途这个问题上，也完全有可能持某种悲观主义的哲学观点。

另一个明显的原因，当然就是传统的唯科学主义的强大影响。唯科学主义既相信世间一切问题都可以靠科学技术来解决，就必然引导到一个对人类前途的乐观主义信念。在这个信念支配下，人类社会只能越发展越光明，而且这种发展的向上趋势，通常被假定为线性的，连循环论、周期性之类的模式（比如《时间机器》中就是这种模式）也不行。

■ 既然科幻并非科普的一个组成部分，那么，它就不承载着普及科学，尤其是普及"正确"科学的功能。"科幻"两个字有一个"科"，但却并不意味着这个"科"就是通常意义上的科学，而只是说与通常意义上的科学有某种相关性的东西。不过在科幻作家心目中，它又有着与通常意义上的科学在性质上的类似。因此，讲许多西方科幻作品反科学，其实是不准确的，它们所反的，其实是那些在科幻作家想象中的"科学"。但同样重要而且值得注意的是：这些幻想中的科学，却又是以现实的科学为某种背景或原型外推得来的。

那么，我们从另一个角度来看，其实在作品中描写了世界在幻想中的"科学"的基础上带有悲观色彩的前景，倒也反映出那些作家对于人类命运的一种深层的忧虑，一种责任感。正因这科幻作家作为作家本身便带有一定人文意识，他们关注人类的命运——尽管是在幻想的世界中表现出来的关注，难道不是一种值得肯定的行动吗？反过来说，那些缺乏人文关怀，一味地盲目相信依赖科学（其实也只是现有的科学而不是未来的科学）便可以给人类带来光明前景，相比之下，不是显得更轻率吗？

西方科幻作品中的悲观主义问题

□　其实这种幼稚的乐观主义信念，和早年的空想社会主义颇有关系。18世纪末19世纪初，自然科学的辉煌胜利，催生了唯科学主义观念，使许多人相信自然科学法则可以用于对人类社会的研究。比如法国的圣西门、孔德等人，就致力于发现社会发展的"规律"，并相信这种"规律"在精英的直接控制和运用之下，就可以使人类的社会生活尽善尽美。这正是后来哈耶克所担忧的"理性的滥用"。空想社会主义思想事实上深刻影响了此后两个世纪的历史进程。在这样的背景下，国内科幻作品中清一色的美好未来世界就很容易理解了——在唯科学主义观念的支配下，未来世界只能是美好的。

但是，你所说的西方作家"对于人类命运的一种深层的忧虑，一种责任感"，也许只能部分解释西方科幻作品中普遍的悲观主义。如今那里的科幻作品中，几乎没有美好的未来世界，难道西方作家在这个问题上竟没有人愿意标新立异、异调独弹了吗？难道他们普遍对人类文明的未来没有信心了吗？

■　这是个非常难以给出确切答案的问题。至少对于我来说是如此。但这并不妨碍我们进行一些分析与推测。首先，对于未来的一种普遍的悲观主义，并不等同于对人类文明的未来彻底地丧失信心。其次，可以做一个类比的例子是，当下对于环境问题最为关切、并且身体力行的投身于环境事业的环境主义者，其实在心灵的深处，倒也是普遍地对未来持某种悲观的态度，而他们最可贵的地方，也恰恰正在于种几乎是知其不可为而为之的献身精神。第三，是否西方科幻作家真的就没有人愿意标新立异、异调独弹，这个结论也许还可商议，只是我们目前有限的见识中，很少见到这样的作品，或者说是有影响的这样的作品，但这并不等于可以肯定地讲向往光明未来的作家就不存在。第四，这种倾向的延续，也许可以从西方科幻一开始就确立的那种传统的传承有关。最后，也许西方科幻作品的某种商业取向和读者的阅读惯性对于这种倾向的巩固也有某种作用吧。当然，这些都是可能的推测，不知你以为如何？

□ 我们当然不能排除西方科幻作品中有光明未来的可能性，但这样的作品非常之少是可以肯定的。所以对这个问题恐怕我们仍未有满意的答案。但是，现在未能解答，可以俟诸异日；我们未能解答，可以俟诸他人。提出问题就有意义。

原载 2003 年 11 月 7 日《文汇读书周报》

"野蛮人"眼中的现代化

□ 江晓原　■ 刘　兵

□ 今天我们都认为现代化是一个非常好的东西——它也确实是很好的东西。现代化通常总是被当作一个不断进步的过程，但是，在现代化的过程中，我们的生活质量是否也在同步、线性优化着呢？答案恐怕就要颇费踌躇了。

多年前，埃里希·索伊尔曼通过一个土著酋长——多半是他假托的——之口，发表了他对当时现代化的种种批评意见。这些意见在那个现代化刚刚起步的年代，显得保守、没落、不合时宜，所以这本《帕帕朗基》*沉寂了数十年。等到现代化达到相当程度，许多弊端显现出来，人们忽然发现，此书中所言颇有一点先见之明，于是此书被重新"发现"，风行起来。

我看了以后，感到书中有些看法确实切中时弊，有点古人所谓"言谈微中"的感觉。特别是关于时间的问题——如果说，在享受着丰富的物质成就的今天，我们对生活质量仍有不满的话，我认为问题主要就出在时间上。

■ 我理解你讲的问题主要就出在时间上的说法，但在《帕帕朗基》中，那位酋长所谈到的问题，却不仅仅限于时

---

* 《帕帕朗基：一个土著酋长关于现代人文明生活的意见书》，[德] 埃里希·索伊尔曼著，王泰智等译，海南出版社，2004年4月第1版，定价：20元。

间，而且，几乎就像是对于现代人的现代生活方式的一次全面清算！

　　既然你针对那本书中谈到的时间问题特殊有兴趣，也正说明在你的现代化生活中，时间问题是特殊突出（其实，对于我来说，也是一样，忙到极致，最发愁的是没时间睡觉），那么我们先集中地谈谈现代人的时间也不错。但在此之前，我还是想指出另外一点，即《帕帕朗基》一书对于现代人的现代生活方式的批判，无论其当时的动机如何，它现在又被重新发现并重新引起比刚问世时大得多的反响，恐怕与它所批判的对象在这几十年中向着它所批判的目标愈发迅速靠近有关。而且，这本书在重新被"发现"后又被称为"绿色圣经"，也说明了它在当时的批判，与今天在相当程度上几乎是不顾一切只求发展的那种在不断加速进程中的"现代化"之间的深刻矛盾。或者干脆可以说，它当年批判的"现代化"与今天的"现代化"相比，还显得不那么"现代"呢？

　　□　书中那位酋长说，帕帕朗基——白种人，也就是正在向着现代化狂奔的人们——总是感到缺乏时间，他们抱怨时间不够，为没有时间去做自己喜欢做的事情（比如"去爱他的姑娘"）而痛心疾首。这位酋长认为，其实人们是有时间的，有的是时间，"从日出到日落的时间很多，远远超过人的需要"。现代人只是"自己强迫自己"去做那些在他看来没有意义的工作的。

　　确实，向着现代化狂奔的人们，总是奔竞、浮躁、沉迷物欲、急功近利，"两眼一睁，忙到黑灯"，时间都在那些远离心灵家园的红尘俗事上耗费掉了。我们今天的现实就是如此。埃

"野蛮人"眼中的现代化

里希·索伊尔曼写《帕帕朗基》这本书的时候,他所抨击的欧洲当时的现代化,恐怕还不到我们今天北京、上海这样的大都市的现代化程度,所以看看我们今天的状况,真被这位假托的酋长言中了。我们现在没有时间。有些人喜欢指责别人"浮躁",尽管他们自己实际上正十倍地浮躁着;我倒愿意承认自己是"浮躁"的,因为在现实的大环境中,我们经常身不由己。

我认为,在时间问题上,我们应该有"抵抗意识"——抵抗外界对我们的时间的征用或销蚀。要抵抗就会有代价,这个代价就是放弃某些东西。那些东西也许很可爱,比如名利、地位、金钱之类,但是如果你的心灵在召唤你,要你去做某一件事,比如去爱你的姑娘,那就拿出时间去爱好了,别的事情先放一放也未尝不可吧?

■ 你说的确实是一种理想的境界,尽管在现实中达到理想境界并不容易,但总还是值得为之向往和努力的目标吧。

也许是因为时间的问题让我们两个对谈者现在直接的感受太深,所以就此多谈了一些,但实际上,从那本不厚的小书来说,谈论的问题倒绝不仅限于时间的问题,它还谈到了像金钱崇拜、服饰演化中的反自然、城市化的弊端、贪婪的物欲、机械化的力量与其负面作用、现代职业化对人性的侵蚀、现代化传播带给人类的幻象、现代化与信仰的矛盾,等等。可以说,它近乎一部在前现代化时期对后现代的全面批判。当然,现在世界上关于后现代的理论研究要远比《帕帕朗基》中朴素的观念复杂、精致得多,但考虑到它写作和出版年代,其先见就不能不令人钦佩了。

科学的幻想与历史建构

说到这里，我们其实还可以想到，尽管一方面当下的后现代理论等对于现代化给出了比《帕帕朗基》更系统的批判，但另一方面，人们却并不——至少是很难全面地、彻底地——将这种批判落实在具体行动的改变上。在这两者当中，似乎存在着尖锐的冲突。那么，面对现代化似乎不可阻挡的潮流，人类是否真的就无能为力呢？

□ 埃里希·索伊尔曼写这本书的时候，还没有后现代理论，所以它也可以被视为后现代理论的一个先驱？当然，他既然假托一个土著酋长来说话，有时候也就故意说几句极端的话，不过这些话对于强调他的观点仍有积极作用。

至于面对现代化的潮流，人类是否真的无能为力，我还抱有一定的乐观态度。我认为现今我们看到的种种弊端，包括"没有时间"等，在现代化大体完成之后，应该有可能逐渐克服，或者至少在程度上有所缓解。

我在欧洲看到许多人（不仅是老年人，也有许多年轻人；不仅是富人，也有许多一般的公众）过着悠闲的生活，和我们今天大都市里人人步履匆匆形成鲜明对比，这个现象是可以令人安慰的——现代化完成之后，也许我们还能够重新拥有富裕的时间？

又如在台湾，我看到有些年轻人选择了非常冷门的学问作为职业，这些年轻人自己及其父母等人，也不认为一定要去追逐热门的职业，因为在那里，这种冷门学问也已经可以提供一份不错的收入。这时他们就有可能听从心灵的召唤（按照兴趣做事），不再被十丈红尘裹胁着而身不由己？

"野蛮人"眼中的现代化

■ 如果仅就这本书中谈论的时间问题,我觉得你的预期还大致可以,但如果总体地看这本书所批判的东西,对未来的预期也许就不一定那么乐观了。我讲一个我自己深有感触的例子吧。

在后现代主义对现代性的批判中,很有那么一部分内容是有关现代化与生态环境问题的,虽然现在人们从一般意义的理论上都认可生态环境需要保护[当然也总有少数人不在此列,例如我们经常在文章(主要还是网上的文章)中看到的那几个人经常指责别人"反人类"而实际上他们自己正在反对努力保护环境的言论中进行着反人类的实践],但在具体实践中,保护生态环境总有那么多的障碍。在我因工作或其他原因而接触到的一些现在在社会上最为积极地以献身精神来从事环保的人士中,我发现,他们中大多数人对于那种终极意义上的目标,其实是持一种悲观态度的——当然这并不妨碍其对环保的献身,而且两者间的对立恰恰显示出他们的崇高。

也许人类总会面对着许多的矛盾,一些矛盾也许最终是无法解决的。上面的例子便是一个实例。不过,也许人类之所以为人类,毕竟在于他们还有某种批判精神和反思的能力,即使面对也许无法最终解决矛盾,也仍然要为之而奋斗不已。在这种意义上,我觉得在《帕帕朗基》书中涉及的所有问题中,至少你对于解决时间问题的乐观看法还是可接受的吧。

我也希望如此——虽然只是希望,总还有是一个盼头。

原载 2004 年 6 月 4 日《文汇读书周报》

生物技术：幻想中的末日

——关于小说《羚羊与秧鸡》

□ 江晓原　　■ 刘　兵

□ 对于技术滥用而导致灾难的图景，三种人有三种不同态度：科幻小说作者、科幻电影导演最喜欢，他们在其中恣意驰骋想象，编出许多警世的、自娱的、好玩的故事来；广大公众是将信将疑，但是对于比较遥远未来的事情，一时也顾不了太多；唯科学主义者则深恶痛绝，认为这种图景是"给科学抹黑"，甚至给人戴上"反科学"的帽子。

这部加拿大著名女作者的科幻小说《羚羊与秧鸡》*有一个（可能是中译本加上去的）副标题"二十一世纪的反乌托邦"，这就将这部以生物技术为主题的科幻小说放到了由《美丽新世界》《我们》《1984》等小说构成的社会历史背景之中了。这也许是中译本给读者的一个明显的暗示吧？

■ 也许这是一种针对中国读者的暗示，但我却觉得，这个暗示还是有它一定的道理的，与那些纯粹为了商业目的的炒作有所不同（实际上这本书也不大可能成为那种商业意义上的畅销书）。另外一种感觉是，此书在写作上，文学的味道很纯，

---

* 《羚羊与秧鸡——二十一世纪的反乌托邦》，[加拿大]玛格丽特·阿特武德著，韦清琦等译，译林出版社，2004年12月第1版，定价：20.80元。

生物技术：幻想中的末日

文字很美，叙事的节奏也很从容，有深度，不像你曾举出的其他几本反乌托邦名作那样在表面上就体现出很强的刺激感。

此书虽是写对未来的想象，但无论那种想象如何，总是具有一种逻辑上的可能性，这种可能性，也许在几百年前，看上去还不是很清晰，但在今天科学和技术发展的背景下，特别是在生物科学和技术迅速发展的背景下，应该是概率成倍增加的。我们，也许不应该像要求未来学那样要求一部小说，正如不能像对预测研究那样要求科幻一样，但像《1984》那样的小说，虽然没有像严格准确的预测学那样，更没有像算命先生那样把一切都说准，不过在近似、联想、意会的意义上，谁又能说它想象得没有道理呢？

□ 这部小说叙事的结构也很精致，是以一个悬念为主线：那场浩劫到底是什么？是如何发生的？小说有规律地交替变换叙事视角（人称）和时空，逐渐逼近那个答案。

"现在"——21世纪下半叶的某年，那时人类经历了一场浩劫，所有的人都死光了，只剩下一个叫作"雪人"的人，是一个真实的人。与他做伴的是一群用生物技术制造出来的、完美无缺的"秧鸡人"。此时总是用第三人称，叙述"雪人"和"秧鸡人"的生存活动。此时的生存环境对"雪人"来说已经变得极为险恶。

"过去"——这是动态的，从"雪人"和"秧鸡"（小说中的科学狂人，正是他制造了那些"秧鸡人"）的学生时代开始，每一次回到"过去"的场景，这两个男孩就长大一点。从童年、中学时代、大学时代，一直到大学毕业进入公司工作，最终到浩劫发生，与"现在"衔接起来，形成全书的结尾。"过去"总是用"雪人"第一人称回忆的方式叙述,所有"过去"场景构成的故事,也就是那个悬念逐渐被揭示的过程。

与许许多多西方的科幻小说和电影一样,《羚羊与秧鸡》中这一系列"过去"的场景,就是一幕幕人类社会因滥用生物技术而造成的"末世"场景。

■ 是的,对于那些耐心稍差的读者,这样的叙述方式可能会让人有些着急,要几乎一直看到最后,才能理解这个故事的缘起。不过,我觉得,这部作品恰恰是应该慢慢地、静下心来阅读的,作者正是在那种不紧不慢、一点一点展示背景的叙述中,充分表现出强大的文字功力。

相比之下,几十年前的那本《美丽的新世界》,就要更为情节化,叙述得更为直接,但是,这两本书在最根本的立场上,应该说是一致的。如果说有差别,那也是时代的差别,因为,几十年过去后,就生物技术的发展来说,在某种程度上(这并不是说一定要在准确的细节上),与赫胥黎当年的幻想是很有共通之处的。

正是在目前生物技术更为发达,而且科学家们为了各种利益而愈发不遗余力地使其达到空前的研究热潮,对未来的发展寄予了更多的希望,并表现出在人文精神的丧失的状况下,作者具有比赫胥黎当年更为激进和极端的幻想。从表面上看,这样的幻想甚至有些耸人听闻、不可思议的感觉,但实际上作者正是以这样在逻辑上具有可能性的极端想象,来表现一种警世的意味。

当然,如果与像克莱顿那种更为通俗、也有更商业色彩(但仍不失其深刻的思想性)的小说相比,这部小说更有纯文

生物技术：幻想中的末日

学的特色，不过，讲述这种有意味的故事，提示人们未来的风险，多一些不同类型的小说，也是一件不错的事。

□ 小说中还有一点给我印象深刻。在小说营造的忧郁的世界末日气氛中，作者着力刻画了未来世界人文遭到鄙薄轻视，而科学技术则享尽尊荣的夸张情景。例如，吉米和"秧鸡"从同一个中学毕业，理科成绩优异的"秧鸡"被"沃森·克里克学院"——以双螺旋模型的发现者命名的学院，一看就知道是搞生物学的——以优厚的奖学金挖走，而喜欢文学艺术的吉米则勉强被玛莎·格雷厄姆学院接受。这两个学院之间不啻天壤之别：沃森·克里克学院设施完善，待遇优厚，而玛莎·格雷厄姆学院一派破落光景。作者用这个情节来象征文学艺术已经遭到空前鄙视，科学技术（其实只有生物工程）则成为天之骄子。

当我们在此时此地为人文学术受到轻视而抱怨时，读到《羚羊与秧鸡》中这些夸张的情节，心里感到过瘾、悲哀、忧虑……真是五味杂陈，极为复杂。我们经常将眼下的许多弊端归因于"社会转型时期"，可是玛格丽特·阿特伍德在万里之外的加拿大，同样可以看到这样令人忧虑的趋势，人家那里可是早就"转型"完成了啊。

■ 是的，当我们经常谈论在我们这里人文传统不受重视，科学主义盛行的时候，看看人家发达国家那里，确实也有着类似的情形。或者说，我们这里当下的情形，也是试图学习人家，想要追赶甚至赶超人家的结果。但如果再更仔细地比较一下，我们又会发现其实在我们和一些发达国家之间也还是有着某些差别的。例如，尽管一些发达国家也有重视科学、重视由科学带来的物质经济发展的历史和现实，但至少，还有相当多的人文学者、文学艺术家们（当然也包括一些有思想、有见识、有责任感）的科学家在反思，因而，也才会有那些在学术立场上批判性的研究之作，也才会有像《羚羊与秧鸡》这样思想深刻的小说。

原载 2006 年 3 月 3 日《文汇读书周报》

玩火自焚:一个滥用技术的寓言
——关于科幻小说《猎物》*

□ 江晓原　■ 刘　兵

□ 刚谈完《诺贝尔的囚徒》,另一本精彩的小说又进入我们的视野。这回是一本科幻小说,作者是大名鼎鼎的迈克尔·克莱顿(Michael Crichton),他的小说《侏罗纪公园》、《失落的世界》和《时间线》(《回到中世纪》)等都拍成了科幻电影,这回这部长篇小说《猎物》(Prey),可以肯定也要被拍成电影的,让我们拭目以待。

但是在等待电影问世之前,我们不妨先思考一番《猎物》中的警世意义。

读这部小说时我忽然发现,"玩火自焚"这句成语,其实是古人关于滥用技术的一个寓言。文明肇始,火,就是那个时代的"高科技",就是那个时代的先进技术,而那个落得自焚下场的人,是因为他"玩"火。夫玩者,不慎重也,不认真对待也,不考虑后果也,总而言之,即滥用也。在《猎物》中,年轻美貌、聪明能干、野心勃勃的朱丽亚,就是这样的一个玩火者,她玩的"火"是一种叫作"纳米集群"的东西,最终这种东西夺走了好几位科学家的生命,也要了朱丽亚的命。如果不是正直的电脑专家杰克(小说中的"我",朱丽亚的丈夫)

---

* 《猎物》,[美]迈克尔·克莱顿著,严忠志等译,译林出版社,2005年1月第1版,定价:19.80元。

科学的幻想与历史建构

扑灭了失控的"纳米集群",它们就可能毁灭人类。

■ 你说的是这位与众不同的成功作者的作品所寓示的一个方面。

克莱顿的作品我一直非常注意,我自己购买了他所有中译本的小说,多年前,也曾在包括《译林》在内的不同刊物上写过有关他的《侏罗纪公园》和《失落的世界》这两部小说的评论。我觉得,他的作品是非常有思想性的,这种思想性体现在人文关怀上,也体现在他特殊的科学思维上。比如,在《侏罗纪公园》中所讲述的人与自然、控制与被控制的关系,对自然界生命演化的看法,对于混沌理论在现实中的深刻寓意等,就非常发人深省。

而这次,《猎物》一书可以说与他以前的著作相比,是达到了其创作的另一个高峰。其中,像人与自然、控制与被控制、自然界的生命(这次在概念上又扩展到人工生命)的演化等主题依然在继续深化中,遗传工程生物技术还是核心支撑点之一,与此同时,信息技术以及近些年来被炒得越来越热的纳米技术,也都进入了叙述的中心,并且将三者有机地结合起来。

通俗易懂的方式,并非完全没有科学基础的描述,超常发挥的想象力,那些有着真实成分和现实基础的背景,以及那些在此基础上的天才构思中,充分体现出他那些颇有哲学深意的科学思考和理解。正是在这样的基础上,他的故事背后所蕴含的你所讲的那种"玩火自焚"的意义,才会真实有力地从字里行间无处不在地传达给读者。

玩火自焚：一个滥用技术的寓言

□ 我注意到《猎物》中有一个现象，这个现象其实在大量科幻电影和科幻小说中都普遍存在，即在这些作者想象的未来世界中，"政府"都退隐到无足轻重的位置上，甚至完全不出现了，而"公司"则已经强大得几乎取代了政府，经常成为与个人对立的一方。而这些公司通常代表邪恶和傲慢的一方——公司或因唯利是图而危害公众（比如小说《羚羊与秧鸡》中的医药公司故意散布病毒以便销售药品），或因迷信技术而局面失控（比如电影《异形》系列中公司坚持要"研究"可怕的外星生物而招来浩劫），等等。

《猎物》中，克莱顿借助他那天马行空的想象力，让"纳米集群"进入朱丽亚体内控制了她，使她时而明艳如花，时而狰狞如鬼，来象征公司这一方的邪恶，以及对金钱的贪欲之害人害己。朱丽亚所服务的那家公司，为了获得军方的大订单，在技术上出了问题，竭力隐瞒事实，想偷偷将事情搞定，结果越搞越糟，最终不可收拾。这又使我想起了另一句与火有关的谚语——"纸包不住火"。

■ 这样谈下来，看样子是和火分不开了。问题在于，玩火的是谁，玩火的动机是什么，以及点火的又是谁。

确实，以公司来代替政府，有技术上比较好处理的长处，因为政府毕竟是人民选出来的，而公司，则更以追求商业利润为首要目的。不过在我的印象中，好像也还是有一些是写政府出于国家安全等目的而采用科技手段带来问题的小说（就在《猎物》中，项目开发的背后有国防部作为投资者）。就公司的形象来说，因为要追求商业利润，自然要用各种方法，包括利用最新科学研究进展和高新技术，这样，写到科学技术的负面作用，在逻辑上也会简单些。其实，还有把这样滥用科学技术的事与恐怖组织相联系的呢。

另一个值得注意的问题是，把这种背后带有深刻警示意义的、关于科学技术应用的小说写得好读，吸引人，克莱顿做得可算是极为出色了，也正因为如此，以这种成功的通俗小说模式来表现出的作者有关科学自身、有关科学与自然、有关科学与人类社会关系的思考和理念，才会更有效地广泛传播。而这也为我们从事科学文化传播的人提供了一种启示。我们通常认为科幻与科普是不同类型的东西，这种区分当然有其道理。不过，如果抛开单纯传授具体科学知识的要求，而把关注的内容扩大到科学的社会文化含义，扩大到对科学的反思，那么，像克莱顿的许多以科学技术为内容的小说，何尝不可以算是科学文化传播中的一种特殊类型呢？

□ 你的问题非常有启发意义。

以前我们将科幻当作"科普"的一种形式，因为仍然陷溺在传统"科普"的老套之中，只看见科学知识，却没有人文关怀，所以我们自己创作出来的科幻作品，只是一味歌颂科学技术在未来将如何伟大辉煌。而西方那些科幻作品，则很长时间未能引入。如今兴起的科学文化传播，早已超越了传统的"科普"概念，有无人文关怀，成为科学文化传播和传统"科普"的分界线。

从这个角度来看问题，对你上面的问题，就可以给出一个肯定的而且是内涵丰富的答案——包括《猎物》在内的这些科幻小说和电影中，经常出现对技术滥用的深切担忧，对未来世界的悲观预测，这种悲天悯人的情怀，不正是对科学技术的人

玩火自焚：一个滥用技术的寓言

文关怀的集中表现吗？因此这些小说和电影当然可以算科学文化传播中的一种类型，而且是一种非常重要的类型。

■ 这也正好印证了我们以前曾说过的用科学文化传播"取代"传统科普的理由。不过，这里我将"取代"加上了引号，是因为那是有些人强加于我们的说法，实际上，我个人（我想也包括你在内吧）并不认为现在我们主要倡导和从事的科学文化传播是唯一的让公众理解科学的方式，更不是唯一被"许可"的方式。传统的科普，当然也有其存在的理由，不过，在不同方式传播之间的竞争，显然是存在着的，其结果，就要看读者、看市场的选择和取舍了。不过，我坚定地相信，像克莱顿的小说这样的方式，其竞争力是无可怀疑的。不信？买一本看看就知道了。

原载 2005 年 1 月 7 日《文汇读书周报》

《基地》：一曲科学主义的赞歌吗？（上）

——关于科幻小说《基地》*

□ 江晓原　　■ 刘　兵

□ 刘兵兄，你想必已经将《基地》看完了吧？我是一口气看完的。这套科幻经典驰名已久，以前只能在网上见到零星篇章。此次天地出版社引进全套中译本，终于使大陆读者可以大饱眼福。

《基地》第一部写于1941年，最后一部写于1992年，时间跨度长达半个世纪。讲述一个名叫谢顿的人，发明了一种"心理史学"，可以预测银河帝国未来的盛衰，于是谢顿建立了两个基地，秘密为帝国崩溃和重建做准备——他要让中间这段黑暗时期从三万年缩短为一千年。史诗般的故事，结构宏大，气象万千，是吉本《罗马帝国衰亡史》触发了阿西莫夫的灵感，让一部帝国盛衰史在银河系遥远未来的时空中全新搬演。

但是，也有人认为，《基地》是一部科学主义的作品。阿西莫夫自己也曾表示，写《基地》是要歌颂科学。对此你如

---

* 《基地》（系列科幻小说，包括《基地前奏》上下、《迈向基地》上下、《基地》、《基地与帝国》、《第二基地》、《基地边缘》上下、《基地与地球》上下），[美] 艾萨克·阿西莫夫著，叶李华译，天地出版社，2005年1月第1版，定价：215元（全11册）。

《基地》：一曲科学主义的赞歌吗？（上）

何看？

■ 实际上，我看的科幻小说比较少，也不是特别地对科幻小说有感觉，而且，以前在看阿西莫夫的科普作品时，虽然觉得写得很不错，但在与伽莫夫的作品相比较时，还是觉得略逊一筹。我这样说，希望不会引起众多"阿迷"们的不满，但毕竟人群中还是可以有不同的欣赏品味吧，这也可以算作一种多元性。不过，这次看阿西莫夫的《基地》，还是能够体会到阿西莫夫惊人的想象力。在这部恢宏的作品中，阿西莫夫确实展现了一个杰出的科幻作家才能。

但是，展示作为作家的才能是一回事，而在作品背后作者的理念却是另一回事。对于你问的问题，我觉得自己的答案是明确的：《基地》确实是一部非常典型的科学主义作品。这是一个整体的判断，要说到细节，当然还有许多可以分析的地方，也可以找到诸多与科学主义相反的具有某种人文色彩之处。不过整体说来，我认为它的基调仍然是科学主义的。这尤其反映在该作品最基础的创意中。作为贯穿整个作品，或是详细讲述，或是以其为叙述的主线，或是作为一个神话般的背景，如此等等，那个谢顿及其他所创立的"心理史学"，以及阿西莫夫对于作为叙述基调的"心理史学"的描述和写作的依赖，都突出地表现出了这一点。因为按照他所设想的"心理史学"，未来的历史，是完全可以按照"科学"（在这里具体地讲是阿西莫夫在他那个时代用幻想来提升了其地位的"心理科学"）的计算而得出的。换言之，也即历史背后是存在着强"规律"的——尽管那种规律背后表现出一种统计特征，可是，量子力学不也具有类似的特征吗？

□ 阿西莫夫开始写作《基地》"正传"，好像比 C. P. 斯诺在剑桥做"两种文化"的演讲还要早，那时的科学主义，是不是还比较"进步"？而在四部"续篇"和四部"前传"中，我感到科学主义的色彩已经淡了许多，这应该可以理解为阿西莫夫在这些问题上也不无与时俱进之处？

况且，即使在三部"正传"中，也有一些在今天看来可以是颇有讽刺意味的情节。比如，基地在对付"四王国"时，将科学技术搞成一种新的宗教，最终控制了"四王国"的上层，这"四王国"后来成为基地最忠诚、最可靠的根据地。对此，如果从极端科学主义的立场出发，你也许可以理解为"科学就是应该成为一种宗教"；然而，今天又有谁会公然这样认为呢？那么，这难道不可以看成是对今天许多人忧心忡忡地认为"科学正在变成一种新宗教"的讽刺和预警吗？

■ 我说阿西莫夫的《基地》，特别是讲其中作为理论基础的"心理史学"的科学主义特征，只是一个中性的论述，并不是想脱离历史而拔高或贬低什么。但是，即使中性地说，在今天，我们仍然还是可以做出这个判断的。因为虽然阿西莫夫写作《基地》开始的时间甚早，但仍然不能说他在书中体现的那种观念在今天就已经绝迹了，而且，在一些人当中，在一些场合下，在一些环境中，科学主义远远没有绝迹。你也是搞历史的，你能相信历史背后会有那样一种可以用数学计算出来的规律吗？

《基地》：一曲科学主义的赞歌吗？（上）

如果说阿西莫夫的小说中，科学在特定的情形下被当作一种宗教，那也还只是出于计谋、为了服务于其他目的的一种策略。不过，今天虽然极少会有人公然地把科学当作宗教，但在实际生活中，如果我们从不加怀疑的信仰、不加质疑的迷信的意义上来说，在一部分人那里，科学与宗教的差别真的很大吗？所以，尽管有你所说的来自阿西莫夫的"预警"，可现实却远远不是那样的理想。

□　即使我们承认阿西莫夫基本上是一个科学主义者（他后来突然停止科幻作品的写作，转向科普写作，也可以视为在科学主义思想指导下的一种行动），但是从全部的《基地》小说来看，我觉得他还是一个宽容的、有分寸的、让人可以接受的科学主义者，至少我很能够接受《基地》。阿西莫夫并不僵化，也绝不缺乏想象力——笑话，一个成功的科幻作家怎么可能缺乏想象力呢？而那些僵化的科学主义者的思想特征之一就是缺乏想象力，而且还不能容忍别人表现出来的想象力。

例如，对于一些介于科学与伪科学之间的学说和遐想，比如将地球这样的行星整体视为一个生物体的"盖娅"学说、认为月球是一个中空的巨型宇宙飞船（里面住着高等智慧生物）的猜想等，阿西莫夫也都兼收并蓄，融入《基地》之中。这至少也表现出他对别人想象力的容忍和欣赏吧？

■　我同意你的说法。因此，说阿西莫夫是一个科学主义者，更多是在学理层面的分析，而且，对于一个科幻小说作家来说，要想成为一个极端的科学主义者，那必将会损害到其作品，因为这与想象力是有不相容之处的。确如你所讲，即便如此，他也是一个可接受、可理解的科学主义者。其实，对于科幻小说的读者来说，更关心的，也许反而是小说好看与否，而在这一点上，阿西莫夫应该是一个成功的"好看主义者"吧，否则怎么会有那么多的"阿迷"呢。

原载 2005 年 9 月 2 日《文汇读书周报》

《基地》：一曲科学主义的赞歌吗？（下）

——关于科幻小说《基地》

□ 江晓原　　■ 刘　兵

□ 上次我们谈《基地》，还有许多未尽之义，需要再谈。《基地》给作者阿西莫夫带来了意想不到的声誉和财富，但他却在1957年戛然而止了科幻小说的写作，转入科普作品。但是，他的那些科幻小说读者和出版商仍不放过他，一直要求他将《基地》系列继续写下去，20多年之后，阿西莫夫终于再作冯妇，又写了《基地》的"续篇"和"前传"，结果甚至比当年的"正传"更加畅销。2001年"9·11"恐怖袭击之后，因为"基地"组织的名称和运作可能受到《基地》小说启发的传言，《基地》小说再次引人注目。

■ 过去甚至现在还有许多人，将科幻的功能归于科普，这显然是一种严重的误解，既害了科幻，也害了科普。当我们阅读阿西莫夫的《基地》时，会有阅读科普的感觉吗？能够想象《基地》会达到传统中科普所设定的目标吗？显然不能。这不也再一次证明了，虽然与"科学"相关，但科幻的真正功能，恐怕还是在于扩展人们的想象力，在于可以带给人们快乐。阿西莫夫的作品就是这样的。

科学的幻想与历史建构

□ 在《基地》中,我们还可以看到许多西方文化中古老传统的表现。比如,"先知"是西方文化中反复出现至今仍然富有生命力的主题,连《黑客帝国》这样的幻想未来世界的电影中都有先知(那个黑人老太太),《基地》中的先知当然就是"心理史学"的发明者谢顿。他预测并进而设计了银河帝国在他身后的历史发展,被当基地面临重大抉择时,谢顿就会"显灵",出来指点迷津,并坚定众人的信心。当然,作为一个科学主义者,阿西莫夫不能容忍"显灵"这样的场景,所以他将此事想象成谢顿生前录制好的三维录像的自动计时播放。这倒有些像小说《三国演义》中诸葛亮临终留下的那些锦囊,每到危急时刻就拆开一个,其中必有妙计。不过谢顿的录像自动计时播放玄得多——这需要精确计算长时段中基地各个危机到来的准确时刻!即使是主张"历史有规律而且已经被发现"最有力的学说,也没有如此激进的想象力。

■ 正因为如此,所以我们才说能够通过计算精确地预见未来的"心理史学"带有科学主义的特色。虽然,这样严格地把故事讲下去,就会不那么好玩,于是,像"骡"这样的能够给规律带来破坏的"变异种"就出现了,可是,在阿西莫夫的努力下,对规律的偏离毕竟最终还是要通过第二基地的"心理学家"而被纠正。像这样的历史观,恰恰与更是人文化的历史学科的一般知识相左。

此外,《基地》倒是体现了这样的观念,即虽然"第一基地"的科学与技术,或者说,是那些我们现在经济称为主流的科学和技术异常发达,但似乎仅靠这些能够造出飞船、核铳、

《基地》：一曲科学主义的赞歌吗？（下）

屏蔽装置等先进装置的知识，却并不能够就使"第一基地"主导"银河系"的未来发展，甚至不能保证自己的领土不沦陷。为此，阿西莫夫才设想出了要"软"一些的以心理学为基础的"第二基地"，并赋予"第二基地"以不可取代的重任。而"第一基地"的那些科学家们，却只能在并不知道未来发展具体规律的情况下随机盲目地行事，才能保证发展沿着谢顿设计的方向进行。这其中不是隐含着一些与科学主义相关的深刻的悖论吗？

□ 恰恰是在这种地方，使我觉得阿西莫夫不是那么科学主义的。《基地》中那些"第二基地"的高手，可以轻易洞悉别人的思想，改变别人的思想，这样的设想，即使是今天的科学理论也还完全无法容纳。

在《基地》的"续篇"中，另一个主题占据了中心地位，即寻找地球。按照小说中的故事情节，那时人类已经遍布整个银河系，但是人类最初的发源地是哪个星球？它在何处？时间已经过去了千万年，这些问题都已经扑朔迷离，没有答案了。"地球"已经成为一个古老的传说。所以基地派出的寻找地球的特使，历尽艰辛，才找到了地球——那时的地球已经是一颗因人类无法居住而被的废弃了的死寂行星。

但是，以我们今天所能掌握的科学技术来推想，要将人类文明的历史记载保存一万年两万年，似乎也不是什么难事。阿西莫夫居然让人类早期文明史（掌握"超空间飞行"——实际上就是时空旅行——的能力之前）轻易湮灭，未免有点不太"科学"了。当然，他是为了编故事。

科学的幻想与历史建构

■ 不然。"超空间飞行"并不一定就是时空旅行吧，而且我们到今天也还没有拥有这样的技术，因此，阿西莫夫让地球文明在此之前就湮灭，难道不可以理解为他已经感觉到地球上的人类正不断在以加速的方式毁灭着自己赖以生存的星球吗？就此来说，反而不是那么科学主义了。

□ 在《基地》的"续篇"里，那位寻找地球的特使满银河系的乱跑，每每要进行"超空间飞行"，因此阿西莫夫对此有了较多的描述，从这些描述中看，"超空间飞行"是超光速的，是一种空间的"跃迁"，那它恐怕只能是时空旅行。

只有具备了"超空间飞行"的能力，人类才可以去使用别的可居住行星上的资源，而且可以像当年古希腊诸城邦在地中海沿岸建立的一系列城邦一样，逐渐殖民于整个银河系。当然这也有个前提，就是这种殖民不能遇到更强、更先进的敌对文明。《基地》在这个问题上则显然持乐观态度，在《基地》的故事中，人类早已经实现了"超空间飞行"，也早已经将自己的殖民地遍布整个银河了。

■ 可是，银河系中还有那么那么多可以让生命存在的星球，对此，至少就我们今天的知识而言，恐怕远不那么现实。在不远的将来，地球如果被人类糟蹋得不再适宜生存（从今天的现状，我们要想象这点倒并不困难，而且不一定需要科幻小说家的才能），姑且不说移民到其他星球的技术可能性，是否能有那样的星球也是问题呢。

再说，如果在我们熟练掌握这一能力之前，地球的资源已

《基地》：一曲科学主义的赞歌吗？（下）

经耗竭，那人类文明就无法延续下去了。在这里，站在地球的立场，我们不是又可以间接看到西方科幻小说普遍的悲观色彩了吗？

《基地》(系列科幻小说，包括《基地前奏》上下、《迈向基地》上下、《基地》、《基地与帝国》、《第二基地》、《基地边缘》上下、《基地与地球》上下)，[美]艾萨克·阿西莫夫著，叶李华译，天地出版社，2005年1月第1版，定价：215元（全11册）。

原载 2005 年 9 月 30 日《文汇读书周报》

莱姆到底想说什么?
——关于小说《索拉里斯星》*

□ 江晓原　　■ 刘　兵

□ 商务印书馆如今居然也出科幻小说了,而且已经出了两种。这部《索拉里斯星》(*Solaris*),1960年问世之后,就被认为是科幻小说中的经典作品。

不过老实说,这是一部很难看明白的小说。1972年,苏联导演塔尔柯夫斯基将小说搬上银幕,同名电影《索拉里斯星》也成了科幻电影的经典作品。影片非常尊重小说原著,在情节上几乎亦步亦趋。2002年史蒂文·索德伯格再次拍摄同名电影。但他宣称,新的《索拉里斯星》将是"《2001太空奥德赛》与《巴黎最后的探戈》的混合物"。

我第一次接触《索拉里斯星》是看2002年的美国版电影,完全没有看懂。一年后我又看了第二遍。不久我阅读了莱姆的小说,接着看了苏联版的电影,之后第三次看了美国版的电影。总的感觉,有点像梁启超谈李商隐无题诗"不理解,但只觉其美",看《索拉里斯星》也是不理解,但只觉其迷人。

■ 听你这样一说,我倒是非常想尽早找来那部根据这本小说改编的电影了。说实在的,与你对科幻的热情相比,我对

---

* 《索拉里斯星》,[波兰]斯坦尼斯拉夫·莱姆著,陈春文译,商务印书馆,2005年10月第1版,定价:20元。

莱姆到底想说什么？

科幻小说相对不是那么关注，只看过有限的几部，通常是感觉一般。而且，这也是我第一次接触甚至听说莱姆这位（按照该书中译本的介绍）"20世纪欧洲最优秀的作家"。

不过，出乎我意料的是，我居然非常喜欢这部作品，觉得是目前我读过的科幻作品（当然我是将克莱顿等作家的小说列在科幻作品之外的）中，最为我所欣赏的一部。也许，这从一个方面印证了科幻作品确实更属于文学的范畴，因为，对一部文学作品的欣赏与否，经常是与阅读者个人的品味密切相关的。

坦率地讲，我也承认，我觉得即使在我曾阅读过的有限的科幻作品中，《索拉里斯星》也是非常独特，或者说非常特殊的，它虽然也有着吸引人的情节和悬念，但更为突出的，是作者超常的想象力和写作中体现出来的哲学风格。比如说，这部问世于20世纪60年代的科学小说中作为核心构想和叙述对象的"大洋"，就让我联想起克莱顿在其《猎物》中构想的由纳米微粒集体构成的"纳米集群"。你觉得呢？

□ 和《猎物》中的"纳米集群"相比，索拉里斯星上的大洋还要智能得多。这颗行星自身就是一个巨大的智能生物——有点像阿西莫夫科幻小说《基地》中的盖娅星球，索拉里斯星表面那变幻莫测的大洋，似有超乎地球人类想象的能力，它可以让空间站成员记忆中的景象化为真实——到底什么是真实，至此也说不清了。

1972年，苏联导演塔尔柯夫斯基将小说搬上银幕，同名电影《索拉里斯星》也成了科幻电影的经典作品。影片非常尊重小说原著，在情节上亦步亦趋，但是很多人感到影片极为冗长沉闷，我也有同感。2002年史蒂文·索德伯格再次拍摄同名电影。按照索德伯格的说法，索拉里斯星"可以是一个关于上帝的隐喻"。我觉得这个说法虽然有点玄，却是可以成立的。而且，从故事情节看，这个隐喻意义上的"上帝"（大洋或整个索拉里斯星），心肠是相当仁慈的，它从不主动攻击人类，即使受到人类攻击也不报复，而只是向人类显示它极其强大的能力，比如可以让人类梦境中的情景变成真实。和这个安静、深沉、宽厚而无所不能的"上帝"相比，人类显得自私、偏狭、怯懦、急躁……

■ 我们把它理解为"关于上帝的隐喻"倒也并非不可以。我觉得，这部小说最重要的，是明示了这样一个论点，即如果一切都以我们地球上的事为标准，都以地球人根据地球上的事物来衡量，比如说对于何为生命的理解，那么，会是视野极为狭窄而且问题多多的。

从表面上看，此书在情节上也许并不是很复杂，除了个别的地方，大多数情节甚至不算生动，书中充斥着大段大段独白、回忆、思考、评论、议论等，带有很浓的哲学味道，但我以为，与我们通常见到的那些科幻小说相比，此书作者的想象力要丰富得多，而且，是将这种想象力置于哲学的思考之中的。

在有关地球上的许多问题，有许多争议，我们中一些人也会相应地倡导像多元性这样的观点，但那还只是限于地球上的多样性，此书，实际上以更为丰富的想象力，向我们提出，其实地球上的所谓多元性又是颇有局限的，当我们真正放开思路，对于何为生命、何为实在、何为智能、何为存在，以及相

莱姆到底想说什么？

应地，何为意义等深层次的问题，提供了超出地球标准之外的更为不可思议的多元性的可能。

这是我读此书的一个感触很深的感想。

□ 这一点我也深有同感。比如，小说中在空间站出现的那些神秘的"访客"，人类如何看待他们，又如何对待他们？凯尔文博士一开始是恐惧——处在科学主义"缺省配置"中的人骤然面对科学理论无法解释的事物时往往如此，所以他将他的访客——他已经去世多年的妻子芮雅——骗进一个小型火箭中，将她发射到太空中去了。这有点像不愿意杀生的人，见到虫子就设法将它赶到窗外，至于虫子在窗外会不会冻死饿死就不管了。尽管当芮雅再次来到他身边时，他改变了态度——毕竟他心里还是爱着芮雅。他想和芮雅一起回地球去，如果不能一起回去，那么一起在空间站他也愿意。但是他的同事们却不这样看，他们强调芮雅之类的访客"不是人类"，并对这些访客表现出了恐惧和仇视。这些情节可以启发我们思考这样一个问题：如果人类自认对一切非人生物具有绝对权力，那么如果有比人类更强大的外星生物也照此逻辑行事，要对人类生杀予夺，作为人类，该怎么办？难道你能说："（怨就怨）谁叫你不幸生在地球？"

■ 如果说到科学主义和人类中心的话，那你提到的，可能也只是地球牌号的科学主义，以及地球牌号的人类中心主义。其实，在我们的思维中，经常会有一种定式，即将自己所了解所认为正确的东西，外推到各种场合。其实，这是一种典型的一元论观念，它阻碍着人们对于与自己的认识和理解有所不同的东西予以接受、承认,更不用说珍视其价值了。在多元的立场上,则会对那种狭隘的、以自我(扩大者为人类,或者说地球上的人类)为中心的束缚有所突破,才能不仅承认其存在,并且能够认可其价值。

在《索拉里斯星》中,作者利用想象的力量,为我们提供了一个很极端的事例。其实,我们在地球上的科学主义本来基础并不牢靠,因为它所依据的"科学",并不像有些人认为的那样完美。比如,关于什么是生命,什么是人类等,本来就没有给出完全令人满意的回答,更不用说像情感(它又与前面提到的对人类规定的理解密切相关)等超出科学的因素了。

因而,我想,书中的主人公,似乎代表作者的某种立场,他以"科学"的态度用可能的知识在分析着面对的问题(包括"存在"这一既是科学又不是科学的问题),同时,又具有着一种宽容的人文的情怀,正因为如此,他才会做出他的最后选择。

是不是生在地球上,由不得你自己决定,但在思想的自由上,是否可以突破地球(其实这里地球也不妨被看作是一种象征和隐喻)的局限,那就取决于你自己了。至少,《索拉里斯星》的作者在幻想中,达到了这种境地。

原载 2006 年 2 月 10 日《文汇读书周报》

克隆：还想扮演上帝的上帝吗？

——《南腔北调》专栏5周年

□ 江晓原　　■ 刘　兵

□ 先看看下面这一段，描写美国总统克林顿和布什的交接班：

两人礼节性地握了握手……（克林顿）交代了发射原子弹的密码、设备的工作状态，还有几份总统才能过目的国防高度机密情报。……又向四周最后环视一圈，转身朝大门走去。他走出两三步，突然回转身来，再次打开皮箱，不动声色地说："啊，对了，事实上，我们克隆了耶稣。"

这就是法国人迪迪埃·范考韦拉特的畅销科幻小说《克隆救世主》*开头的场景。这部小说已经荣获诸多奖项，在法国引起轰动。

小说所依据的"学理"，或者说科学根据，就是今天的克隆技术。克隆生命既已成为现实，我们为何不能为人类克隆一个救世主？而救世主的基因也不难找到，都灵教堂中那块著名的"耶稣裹尸布"上就有耶稣的血迹——当然，那块布究竟是不是真正的"耶稣裹尸布"，学术界一直是有争论的，不过写小说就不用顾虑太多了。至于救世主，和我们从小就在"从来就没有救世主"的唯物主义教育下长大不同，这在西方是一个

---

* 《克隆救世主》，[法] 迪迪埃·范考韦拉特著，王莉译，《译林》双月刊，2007年第4期。

科学的幻想与历史建构

深入人心的概念，也是西方文学艺术中常见的主题之一。

■ 看到这本小说，可以联想到另外两本小说，一本是克莱顿的《侏罗纪公园》，其中设想利用存储在琥珀中吸了恐龙血的蚊子体内的恐龙的 DNA 复制了恐龙，并讲述了因此带来的一系列不可控制的后果；另一本，是丹布朗的《天使与魔鬼》，其中，科学与宗教的关系和冲突是重要的线索。

不过，比起上面提到的那两本主题和线索相对清晰明确的小说来，这本《克隆救世主》所包括的内容和提出的问题要复杂得多，远不是用一两句话就可以总结清楚的。我在《译林》杂志首发的这篇小说的中译本后面，还看到有一篇评论文章，就觉得那篇评论写得很不得要领，把相当复杂的问题过度简单化了。当然，这里面确实也包括了科学与宗教的冲突，包括了科学应用可能带来的问题，包括了科学研究的作伪，包括了用科学的方式来理解和认识宗教及相关问题的困难，也包括了宗教自身的许多问题，如目前的某些困境等。（当然，对于特定的阅读中译本的读者，还会再加上我们长期以来无神论教育的文化背景影响。）但对于这些复杂的问题，作者同样没有给出自己明确的答案，而是把问题放在错综复杂的故事情节中以暗示的方式来提醒读者。

对于以这样的方式来看这本小说，以及对于这些问题，你是怎么看的呢？

□ 对于那篇评论，我也有同感。作者以通常的文学评论思路来看待这部小说，当然难免落入关于科学与宗教关系的老生常谈之中，甚至不得不以空洞的感叹来填充篇幅。在这篇评

克隆：还想扮演上帝的上帝吗？

论中，可以清楚地看到你所说的"我们长期以来无神论教育的文化背景的影响"，例如"人类曾经需要宗教，但现在已不再需要它"之类的话，就显得幼稚武断——人类中有一部分迄今仍然信仰着各种宗教，作者有什么权力代他们断定"现在已不再需要"宗教了呢？在我们中国，宗教信仰也是合法的嘛。

你对另两部小说的联想，和我最初的联想完全相同。我感到，迪迪埃·范考韦拉特其实就是想用类似《侏罗纪公园》的"故事平台"，来讨论类似《天使与魔鬼》的主题。但是，从克隆恐龙到克隆救世主，是想象力的一个巨大飞跃，这个"故事平台"远比《侏罗纪公园》来得惊心动魄，而且可以容纳远比《侏罗纪公园》多得多的文化内涵，确实是一个天才的想法。从编故事的角度来说，也提供了远比《侏罗纪公园》更为宽广的空间。

■ 确实如此。如果说仅仅是一般的克隆人，虽然那也还有来自宗教上的阻力，但如果把克隆这种高新科学技术的手段用于克隆耶稣，就将科学与宗教之间微妙的冲突大大激化和提升了。而这一点恰恰是这本小说在创意上最绝之处。从而，就自然而然地引出了一系列尖锐的问题，像"神性"是否可遗传、可培养，应以什么方式来培养，"神迹"是否可能，如此等等。以"神迹"为例，其存在的前提，就是与现有科学规律和理解认识不符，否则就不成为"神迹"了。在小说中，作者虽然也描述了一些因"作伪"而被识破揭穿的"神迹"，但又留下了不少伏笔，似乎并未彻底否定其存在的可能。正是以这样的方式，作者才在科学和宗教的差异之间，保持了一种微妙的张力而没有明显地偏向哪一方。

科学的幻想与历史建构

以这样的方式，我觉得，此中小说的意义，与其说在于为读者提供了有关某些问题的答案，倒不如说是在于向读者提出了更多需要更深刻地思考问题，并且将科学和宗教之间的根本性差异更鲜明地展示出来。

□ 这使我想起一个类比，即人们经常会提起这样的问题：科学与艺术能不能相通？类似的，我们也可以问：科学与宗教能不能相通？从技术性的层面上来说，当然可以找到相通之处，比如艺术表现手法中要用到科学的工具或方法，或者神学论证中的逻辑推理在科学中也同样需要之类。但是从最根本假设上来看，科学与宗教是无法相通的。

因为科学假设了有一个纯粹客观的外部世界的存在，这个外部世界是"不以人的意志为转移的"，而且这个外部世界是有客观规律的，而且它的规律是可以被我们认识的，这些规律可以通过实验、观测等手段去逐渐发现，并且用数学工具进行描述的——科学活动就是寻求这些规律。而宗教不可能接受这样的假设。"神迹"就是对这种假设的直接否定。在宗教的假设中，外部世界既可以因为神（上帝、救世主、耶稣）的意志而改变，也可以因为人的祈祷、信念等（借助神来）改变。

现在我们再回过头来看《克隆救世主》的故事，就会发现作者不怀好意地让这两种假设直接冲突起来——克隆出一个救世主，是一项纯粹的科学活动的结果，但是这个救世主却可以行神迹，那岂不就是说，科学活动的结果，可以摧毁科学的客观性假设？作者既然已经成功地达到了"挑动科学斗宗教"的结果，他自己当然就可以"全身而退"，用不着再明确表示什么立场了。

克隆：还想扮演上帝的上帝吗？

■　从出发点上来看，作者似乎是有这种成心制造出一种极端冲突的"理想实验"的嫌疑。但这又仅仅是一个出发点，顺着这个线索发展下去，问题就复杂了。你上面分析的科学与宗教的不可相通是有道理的，用科学哲学的术语来说，也即类似所谓的"范式"的不可通约性。但实际上，不可通约的又岂止是科学和宗教呢？就在狭义的科学发展过程中，不同阶段的科学"范式"不也具有不可通约性吗？科学与艺术，也是如此。以此方式类推，我们还可以找到更多的人类文化间的不可通约。但这些东西又确确实实地存在着或曾经存在过。对此，我们可以采纳的一种可能的立场，就是直面、承认这种文化多元性的现实，而不是人为地以某种先入之见而要努力消灭那些与己所好的文化有所不同的文化。

科学和宗教，就是典型的例子。

原载 2007 年 9 月 7 日《文汇读书周报》

我们能够有一个永远的家园吗?

——从《没有我们的世界》*谈起

□ 江晓原　■ 刘　兵

□ 刘兵兄,我们两人最近分别在上海、北京与本书作者艾伦·韦斯曼直接交往过了,这也算一段小小缘分吧。这本《没有我们的世界》,虽然说成"当代最伟大的思想实验"有点言过其实,但至少思路还是很有新意的——假想人类突然消亡之后,地球会是什么样的光景。

人类在短时间内"突然消失"和逐渐衰亡并不一样——考虑"突然消失"才更具戏剧性,作为思想实验来说也更具冲击力。从现今的情况来看,在可见的将来,人类突然消失似乎是不可能的,但是韦斯曼认为,"建构一个论点,倒也不是全然没有可能"。他想到的可能包括:某种致命病毒的传播导致人类全体灭亡(这在玛格丽特·阿特武德的小说《羚羊与秧鸡》中已经想象过了),或者是人类丧失了生育能力,只有死亡没有出生,由此逐渐"将这个星球还原成伊甸园的模样"[这在影片《人类之子》(*Children of Men*, 2006)中也已经想象过了,只是远非韦斯曼所想象的那样安静祥和]。韦斯曼甚至还想象了"耶稣或者外星人将我们带走"之类的可能。

---

* 《没有我们的世界》,[美]艾伦·韦斯曼著,赵舒京译,上海科学技术文献出版社,2007年9月第1版,定价:38元。

我们能够有一个永远的家园吗？

■ 在我和韦斯曼做电视谈话节目的交流中，我倒是觉得，他一直在淡化这个"突然消失"的原因问题，尽管在其对人类消失后的场景，以及在超出人类消失后场景的其他相关叙述中，人类自身的所作所为可能会是人类消失的重要原因，这个旋律一直存在在于背景中。

但这样一来，正像作者所说的，他就可以以更平和的方式，而不是以直接讨论人类消失——他认为那会让读者过于不舒服——的方式来讨论他想要讨论的问题。如果单纯从情节上看，他对于人类消失之后的种种影像甚至描述得过于细碎，当然，那也会对一部分读者有吸引力，不过我还是觉得，他仍然是试图把人类突然消失的原因隐藏在直接讲述背后。这其实倒也是一种不错的叙述方式。

□ 我在上海图书馆和韦斯曼一起面对听众讨论时，他总是将重点放到"人类怎样才能可持续发展"方面，有时甚至有点"布道"光景。其实本书中主要篇幅所讨论的内容，并不是我们人类今天"应该怎么办"，而是人类推出之后"大自然会怎么办"。

韦斯曼依据什么来推测人类突然消失后的地球状况呢？他倒是相当实证，他主要依据对地球上现今还能找到的某些地区的考察，这些地区或者是人类尚未大举入侵的，或是人类活动因为战争等停止了相当长一段时间的。后者看起来更具说服力。比如塞浦路斯东岸的旅游胜地瓦罗沙，因为战争而荒废了两年，结果街道上的沥青已经裂开，从中长出野草不说，连原先用作景观植物的澳大利亚金合欢树，也在街道中间长到一米高了……

科学的幻想与历史建构

■ 你刚刚说的，正是我的感受，与韦斯曼的交流，也支持了这种感受。即真正在人类消失后自然怎么办，只是一种叙述形式，更深层的则是以没有人类之后自然的演变为背景，影射人类当前的所作所为及不当之处，这才是他所想要做的事。

由此说来，他这样做的，还是比较成功的。在一些有趣的描述和设想中，让人有思想实验的感觉，看到人类遗迹在人们身后的存在和变化。但从另一个方面看，他对于改变人类当下行为的重点和策略，却略显朴素。例如说，他只突出地强调人口控制问题等。这也与他不断强调自己只是一个新闻工作者，只是把别人的观点汇集起来一样。不过，毕竟没有纯粹中性的叙述，他还是在叙述的背后充分地体现了其倾向。

值得在此一提的是，当我在谈话中明确直接地问他，与人类当下作为相关的科学技术是否有发展过快的问题时，他是明确地给出了肯定的回答的。

□ 真的太巧了——我也问过他同样的问题，他也是给了明确而肯定的回答。

站在地球的立场上看，总体来说人类的退出不失为福音。而且在人类退出之后，大自然"收复失地"的能力之强，速度之快，都超出了我们通常的想象。但是，还有一些人类活动，已经给地球种下了祸根，人类目前是依靠自己的持续活动来保持灾祸不发作，一旦人类离去，灾祸就无可避免——最典型的就是核电站。人类天天严密看管着它们，还不免有恶性事故（比如切尔诺贝利核电站的泄漏事故）发生，一旦失去人类的

我们能够有一个永远的家园吗？

管理，那些核反应堆和核废料，至少在此后几千年中，"都将成为创造它的智慧生物和靠近它的无辜动物的墓碑"。

看来，不管人类灭不灭亡，伊甸园已经毁在我们手里了。按照这样的推论，就是站在地球的立场上，也不得不祈祷人类还是别退出吧。

韦斯曼在上海时说，人类文明终归有灭亡的一天。不过按照人之常情，我们总是希望人类文明能够长期持续下去，并且发展得越来越先进。也许文明的发展前景无穷，但地球和太阳系的寿命有限。地球对人类来说就像一处住宅，房子不可能亿万斯年地使用下去，终有被废弃的一日，我们必须在房子坍塌毁弃之前，完成两件事情：1.找到另一处房子（即寻找类地行星）；2.将家搬过去（即掌握大规模的恒星际航行迁徙能力）。当然，如果在此之前人类已经因为自己的愚蠢而灭亡，那倒就省事了。

■ 说到环保，说到此书作者总在提到可持续发展，我想，这本书是有它不可替代的积极意义的。但我们恐怕也不可对此估计过高。我在和作者谈话的电视节目拍摄时，我曾提出一个说法，即这本书其实是要给道德水准很高的人看的，因为，那些道德水准不高，一心只顾当下、只顾自己的人，怎么会有兴趣关注人类消失之后的地球？那岂不是与自己、与人类没任何关系吗？在这种意义上，我们甚至也可以说，此书也更适合于那些赞同非人类中心主义环境伦理观的人阅读。非人类中心主义的观念，在我们这里还经常会受到质疑乃至批判，不过，反过来，这也正说明了其重要意义。否则，我们恐怕就只能是加速走向一个没有人类的未来。

科学的幻想与历史建构

　　让人类搬出地球生存,虽然理论上并非不可能,但在可预见的未来,这种可能性毕竟不大。而且,即使这种可能性变成了现实,也未必能根本改变人类的状况——因为照现在的发展逻辑,那未来人类将要搬去的星球的命运,也不会比地球好多少。

　　原载 2008 年 1 月 4 日《文汇读书周报》

宇宙尺度下的资源争夺与发展策略
——从科幻小说《三体》*出发进行思考

□ 江晓原　■ 刘　兵

□ 我现在看科幻小说和电影，都已经戴上"有色眼镜"了——首先看作品的思想价值。具体来说，我一是看作品是否提出了有价值的问题，二是看依据作品所构造的故事，能否从中发展出有价值的问题。至于科幻小说和电影的文学手法、艺术表现之类，在我看来是第二位的。当然我知道这只是我个人的偏好，未必有普遍意义。毕竟，一部小说或电影如果没有足够好的文学艺术水准，归根结底是无法吸引观众的。

刘慈欣的长篇科幻小说《三体》，以前在《科幻世界》杂志上连载时，我就看过一些片段，这次小说单行本出版，我就从头开始看，结果很快就被吸引，一口气看完了。既然它能够吸引我一口气看完，足见在文学上也已经达到很好的效果。小说的文学水准不是我关心的问题，但是透过我的"有色眼镜"，我认为《三体》在思想层面具有更高的价值。尽管我可能与作者在思想观念方面并不一致——2007年8月我们已经在成都"交锋"过一次，但我必须承认，《三体》在思想的深度和力度上都是非常出色的。

这部小说你也很快就看完了，能不能先听听你的感受？

---

* 《三体》("地球往事"三部曲之一)，刘慈欣著，重庆出版社，2008年1月第1版，定价：23元。

科学的幻想与历史建构

■ 说来惭愧，不像你那样热心科幻，这还是我第一次看刘慈欣的科幻小说。而且，在以往，我看那些涉及科学问题的国外通俗畅销文学（比如像克莱顿、丹·布朗等人的作品）要更多些，而对比较严格意义上的科幻小说——可能是源于某种在过去的阅读经历中形成的心理——一直没有太大的兴趣。但近来，看到国内一些热门的科幻作家的书，发现还是很可读，而且很有一些思想性和启发性的，比如说之前我们曾谈过王晋康的《蚁生》，以及这次刘慈欣的《三体》。

这本《三体》，我也差不多是一口气读完的。关于其思想的深度和力度问题，我们可以在后面再展开讨论，这里先说一下一般性的感受吧。我觉得，作为科幻小说，《三体》在构思的大胆、新奇程度上，可以说是相当令人拍案叫绝的。而且，在故事的展开中，体现出了特殊的中国背景和中国特色，是很值得赞赏的写法。在颇具可读性的情节背后，对于一些科学前沿知识和问题的科幻式利用，以及对于外星文明这一科幻传统主题在联系到地球上科学技术及其哲学争论的结合与拓展，都是让人印象深刻的出彩之处。要对它进行思想性方面的分析讨论，这些作为科幻要素的前提，显然是不可忽略的。

□ 我觉得，《三体》中的故事可以引发若干个非常深刻的问题，这里我们不妨先讨论其中的一个。

在小说中，因为三颗恒星的运动（三体运动）是难以预测的，它们已经吞噬了12颗行星中的11颗，所以文明多次发展起来，又多次中途灭亡。当故事开始时，"三体文明"虽然已经发展到明显超过地球文明的程度，但是资源濒临耗竭，而且承载着文明的最后一颗行星随时都有被吞噬的危险。此时，几

宇宙尺度下的资源争夺与发展策略

乎是走投无路的"三体文明",因为一个偶然的机会,发现了4光年之外的太阳系和地球文明。我们这个只有一颗恒星的太阳系是稳定的,可以让文明长期持续,这对"三体文明"来说是无法抗拒的诱惑。于是"三体文明"决定孤注一掷,倾全力远征地球,夺取整个太阳系。

一个高级文明,因为资源濒临耗竭,环境行将崩溃,急于寻找出路,于是决定用武力侵略邻邦,夺取"生存空间"(当年希特勒的措辞)。这样一个故事,完全可以缩小空间尺度而平移的地球上来。事实上,今天地球上的发达国家正在对欠发达国家扮演着"三体文明"的角色——不同的只是,他们不是用小说《三体》中的1000艘太空战舰,而是用全球化背景下的经济手段。经济手段当然比武力征服要人道些,温柔些,但夺取资源和夺取生存空间的实质是一样的。

面对"三体文明"的这种侵略,地球文明将如何应对呢?或者转换一下问题:面对发达国家的资源争夺战,欠发达国家将如何应对呢?

■ 确实,从这本小说出发,可以引申出许多话题来讨论。你说的第三世界面对发达国家的资源争夺,对策其实也还可以有许多种,也还不至于一定就是令人绝望的结局。不过,我倒是想在这里先顺着你的问题再延伸一下吧。我觉得,在这里面,是有一些深层的东西在背后隐藏着的。例如,这里假设着,即使是像"三体文明"这样的外星文明,其生命(如果可以这样讲的话)的本性,也同地球上的人是一样的,也奉行一种弱肉强食的逻辑。而且,在"三体文明"那样一种专制的社会中,可以发展出更高级的科学技术手段,而且那样的社会制度反而是更有效率的发展环境。不过，显然这样的社会制度是非人性的。那么，当面对这样强大的外星非人性的文明入侵威胁时，地球人应该怎么办。甚至外星人都已经想到要先抑制地球上科学技术的发展并诉诸相应的阴谋措施。这似乎是提出了一个两难的困境。也正像你在本次对谈的标题中所预示的，那只是把地球上曾经出现和正在出现的资源争夺放大到宇宙尺度而已。

其实，仅仅面对地球在制度上的不公正（包括像全球化所带来的严重的现实与潜在后果），面对地球人在意识上（包括在如何对待科学技术及其应用方面）存在的问题，就已经够我们疲于应付而仍难以得出令人满意的解决方案了，更何况，当这样的问题成为一个宇宙性的（至少是比太阳系要更大的局部宇宙性的）问题时，恐怕就更难有什么可简单可行的对策了。

不过，如果我们思考一下刚才说到的前提问题，也许还可以讨论的是：我们必须假定其他外星文明都遵循着与我们地球人类一样的人性逻辑吗？如果他们真是有更高级智慧的生物，那么，除他们在科学技术上的更高级和先进外，在人性（姑且还用这个词吧）上，也一定是那样的不明智吗？我们地球人在天性上的问题，难道真是全宇宙普适的吗？

□ 你设想的情形确实也有可能——外星人不像我们那样奉行弱肉强食。但是，在人类现有的思维局限下，我们显然认为，我们必须为最坏的局面——外星人和我们一样奉行弱肉强食——做好准备。

小说《三体》中假想的人类社会是这样应对的：世界各大国都决定采取联合行动，共同抵抗"三体文明"的侵略：五角

宇宙尺度下的资源争夺与发展策略

大楼的秘密会议室中出现了中国人民解放军的高级军官,而北京的军方绝密高层会议中也出现了美军和北约的高级军官。这些场景意味着,在大敌当前时,地球人决定团结起来。或者,再次转换一下问题:面对发达国家的资源争夺战,发展中国家的国家内部,以及国家之间,首先应该团结起来。

但是,事情当然没有那么简单。在小说《三体》中,地球上有一个秘密组织,其宗旨是迎接"三体文明"的入侵,这可以被视为一个"地奸"组织。这个组织的最高秘密领袖,女天体物理学家叶文洁,当年曾向"三体文明"发送过这样的信息,"到这里来吧,我将帮助你们获得这个世界,我的文明已经无力解决自己的问题,需要你们的力量来介入"。正是她这条引狼入室的信息,让"三体文明"锁定了地球方位,发现了征服目标。

我觉得《三体》中用浓墨重彩描写的这个秘密组织及其女首领,完全可以对应于现实中的某些势力。也许在小说作者看来,这些男男女女的"叶文洁们",即使在主观上有为人类社会种种难题寻求解决之道的原初动机,却终究难免成为侵略者的"第五纵队"的客观效果。这会不会是作者的一个隐喻呢?

■ 当然,你可以这样把它理解为作者的一个隐喻。不过,在作者设置的情节中,"地奸"的存在,是在地球上(至少是地球上局部地区某些时期)制度的非人性为背景的。当人们对于自己周围的制度丧失信心之后,转向想极端地借助于外部力量也改变甚至报复,而不计更长远的后果,这是可以想象的。这种外部力量,在此书中倒真正是外部——地球之外的外星文明(这里用"文明"一词都已经要做些对此词之原意的限定了)。《三体》中另一个重要角色伊文斯不也是因为其生态环

科学的幻想与历史建构

保理想破灭而转向彻底背叛地球人类吗?

不过,有"地奸"也罢,没有"地奸"也罢,只不过是在地球人与"三体人"之间的抗衡中加入了一个难度因子而已。在《三体》中,最后也还是将"地奸"加以消灭。但最终,作为在科学技术上弱势的地球人是否能够抵御三体文明的入侵而幸存呢?至少在此书中作者并未给出明确答复。不过,书里却还是隐含了某种为了生存地球人必须更快地发展科学技术的倾向。

这倒也有些像在全球化的语境中,一些国家为了发展和生存也要"赶超"式地以西方模式来发展科学技术、发展工业文明、追求现代化一样。而实际上,这样的"赶超"未必现实,也可能永远赶不上,也可能赶上了,最后因为在这种发展中带来的更严重的问题而使大家更快地一起走向人类的终结。

上述的,其实是一种一元化发展的思路。也许,还可以换一种思路来想问题。那就是,一些国家一定要以西方的模式来"赶超"式地发展以求生存吗?放大些,在宇宙的尺度上,在宇宙中仍然是有限资源的前提下,地球人一定要靠坚持现有的(也是作者设想三体人已经高度发展了的)科学技术的模式并更为加速地发展,才能够拯救自身吗?

原载 2008 年 5 月 2 日《文汇读书周报》

谁是黑暗森林中的傻孩子?
——科幻小说《三体 II·黑暗森林》*

□ 江晓原　■ 刘　兵

□ 刘兵兄,刘慈欣的科幻小说"地球往事"三部曲,第一部《三体》我们几个月前刚刚谈过,现在第二部《三体 II·黑暗森林》又问世了,出版社第一时间快递过来,使我们得以先睹为快——这回的阅读可真是畅快之至。

非常巧合,我的一位博士研究生穆蕴秋小姐,正在做科幻作品和科学界关于外星文明思考的课题,她以惊人的勤奋收集了大量相关资料,其中显示,关于著名的"费米佯谬",西方人已经提出了多种解释,但是中国人在这个问题上始终毫无建树。现在《三体 II·黑暗森林》出来,居然打破了这种局面!

所谓关于地外文明的"费米佯谬",其实只是物理学家费米当年随口说的一句大白话:如果地外文明存在的话,它们早就应该出现了(If they exited, they'd be here)。这话背后的含义是:如果我们不相信地球是宇宙间唯一的文明,或者说我们承认在宇宙间出现其他高等文明的概率不为零,那么考虑到宇宙是如此的广大,其年龄是如此的长久,则宇宙间必定已经有了许许多多高等文明,那么,它们在哪儿呢?为什么我们至今还没有遇见一个呢?

---

* 《三体 II·黑暗森林》,刘慈欣著,重庆出版社,2008 年 5 月第 1 版,定价:32 元。

科学的幻想与历史建构

西方人多种关于"费米佯谬"的解释，大致可以分成三大类：一、地外文明已经在这儿了，只是我们无法发现或不愿承认；二、地外文明存在，但由于各种原因，它们还未和地球进行交流；三、地外文明不存在。在逐一核对了这50多种解释之后，我认为《三体Ⅱ·黑暗森林》对"费米佯谬"给出了一种全新的解释。

■ 你刚说的这种对于科幻小说中科学内容的学术性考察，是很有意思的一件事。对于一个在做相关问题的博士论文研究的学生来说，能有这样一个发现，也是研究的一项重要收获。不过，对于我来说，在读刘慈欣的这本科幻小说时，却宁愿把作为小说的阅读快感放在第一位，把小说中体现出来的思想性内容放到第二位。

这次读《三体Ⅱ·黑暗森林》，与读第一部的《三体》在感觉上似乎有所不同，但一时又很难具体说清这种感受上的差异。事后回想起来，觉得也许是因为在这部小说中，作者试图在叙述其出色、离奇（这应该是科幻小说作者必备的想象力的表现）而又具有某种逻辑性的情节时，把过多的思考性内容放入了其中。

这本小说作为核心要素的最重要的背景，当然是你所说的"地外文明"存在的问题。不过，即使是你注意到的，作者也许在并非有意识要对"费米佯谬"进行新解释的情况下，居然提出了中国人的新解释，但我觉得，在另外一种超出技术性的科学解释内容的意义上，作者在故事中对地外文明与地球上人类之间冲突的不可调和性的思考，也许更能吸引普通读者，并在此过程中，加深某种对于地球上的人类天性的思考和认识。

谁是黑暗森林中的傻孩子？

在这其中，无论是为了更好的生活，还是为了拯救人类，科学技术（甚至因涉及地外文明而扩展到地外科学技术）的作用问题，也就自然地凸显出来。

□ "地球往事"三部曲当然不是仅仅为了解释"费米佯谬"而写的，不过"费米佯谬"及其解释确实从头至尾贯穿了第二部。小说一开头，晚年的叶文洁，这个人类"三体危机"的始作俑者、三体文明侵略地球的第五纵队ETO的昔日统帅，也许是为了忏悔和赎罪，在自己女儿的墓前，向《三体II·黑暗森林》中最重要的角色罗辑，提示了"宇宙社会学"的两条基本假定和两个基本概念。

两条基本假定是：一、生存是文明的第一需要；二、文明不断增长扩张，但宇宙中物质总量保持不变。两个基本概念是"猜疑链"和"技术爆炸"。"猜疑链"是由于宇宙中各文明之间无法进行即时有效的交流沟通而造成的，这使得任何一个文明都不可能信任别的文明；"技术爆炸"是指文明中的技术随时都可能爆炸式地突破和发展，这使得对任何远方文明的技术水准都无法准确估计。

由于上述两条基本假定，只能得出这样的推论：宇宙中各文明必然处于资源的争夺中，而"猜疑链"和"技术爆炸"使得任何一个文明既无法相信其他文明的善意，也无法保证自己技术上的领先。所以宇宙就是一片弱肉强食的黑暗森林。在小说靠近结尾处，作者借罗辑之口明确说出了他自己对"费米佯谬"的解释，"在这片森林中，他人就是地狱，就是永恒的威胁，任何暴露自己存在的生命都将很快被消灭。这就是宇宙文明的图景，这就是对费米悖论的解释"。而人类主动向外太空

科学的幻想与历史建构

发送自己的信息，就成为黑暗森林中点了篝火还大叫"我在这儿"的傻孩子。

当然，上述两条基本假定和两个基本概念都有可以商榷的余地，所以小说中的推论也就不是无懈可击的了。我很想听听你在这个问题上的看法。

■ 即使小说是在这两个基本假定和两个基本概念的前提下展开的，那么，对于小说本身，在一种类似于公理系统的意义上，就不好再多议论了，因为在一个公理系统中，对于其前提，也即像公理这样的东西，是必须直接予以接受而不加置疑的，如果要对之进行讨论和修正，那就是要另外再建一个公理系统了。但对于这些前提假定，或者，用你的说法，即中国人提出的对"费米佯谬"的解释，当然可以相对独立地讨论。

从形式上看，这两个假定和两个基本概念的组合，还真有些像一个公理系统的出发点。在两个基本假定中，每一个独立地看，都是可以接受和成立的。尽管对于第二个假定中的"增长扩张"四字，理解上还可以有所不同。例如，这种增长扩张是否一定就只是指在文明当中的生命个体在数量上的增长以及在对资源消耗上超过由其生存环境可提供的数量增长？就算是在地球上，情形也是一样，这些问题也经常是战争的导火索。如果这是一种铁定的规律，那么不用在宇宙中，不用在科幻中，只在现实中就可以运用逻辑得出一个结论，即我们现在所呼吁倡导的"可持续发展"在根本上是不可能的。

关于猜疑链和技术爆炸，当然也可以有类似的争议。而且有意思的是，在这本小说中曾提出，三体人与地球人思维模式的不同，例如在交流方式和对计谋的利用方面。而我觉得，这

谁是黑暗森林中的傻孩子？

几条似乎可以作为"宇宙总规律"的东西的提出，又恰恰是地球人的思维模式。因而，设想不同于此的宇宙规律，也还是可能的。

不过，这些主张，毕竟是众多规律或解释中的一种，也是很有趣的一种，看看按照它们能够逻辑地演绎出什么来，也是很有趣的事——这正是这本小说所做的工作。

□ 现在我们该谈谈这部小说的其他方面了。在我的感觉中，它比"地球往事"的第一部《三体》写得更好，我阅读起来也更畅快。比如，其中关于"面壁计划"的设想，以及全球选定的四个"面壁人"中大家最不看好的花花公子罗辑，起先整天鬼混，后来又成为"三体"反复追杀的对象，最终竟是他挽救了地球文明。以及小说接近结尾处，在太阳系两端不约而同爆发的为争夺生存资源而自相残杀的"黑暗战役"等。这些故事都相当富有想象力。"黑暗战役"一方面是"宇宙社会学"两条基本假定的一次小范围应用个案，另一方面也反映了据读者所说在刘慈欣作品中越来越严重的悲观倾向。应该承认，这种悲观倾向是有深度的，或者说是深刻思考后的结果。

小说中的另一个情节则是相当富有反科学主义色彩的：地球社会面对三体入侵一度采取战时体制，降低民众生活质量，全力以赴扩军备战，结果百业凋零，技术也止步不前，军备毫无进展。后来一个以"给岁月以文明，而不是给文明以岁月"为号召的运动兴起，人类决定先将现在的岁月过好，解除了战时体制，采取了积极的政策，经济快速发展，民生大为改善，却意外地发现技术又爆炸式地发展了，不久强大的星际战舰舰队建立起来，人类的太空防御前沿远远超出了太阳系……

科学的幻想与历史建构

总的来说，这是一部非常好看的科幻小说。虽然我总是更看重科幻作品的思想价值，但对于这部小说，读者即使不去考虑"宇宙社会学"那些需要略费脑筋的基本假定、基本概念之类，仅仅追随着紧张的故事情节，也会兴味盎然往下读的。

■ 我同意你对这本小说与前一本《三体》的比较，当然，我觉得前一本也是很好看的小说。在这两本小说中，作者在想象力上，都有令人叫绝之处，随时都有悬念在牵着读者。至于谈到悲观，我也同意，但说到反科学主义，恐怕还有些可商榷的余地。我倒是觉得，作者在其悲观的基调下，依然潜在地相信着科学技术的力量之无可替代。当然这些也都是仁者见仁智者见智了。我宁愿强调的是这本小说中隐含着的对于当代世界的警示。尤其是当这种可能的警示是通过一本极有可读性的科幻小说来表达时，其传播效果显然应该是非常理想的。

原载 2008 年 8 月 1 日《文汇读书周报》

在幻想的故事中思考
——迈克尔·克莱顿的小说

□ 江晓原　■ 刘　兵

□ 我知道，你比我更早就对迈克尔·克莱顿（Michael Crichton）的小说发生了浓厚兴趣。我是在迷上科幻电影之后，才知道好几部大名鼎鼎的科幻电影，比如《侏罗纪公园》*（*Jurassic Park*）、《失落的世界》**（*The Lost World*）、《刚果惊魂》***（*Congo*）、《神秘之球》****（*Sphere*，天外球体、深海圆疑）、《重返中世纪》*****（*Timeline*，时间线）等，居然都是根据迈克尔·克莱顿的小说改编的，由此才开始对他的小说刮目相看。其间你的推介之功也不可没。

到 2008 年迈克尔·克莱顿已经出版了 15 部畅销小说，其中 13 部已被拍成了电影，还没拍电影的那两部，大约是《猎物》（*prey*）和《喀迈拉的世界》******（*Next*）。而且他本人甚至还组建了 Film Track 电影软件公司，自己拍摄影片，甚至当导演。

克莱顿本人最初在哈佛读文学系，后来转入考古人类学

---

* 《侏罗纪公园》，[美] 迈克尔·克莱顿著，钟仁译，译林出版社，2005。
** 《失落的世界》，[美] 迈克尔·克莱顿著，祁阿红等译，译林出版社，2005。
*** 《刚果惊魂》，[美] 迈克尔·克莱顿著，郭鸿等译，译林出版社，2005。
**** 《神秘之球》，[美] 迈克尔·克莱顿著，庆云等译，译林出版社，2005。
***** 《重返中世纪》，[美] 迈克尔·克莱顿著，祁阿红等译，译林出版社，2000。
****** 《喀迈拉的世界》，[美] 迈克尔·克莱顿著，刘荣跃译，译文出版公司、时代文艺出版社，2008。

系,最后却在哈佛医学院拿了学位。因为他所受的科学教育中,主要偏重生物医学方面,而物理学等较"精密"的科学成分相对少些,所以写《侏罗纪公园》《猎物》*等对他来说更为驾轻就熟。但是,他也不是不敢涉及时空旅行之类的主题(比如《时间线》)。

■ 关于克莱顿,确实是很有些话可说的。我最先读的克莱顿的小说,是英文版的《侏罗纪公园》,当时中译本还没出版呢。那是大约1994年的事了,后来,还就此书给《东方》杂志写过一篇文章,此文又为《新华文摘》全文转载。再后来,1997年,当他的《侏罗纪公园》的续集《失落的世界》中译本出版时,我还在《译林》上写过此书的书评。可以说,只要是他的书出版,我见到都会买上一本来读的。

你开列了克莱顿已有中文单行本的七部小说,其实还不是很齐全,例如,他关于全球变暖问题的小说《恐怖状态》(载《译林》2005年第1期),就没有出现在你的书单中,而实际上,因其主题的内容及观点,对于此部小说,还是颇有争议的。这部小说中在依然令人惊心动魄的情节背后,明确地认为关于"温室效应"和"全球变暖"是没有可靠科学依据的。对此,在2007年的一次国际科普会议上,我还曾向某位国外专家提问并探讨。再有,他的小说《升起的太阳》(对应于电影《旭日东升》),涉及日美高科技竞争,也没有列在你的书单中,其实那部小说也很值得关注呢。

还有一点,你把克莱顿的小说归类为科幻小说,但我却觉

---

* 《猎物》,[美]迈克尔·克莱顿著,严忠志等译,译林出版社,2005。

得,这种归类可能有些局限,我宁愿把他的小说归入商业通俗小说,当然,他的小说也有很强的科幻元素,但与通常所见的那些科幻小说相比,克莱顿的小说还是很不一样的。

□ 你说的那部电影,常见的译名是《旭日追凶》。我还做过关于克莱顿的功课,结果非常惊人。下面是截至2009年所有与克莱顿有关的影视作品的编年一览表(总共22部,其中2部剧集,2部重拍片;我看过的有11部):

《人间大浩劫》(*The Andromeda Strain*,1971),编剧

《交易》(*Dealing: Or the Berkeley-to-Boston Forty-Brick Lost-Bag Blues*,1972),编剧

《未来世界》(*Westworld*,1973),导演、编剧

《终端人》(*The Terminal Man*,1974),编剧

《昏迷》(*Coma*,1978),导演、编剧

《火车大劫案》(*The First Great Train Robbery*,1979),导演、编剧

《神秘美人局》(*Looker*,1981),导演、编剧

《电子陷阱》(*Runaway*,1984),导演、编剧

《旭日追凶》(*Rising Sun*,1993),编剧

《侏罗纪公园》(*Jurassic Park*,1993),编剧

《急诊室的故事》(*ER*,1994),编剧

《叛逆性骚扰》(*Disclosure*,1994),编剧

《刚果惊魂》(*Congo*,1995),编剧

《龙卷风》(*Twister*,1996),编剧

《失落的世界:侏罗纪公园续集》(*The Lost World: Jurassic Park*,1997),编剧

《深海圆疑》(*Sphere*, 1998)，编剧
《终极奇兵》(*The 13th Warrior*, 1999)，导演、编剧
《侏罗纪公园3》(*Jurassic Park 3*, 2001)，编剧
《时间线》(*Timeline*，即《重返中世纪》, 2003)，编剧
《人间大浩劫》(*The Andromeda Strain*, 2008)，编剧
《侏罗纪公园4》(*Jurassic Park 4*, 2008)，编剧
《未来世界》(*Westworld*, 2009)，编剧

在中国，你简直无法想象，一个获得了医学硕士学位的人，竟会在影视方面有如此建树！顺便插一句，看看这张一览表，再看看他的受教育履历，对于美国的教育和就业，我们会不会有一个新的感觉和认识？

从他执导（6部）和编剧（22部）的作品类型来看，他一开始就是走商业片的路子。所以你将他的小说归入"商业通俗小说"类型，应该是很准确的——他显然是将他的小说创作与影视作品密切结合在一起，让它们相得益彰，相互促进的。

■ 你这一总结，我倒是想起来了，刚才我还漏了《叛逆性骚扰》这本也有中译的小说，即使在这样一部小说中，科学的要素也还是很多的。而在中国改革开放初期，他编剧或执导的电影《未来世界》《昏迷》，也都曾产生了很大的反响，至少，我还是记忆犹新，只是到后来，才意识到那居然也与克莱顿有关。

关于克莱顿的小说，除引人入胜的情节以及丰富的思想内涵外，我想，从你我特别关注的视角来说，恐怕还是和其中的科学和技术有关。总的来看，他的作品确实绝大多数离不开科

在幻想的故事中思考

学技术的背景和内容。

如果从科幻的角度来看克莱顿的大部分小说,我觉得他有一个很典型的特点,即与科学和技术相关的情节和线索的演进,是比较严格地遵循着一种逻辑上的可能性。或者说,他是从一个在现在科学的知识背景出发,通过某种极其富有想象力然而又在逻辑上基本成立的推演,来构造其叙事的科学内容主线。这种基本上成立的逻辑推演,也许在现有的科学技术水平和手段下,还不是现实的,甚至在未来也不一定就肯定会如此,但至少是一种逻辑上的可能性。也正因为如此,他的小说与那些从一开始就与现有科学背景相冲突的"科幻"小说有所不同。后者,也许"科"只是一种标签,一种意象,而"幻",才是重点与核心。因而,克莱顿的作品读起来,至少在具有当代科学知识的人看起来,其逻辑可信性是要高于其他一些科幻作品的。你说是吗?

□ 你这个说法我倒不是很赞同。

科幻中向来有所谓"硬科幻"与"软科幻"之分,"极硬"的那种,比如阿瑟·克拉克的《太空漫游》四部曲之类,其中想象的未来科学技术细节,以今天科学技术的基础和发展趋势来看,非常符合你所说的"至少是一种逻辑上的可能性"。而"极软"的那种,则可以基本上忽略科学技术的细节,也不必考虑你所说的"逻辑上的可能性"。举例来说,在我们讨论过的中国当代科幻作品中,王晋康的《蚁生》就非常"软",而刘慈欣的《三体》则相当"硬"。

按照这样的标准来看,克莱顿的小说至多能算"中等偏硬",但每一部情形也有不同,比如在我的印象中,《猎物》中所想象的"纳米集群"这种东西就比较硬,而《神秘之球》就比较软,《喀迈拉的世界》也不算硬。

进而言之,科幻小说在科学技术幻想方面的"硬"和"软",并不能成为判断小说优劣的合理依据。尽管在实际上,"硬派"的信徒总是认为作品越硬越好,经常处于攻势状态,"科幻科幻,没有足够的'科'就不够格";而"软派"则容易处于守势——他们当然会强调小说的思想性、文学性等,但是他们似乎也承认,如果在思想性、文学性相等的情形下,"硬"还是比"软"好。我的感觉是,"软派"比"硬派"更宽容。

依据我的上述想法,我阅读克莱顿的小说时,并未感到它们在"逻辑可信"方面比其他科幻作家的作品更高——很可能因为我心目中根本没有这样一个标杆。

■ 我在这里倒不是想说科幻的软硬问题。而且,这种软硬问题我想也确实不是科幻的实质性问题。我这里说的是逻辑。对于克莱顿小说的这种逻辑,恐怕在《侏罗纪公园》里就表现得很明显,即他所设想的那种作为其故事主线基础的科学未来发展,按其设定的逻辑发展是有可能的,当然这种可能远远不是现实。例如,在那本书中,关键在于如何获得古代恐龙的 DNA,他设想从古代刚刚咬了恐龙又刚好被封在松脂中后来变成了琥珀里面的蚊子身体里提取。当然,对此在科学上是可以而且也确实存在很多争议的,但如果你接受了他的前提,后面的逻辑可能性就很清楚了。我这只是在说他小说的一个特点而已。

在这样的特点之下,一个好处就是,这样的作品会与现实的科学及其未来的发展有更密切的关系(像《猎物》也是这样的典型），从而，会带给我们一种对于当下科学以及其未来发展的更加直接的警觉，而不只是在某种"软"的观念上的反思。其实想一想，你我都对克莱顿的作品感兴趣，除其他一些原因外，也许这应该是重要的潜在因素之一。更不用说在这其中，克莱顿也以公众更可接受的方式，传达了他的某种社会责任感。

也正因为这个理由，克莱顿的小说以现实科学为背景，加上某些机巧而智慧的假定，以及在此基础上的逻辑外推，使得它们更有一种"实"的感觉，所以我才更会在某种程度上忽略其"幻"，而更愿意把它们归入到有思想性的、有影响力的商业通俗小说之列，而不是科幻之列。

□ 你对克莱顿小说的归类，我完全可以接受。其实这种情形在丹·布朗的小说中也同样存在。丹·布朗已经被引进国内的 4 部小说中，除了最有名的《达·芬奇密码》，另外 3 部都可以视为十足的科幻小说：即《数字城堡》《天使与魔鬼》《骗局》，但是人们通常仍将这三部小说归类为商业通俗小说。我之所以接受你将克莱顿小说归为"有思想性的"商业通俗小说，是因为我对于科幻小说最看重的，正是他们的思想性，而不是它们的科学性。只不过我因为更喜欢科幻作品，现在说不定已经有一点"泛科幻情结"——总想将有思想性、有幻想成分的小说或电影归类为科幻小说或科幻电影。这也许和如今"科幻"的边界正在日益模糊的趋势有关。

关于克莱顿小说中的思想性，我们不妨来谈谈具体事例。

优秀的科幻作品，可以借助精彩的故事，来帮助我们思考某些平日不去思考的问题，《神秘之球》就是如此。小说涉及了一个颇为玄远的主题——今天，我们人类，能不能"消受"

某些超自然的能力？小说设想发现了一艘300年前坠落在太平洋深处的外星宇宙飞船，考察队进入之后，怪事迭出，最后发现是飞船中一个神秘的球，能够让进入球中的人获得一种超自然的能力——梦想成真！

对于这样的超能力，也许许多人会想：这有什么消受不了的？我巴不得能够如此呢！但是克莱顿用他构想的故事，让考察队幸存的队员们认识到，自己实际上无法驾驭这种超能力，人类更是没有准备好面对这类能力（或技术）。其实克莱顿在《侏罗纪公园》《失落的世界》和《猎物》中，也表达了类似的意思。

人类既然目前还无福消受"梦想成真"之类的能力或再造恐龙之类的技术，因为我们还未准备好，那么对于其他将要出现或者已经出现的科技奇迹，我们是不是都已经准备好了呢？如果对于是否准备好这一点还没有把握，为什么还要整天急煎煎忙着追求那些奇迹呢？为什么不先停下来，思考一下呢？

■ 说到《猎物》这部小说，我想到，就在最近几天，我们研究所的博士生在资格考试和开题，有研究科技伦理和生命伦理的学生就提到，在注意国际上这一领域的动态时，发现对纳米研究、生物技术、计算机信息技术和认知科学之集合的伦理研究，是一个新的热点。而在克莱顿的这部小说中，也恰恰正是将纳米技术、生物技术与信息技术这21世纪三大热门领域之结合作为其主要科学背景，并由此演绎出在特定的发展环境中（其实也是科学界的某种常态的环境中），依赖于这些前沿技术的应用，具有毁灭性的"纳米集群"被造出并放出实验室的情节。由此我们可以看出，他的小说，其实与学术界对于科学的伦理研究也有着某种同步性呢。

在幻想的故事中思考

按照这样的套路,克莱顿最新出版的《喀迈拉的世界》一书,也被称为"生命基因伦理小说",依然是将基因工程研究中的一些伦理问题摆到突出的地位。与那些尚在幻想中的发展不同,这些基因技术的应用,因其商业利益取向和当下的国际社会体制,包括对于相关的知识产权保护的制度,已经在现实中带来了诸多的问题和争议。克莱顿的小说,依然只是通过故事情节把问题极端化,使其矛盾更加尖锐突出。例如,像此小说中,某人曾因接受癌症治疗并在不很知情的情况下,同意将其某个基因用于科研和医疗用的商业开发,结果,在开发者的实验室因事故而损失了其保存的细胞株之后,那位在自己的身体上带有自己的基因的病人以及他的孩子,竟成了他人"财产"的携带者,竟然可以"合法"地被追捕以便强行再次取得其基因。其实说起来,这种看上去极为荒谬、不可思议的"合法性",也恰恰是现有涉及基因研究的知识产权保护制度的某种合乎逻辑的推论,与前面提到的基于现有科学的逻辑发展推论很有相似之处,甚至于与现实中一些从事转基因技术商业发展的公司的做法颇有相似之处。

当然,《喀迈拉的世界》一书中关于基因技术研究带来的种种其他悖论和问题,也都有着有趣的、发人深省的涉及。在这种意义上,克莱顿这部新作,可以说在"基因伦理"问题上是一部非常入世的小说了。

□ 确实,许多优秀的科幻作家都是"紧跟"科学技术发展前沿的——即使是为了批判和反思,也需要有足够"硬"的准备,才好服人。看来,克莱顿近年对科学技术发展前沿是相当关注的,倒是他刚出道时,似乎更多地投身于商业性的编剧和导

科学的幻想与历史建构

演工作中。这也可以拿他比较早期的小说《刚果惊魂》(1980年)为例,虽然据此改编的同名电影相当有名,但其中的科幻色彩却是非常淡的。这或许可以在一定程度上印证上述判断。

在克莱顿比较著名的科幻小说中,《重返中世纪》是一部相对特殊的作品。根据这部小说改编的同名电影也非常有名。如果说,在上面我们提到的那些小说中,基本上都有对科学技术及其滥用的反思的话,那么在小说《重返中世纪》中,更多的是讨论人性——特别是对"幸福"的理解。

时空转换是科幻中最经典的"硬"主题之一,其中必然涉及虫洞、量子力学、多重宇宙等比较玄的物理学理论。《重返中世纪》中当然涉及了这些理论,但是这些理论与基因工程之类相比,基本上没有什么伦理问题,所以提供不了太多的反思余地。很自然地,克莱顿将思想性转而表现在探讨如何才算"选择了充实的人生"。

一位历史学教授因为虫洞的意外而回到了中世纪,几个学生于是也被送回中世纪去救他们的教授,他们卷入了英法"百年战争",几经周折总算完成任务可以回去了,但此时有一位学生竟拒绝返回,他选择了留下来生活在公元14世纪的世界——因为他爱上了一位仪态万方的贵妇人,决定与她共度人生。这个故事让我感动了很久,后来抑制不住冲动就写了一篇题为《在虫洞中回到中世纪——影片〈时间线〉中的爱情故事和物理学》的影评。

■ 也许我们在这里是无法对克莱顿的每篇小说每部电影一一评说,但从前面谈到的几部作品,我们还是可以感觉到他的思想性之深刻,这种深刻,正像你所讲的,是源于对科学技

在幻想的故事中思考

术发展前沿的关注,但更是源于一种批判性的反思。

我们这里还没有更多地提及他的作品的可读性。一部小说能否成功,可读性是不可忽视的重要因素,对于一般读者,甚至远远重要于思想性,但可读性与思想性的结合,就是更完美的境界了。因此,每一次读克莱顿的新书,在引起更多的对科学技术反思的同时,也是一种文学阅读的极大享受。也正是由于这样的原因,他的作品才能够有如此巨大的影响。

但在分析这种影响时,我们还可以注意到,与他在西方国家的成功相比,他的作品在中国的传播似乎平平,这可能就与我们的读者的背景有关系了。

在美国,像克莱顿的作品的广泛影响,自然会对于公众对科学的认识产生积极影响,由此我们也不难理解,为什么在那里,公众层面(当然也仍然只是一部分公众)对于科学的看法在相当程度上与我们这里的情形有所不同了。

问题是,我们这里会产生像克莱顿这样的作家吗?什么时候才有可能产生?从目前的情况来看,那些最为走红的畅销书作家,似乎还很少有像克莱顿这样关注科学主题的。虽然一些科幻作家的创作近年来在思想性方面已经显示出了不错的发展势头,但要把对于科学之思考的思想性与更为理想的文学上的可读性相结合,那才可能在像商业畅销小说这样的领域中占据一席之地,才可能将相关的思考更好地传播。就此而言,我们可能仍然有很长的路要走。

幸好,现在我们还有克莱顿的小说可读。

原载《中国图书评论》2008年第8期

《群星》*：人类的命运到底是什么？

□ 江晓原　■ 刘　兵

□ 这部科幻小说，表面上是一部以科幻为包装的惊悚探案小说，但小说所采用的背景架构，还是比较宏大的，这正是我欣赏这部小说的主要原因。为了理解这个架构及其意义，我们先不得不从远一点的时代和假说开始。

这事还得从多年前著名物理学家费米（Enrica Fermi）的一句随口之言说起，1950 年夏天某日早餐后的闲谈中，费米的几位同事试图说服他相信外星生命的存在，最后费米随口说道："如果外星文明存在的话，它们早就应该出现了。"由于费米的巨大声望（此时他获诺奖已经十多年了），此话流传开来，被一些人称为"费米佯谬"（Fermi Paradox），竟成为关于外星文明探讨中的纲领性论题。

有了佯谬就会有人来提出各种解释，据斯蒂芬·韦伯（Stephen Webb）的统计，迄今为止已有几十种解释。其中相当有影响的一种是约翰·鲍尔（John Ball）1973 年提出的"动物园假想（The Zoo Scenario）"。鲍尔认为，宇宙中科学技术持续发展的文明终将取得整个宇宙的掌控权，随后逐渐将落后文明摧毁、制服或同化。他进而假想，地球是一个被先进的地外文明专门留置出来的宇宙动物园。为了确保人类在其中不受干

---

* 《群星》，七月著，人民文学出版社，2019 年 11 月第 1 版，定价：45 元。

《群星》：人类的命运到底是什么？

扰的自主发展，先进文明尽量避免和人类接触（他们拥有的技术能力完全能确保这一点），只是在宇宙中默默地注视着人类。所以人类始终未能接触到别的文明——很可能永远接触不到。

小说《群星》采纳了类似"动物园假想"的背景架构，以中国西部名城成都为故事发生地，围绕着"觉醒的人类要不要走出动物园"，人类分成了两派势力，展开你死我活的激烈斗争。不过，小说采取了循序渐进的叙事策略，对费米佯谬和"动物园假想"一无所知的读者仍可兴味盎然地读完至少全书前四分之三的故事。

■ 近几年，我们对谈中科幻小说所占的比例似乎明显有所增加。这次我们谈的《群星》一书，刚出版不久就在科幻圈的一些人中得到了不错的评价。我在阅读此书时，一开始确实也很有如同你说的那种像"惊悚探案小说"的感觉，尽管是以科幻来包装，或者说是将小说的背景置于科幻的大框架之下。而且，在我们最开始商量选择此书来谈时，你还曾提到，说此书还是很有"阅读快感"的。对此我基本认同，尽管这样的阅读快感与阅读那些更为彻底的惊悚探案小说的快感相比，还略为弱了一些。

此书的主题也是外星文明，外星文明也一直是科幻小说的典型主题。虽然大部分读者并不一定会很详细地了解费米佯谬，不过类似在"动物园假想"的框架中构想外星文明的科幻作品也还是有一些。以你比较专业的研究背景来看，这部《群星》的独特性又在哪里呢？另外，我还有些好奇的是，你说"对费米佯谬和'动物园假想'一无所知的读者仍可兴味盎然地读完至少全书前四分之三的故事。"这话是算褒还是算贬呢？那剩下的四分之一，对于更多的读者来说阅读快感会有所缺失吗？

□ 事实上，进入最后四分之一（只是大致上的，我当然没有统计字数）时，不了解费米佯谬和"动物园假说"的读者，如果他或她一直被探案情节牵着鼻子走的话，确实会感到困扰。例如在铺垫了那么多探案情节之后，读者自然会期待一个谜底的揭晓：到底是什么事情让一个科学家和他的一些学生及助手变成了恐怖分子，走上了犯罪的道路？

然而，谜底的揭晓，直接依赖于关于费米佯谬和动物园假说的知识背景。让我用大白话直接说出来——我所有的书评和影评对于"剧透"从来都毫不介意——是这样的：当人类已经意识到自己是在宇宙高级文明设置的"动物园"中时，一派高喊"我们的征途是星辰大海"，主张利用自己的力量走出动物园，而另一派主张先卧薪尝胆，免得高级文明又弄出新的"实验"——其实就是镇压。接受后一派主张的科学家因为得不到人类政府的支持而走上了反政府的恐怖主义道路。

要在上述两派之间站队是非常困难的。"我们的征途是星辰大海"这样的口号确实非常提气，非常鼓舞人心，但是事关全人类的前途，理性也是必不可少的，如果人类真的是在宇宙高级文明设置的动物园中，那没有足够的把握，是不是应该先别让高级文明知道"我们已经知道自己在动物园中"呢？先别提"我们的征途是星辰大海"这样的口号，只是悄悄地将它作为我们的信念、我们奋斗的目标，是不是更妥呢？

■ 类似的抉择问题，在《三体》等科幻小说中也都涉

《群星》：人类的命运到底是什么？

及，在《三体》的"黑暗森林"概念中，主动的向外星文明呼唤，几乎等于找死。但似乎有不少科幻作品是抱着极其热切地要寻找和发现外星文明而不顾其他的心态，甚至许多科学家也是如此。我记得好像你也写过一些文章，谈论一旦真的发现和接触到外星文明可能会带来的风险。

其实在这部小说中，似乎还没有更进一步展开如果真的让更高级的外星文明知道"我们已经知道自己在动物园中"之后可能会给地球人类带来的一系列更为复杂的后果，而只是局限在故事里有限人物对此的不同态度和选择。就像众多科幻总在关心人类向外太空移民，但对地球自身的关心却远远不够，更少考虑在现实中能够移民的人数与地球上更多人类不可能移民的平等和公正问题。这也涉及我们以往所谓的谈论科学的目标和相应地认识"真理""真相"的立场和态度。就像在另一些场合人们争论的科学研究是否应有禁区一样。

在这部小说中有这样一段人物对话："这一切都是不可避免的，这个系统里是没人有办法把它叫停的。这就是构造体的可怕之处，就像毒品一样，不管你是否明白它会毁了你，你自己都是不可能戒掉的。""这东西就是为我们设计的毒品。人类最大的优点在它面前也就是最大的漏洞。"延伸一下，在那种为了探索所谓"真相"可以不顾人类命运的立场背后，是否也可以理解为是某种这样的"毒瘾"呢？

□ 我觉得完全可以这样理解。这又回到"要不要主动寻求与外星文明的接触"这个老问题了，在欧美，至少到20世纪下半叶，围绕这个问题的讨论已经相当热烈，两派的立场明显对立，各自陈述过不少理由。

反对主动接触外星文明的一个重要论据是：外星文明会对地球上的人类呈现恶意，会对我们进行掠夺和征服。史蒂芬·霍金在前几年对一系列重大问题站队表态时，也明确表示人类不应该主动寻求与外星文明的接触。《三体》中的"黑暗森林"概念也是同样的意思。

那些不顾一切要主动与外星文明接触的人则认为：凭什么断定外星文明一定会对地球人类表现出恶意？说不定他们很友好呢？说不定他们还会愿意和我们分享自己的科学技术知识呢？哪怕只分享给我们一点点，说不定人类文明就会有突飞猛进的进步呢？

但是，已有的证据明显有利于霍金和《三体》的主张。证据很简单：外星文明对地球人类表现出善意的例证，迄今为止是零。虽然由于人类迄今为止还未曾和外星文明接触过，所以外星文明对地球人类呈现恶意的例证也是零，但我们毕竟已经有可以参照的同类例证：当年欧洲殖民者是如何对待玛雅文明的？美国人又是如何对待印第安人的？玛雅文明和印第安人不就是落后文明遭遇先进文明时的命运吗？所以现代的西方学者只要回忆一下自己祖先对落后文明的所作所为，就不难推断出，先进的外星文明如果在"黑暗森林"中发现了比他们弱小落后的地球文明，会干出什么事来。

回到《群星》中的"动物园假说"中来，能够设置"地球动物园"的文明，肯定是一个远比地球人类发达的外星文明，作为动物园的"管理当局"，这个外星文明对地球人类会展现出恶意还是善意呢？小说里没有给出答案。

让我们再次用唯一的样本——我们人类自己——来推测一下吧：我们平时当然会保护珍稀动物，甚至鼓吹动物保护主

《群星》：人类的命运到底是什么？

义，但是，如果，我们动物园中的动物们"觉醒"了，它们大义凛然地喊出了"我们的征途是星辰大海"，作为征途的第一步，比如说，它们要接管动物园所在的城市，那等待着它们的会是什么？当然只能是无情的镇压。

■ 我们已经从《群星》的具体情节延伸到其背后的费米佯谬、"动物园假说"以及更深层次的一些东西了。如果我们真是生活在一个被外星文明设置的"动物园"中（这倒也与《黑客帝国》有异曲同工之处），那参照人类自身不同等级文明相遇的历史（当然这还是以地球人来类比外星人），地球文明面临的威胁是不可忽视的。

但仍然有人热衷于寻找外星文明，在这背后似乎有一种思维方式和立场在起作用。就在我们对谈《群星》的这几天，中国大地上正面临着新型肺炎的疫情危机，对此，至少人们的一个共识是，不要去招惹野生动物，我们自己守着自己的领地好好生活就是了。但在类比中，那些积极要探索外星文明的人，在思维方式上，不是与积极探索、征服（吃掉）野生动物的做法也颇有相似之处吗？在日常生活中人们会说"好奇害死猫"，在对外星文明的探索中也许就会变成"好奇害死地球人"。而更关键的问题在于，这样的看似非常保守的观点，又会与积极探索未知的"科学精神"相矛盾啊！

□ 你的联想确实不无道理。比如，在小说近结尾处，汪海成和白泓羽的对话中，汪主张先卧薪尝胆，继续发展地球文明，可以说很有人文主义色彩；白主张勇敢地走出去，奔向星辰大海，思路明显是科学主义的。科学主义喜欢在"寻求真相""追求真理""奔向星辰大海"之类看似大义凛然的口号下，不顾一切地追求某种技术性的短期目标，却将人类的整体利益、长远利益置之脑后，这实际上是忘记了搞科学研究的初心——搞科学研究的初心应该是增进人类的福祉，而不是为了"发展科学"而发展科学。

其实我不反对"我们的征途是星辰大海"这样的口号，事实上我非常喜欢这个口号，我坚信终有一天我们会奔向星辰大海。但在这个征途中，我们一刻也不能离开理性思考。

■ 那我就唱一句反调吧：当心中存着"我们的征途是星辰大海"的信念时，就很难做到在征途中"一刻也不能离开理性思考"。当我们总是讲科学与人文要结合时，其实总是很难在现实中将两者真正同时兼顾。而且，在科学愈发强大的现实面前，更多的人总会将科学置于更优先的考虑。但我们毕竟是人类，在这个意义上，我宁愿更强调人文优先！

原载 2020 年 2 月 12 日《中华读书报》

2. 科学史

一位德国学者眼中的中国技术文化史

□ 江晓原　■ 刘　兵

□ 本书作者现任德国马普科学史研究所所长，本名Dagmar Schafer，按照西方汉学家的惯例，她有一个中文名字——薛凤。薛凤教授之前来上海交通大学，和我们科学史与科学文化研究院签署了双方建立合作关系的正式协议。后来出版社又寄来她的新书《工开万物——17世纪中国的知识与技术》*，感觉甚是有缘。

本书是对明代中国学者宋应星的研究专著。宋应星以《天工开物》这部被誉为17世纪中国的工艺百科全书名世，这也正与马普科学史研究所重视中国工艺技术史研究的传统相合。所以该书虽属在我们的专栏中涉及较少的类型，却是一部从各方面来看都是融洽自然的著作。

江西省图书馆发现的四种宋应星佚著，在"文革"末期出版，即《野议·论气·谈天·思怜诗》。我手中的版本，是上海人民出版社1976年6月第1版，定价0.47元人民币。封面上是繁体字，内文却是简体，然而又采取直排，显得不伦不类。

宋应星以《天工开物》名世是恰如其分的。在薛凤的书中，宋应星的各种著作都涉及了，只有《思怜诗》基本上没有

---

* 《工开万物——17世纪中国的知识与技术》，[德]薛凤著，吴秀杰等译，江苏人民出版社，2015年11月第1版，定价：48元。

引起她的注意。这也是完全正常的，因为这些诗（10首"思美"律诗和42首"怜愚"绝句）实在乏善可陈。

■ 按照通常的分类，关于宋应星的研究，应该被归入中国古代技术史的领域吧。你对宋应星的著作及文笔的评价，可能出于不同的关注点，我可能更关心另外一些编史学方面的问题。依我有限的了解和印象，似乎以往国内对宋应星的研究，大多是关注具体的技术方面。但薛凤这部著作，首先给我以一种非常不同的感觉。她显然不是就技术来说技术，相反，作者有着更宏大的抱负，就如她所说，从跨文化的视角来透视知识的生产，既潜藏着伟大的机遇，同时也是巨大的挑战，"我们面对的挑战是，必须将这种日益壮大的意识发展到极致，用它来踢开那些显而易见的，以及深藏不露的各种成见"。

她将宋应星的著作当作一个检验性的个案，并以此来凸显知识产出的原初过程。在具体研究中，作者又把研究对象置于更大的社会文化背景当中，将晚明时期的宇宙观等引入，对"天工开物"中的"天工"给予新的分析解释，并讨论"天"与"人"的关系，进而提出在宋应星对工艺知识的探求中，人唯有敬仰宇宙的原则，在行动上与其保持一致，而不是要变成它的"制造者"。基于这样的视角，在薛凤构造的宋应星著作图景中，"天"是一个自然而然的权限，是"气"的另一种展现，而"气"让世界具有一体的共性。这样，"气"也就自然而然地成了作者讨论的重要主题之一。我觉得，这恰恰是在宋应星案例中引入了一种新的编史观念，是颇有新意的。你的意见呢？

一位德国学者眼中的中国技术文化史

□ 对于我们受过现代科学训练的人来说,认为一切技术都是由科学理论来支撑的,是非常自然的事情;于是当我们面对古代文明所创造的技术成就时,我们或者用"现代科学"作为标尺去框限或筛选古人的成就,或者对下面这个问题假装看不见——这些古代文明创造出这些技术成就时,并不存在科学理论的支撑,那它们是靠什么来支撑的?

或者换一种问法:**用非科学的理论,比如阴阳、五行、《易经》、八卦、"气",来支撑或指导,能不能产生符合"现代科学"标准的技术成就?** 从历史事实看,答案当然应该是肯定的。一个典型的例证就是宋应星《天工开物》中所记载的种种技术成就,它们没有任何"现代科学"的理论支撑。显然,薛凤在这部专门研究宋应星的书,无法回避这个问题,或者说无法对这个问题假装看不见。这样,她就不得不认真对待宋应星的《论气》和《谈天》。

说实在的,在我购买《野议·论气·谈天·思怜诗》的时候,以及在此后很长的时间里,我都对宋应星《论气》和《谈天》中的论述嗤之以鼻,不屑一顾,认为那不过是古人在没有"科学理论"的情况下幼稚猜想或胡扯。我相信今天许多人也是这样认为的。只有当我们研究了科学技术史,并且不再假装看不见上面那个问题时,宋应星的《论气》和《谈天》之类的著作才有可能获得某种"应该被关注"的地位。当然,关注是一回事,分析和论证是另一回事。要想令人信服地给出对上面那个问题的阐释或解答,是非常具有挑战性的。

■ 其实对于不同背景的学者,其"信服"的依据也是不同的。如果仍然站在传统的只就技术关心技术的立场上,那么，无论是什么样"外在"的解释，都很难令其"信服"。所谓信服者，只是在前提上认为超出传统框架的解释仍有合理性的人。

可以说，薛凤的著作，恰恰是将这种在传统的研究中被视为"外在"的因素自始至终地置于其研究之中。正如她所说的："在宋应星和他同时代的人那里，'笔记'中蕴含的'并非无关轻重的社会性讯息以及伦理说教'比'那些精细的观察'更为重要。"她除了将"气""理""天""人""阴""阳""五行"等概念作为分析的重要线索，更将宇宙观和社会性的要素作为重点来讨论。这显然大大地超越了我们过去国内研究中常见的技术史研究范式。

我想问你的是，从你的阅读感觉来判断，从学理、逻辑和解释性来说，薛凤这种研究（比如可以集中在她对"气"与宋应星技术描述的关系上），你会如何评价呢？

□ 薛凤显然已经注意到了前贤关于"气"与中国古代技术成就之间关系的研究。她相当重视席文（N. Sivin）的意见，在书中多有引述。例如席文认为，"'气'这一概念保持着让自己在人类思想的所有领域都可堪使用"，席文还认为，"作为科学概念和医学概念，'阳'和'阴'正如 x 和 y 一样。它们是进行抽象提炼的基础，在其上可以从'形而下'情形的多元性当中蒸馏出一种'形而上'原则，一种仍然可以用在一切'形而下'情形中的'形而上'原则"。席文的上述意见，基本上还是将"气"和"阴阳"视为某种表达系统。也许他并未试图阐明，这样的系统是否能够对中国古代的技术成就提供有效的支撑。当然，由于这个问题是我"强加于人"的，薛凤同样没有义务在她的书中正面回答。

在解答这类难以获得确切答案的问题时，类比不失为一个有用的手段。这里我又想到一个类比，中国古代的"浑天说"宇宙模型中，虽然也有着与古希腊类似的"地圆"概念，但是无法从这种模型中引导出任何具体的数理天文学，例如甚至无法用这种模型计算出某一时刻太阳的地平高度。换句话说，中国古代的数理天文学不是靠"浑天"宇宙模型来提供理论支撑的。那么类似的，我们是不是可以认为，《天工开物》中的技术成就，也不是靠"气"或"阴阳"理论来支撑的？

■ 现在我倒有点不同意你刚讲的这个观点了。当然，这里还涉及对于"支撑"的理解问题。因为，《天工开物》中所言的技术成就，与古希腊的数理天文学恰恰是非常不同的东西，所以这样的类比也许并不十分恰当。不过，倒是可以举出另一个类比：中医，难道不是由像"阴""阳""五行""寒""热"及"气"等理论来"支撑"的吗？当一位中医大夫以中医典型的方式来诊断并进行治疗时，其依据、支撑的理论，不正是这些东西吗？如果是站在当代西方科学的思维模式中，固然可以把这些看作是"类比"，甚至"附会"，但如果换一种立场，其实完全可以将这些在中国哲学意义上非常独特而且有别于西方思维的"理论"看作是在逻辑上非常自洽的支撑！

或者，我们可以再设想一个例子。当今，设计建造高楼大厦，当然可以认为是像牛顿力学之类的理论为其提供"支撑"的，然而，当年在设计建造著名的赵州桥时，那些工匠并无牛顿力学可用，他们不就是在无支撑的情况下建造成功的吗？所以说，我觉得，当我们谈到所谓"支撑"时，经常会不自觉地受到当代观念的影响，而实质上，说支撑，或理论支撑，其实就是提供了一种自洽的解释系统（这不同于你对席文说法总结的"表达系统"）。在科学史上，燃素说、以太说，不也都是为当时人们解释自然现象提供了"理论支撑"吗？

正是在这种意义上，像薛凤这样将宋应星及他那个时代对技术的理解纳入更为哲学化的对自然之理解的像"气"这样的解释中，我觉得确实是有其道理的，避免了我们再用后来的隐含的理解去看当时的技术问题。

□ 我们之间的分歧其实并没有表面上看起来的那么大，主要是我们对于"支撑"这个词汇的理解有所差异造成的。你举的赵州桥的例子很好，这和我以前用过的弓箭的例子堪称异曲同工：我们在先秦时代就能制造强弓硬弩，而这显然不是靠关于弹性材料的"胡克定律"来支撑的。我的意思是，我们当然同意古代中国的各项技术成就都是有理论支撑的，只不过这些理论不是现代科学的理论。

其实更直白一些来说，我想你的意思是不是这样：表达或解释，就是支撑，或者至少提供了一部分支撑？如果是这样的话，那我们在原则上就没有分歧了，因为我可以同意这样的想法。只不过在这样的意义上，这种支撑和西方的典型例子——比如托勒密宇宙体系对数理天文学提供的支撑——相比而言，没有那么直接和显而易见。

如果我们在这一点上能够达成共识，那我相信我们对薛凤教授《工开万物》一书的评价就更能达成共识了。她的书不仅深入讨论了我们感兴趣的问题，而且是非常富有启发性的。

一位德国学者眼中的中国技术文化史

■ 我基本上同意你的意思,但还需要一点不是作为"支撑"的解释:其实这个问题还是比较复杂的,在有些情况下也许是这样,但在另一些情况下,例如像在前面提到的中医例子里,那些基于"阴""阳""五行""寒""热"及"气"等概念范畴的理论,已经是很系统、很完整的理论了,并且指导着实践,那就不仅仅只是表达或解释的问题了,而是真正意义上的"支撑",而不只是"一部分支撑"。

在这个问题上,有两点似乎是值得注意的。首先,人们在受到当代教育而形成的"缺省配制"背景下,会不自觉地持一种一元论的观点,总认为对于某个对象、某种事物的认识,只能有一种"正确"的理论,因而会把那些与自己接受的理论不同的理论当作是错误的理论。但对于"为什么只有一种理论正确"的道理,却并未有更深入的思考和论证。其次,是经常会忽视在不同的理论之间,并不一定有完全的可通约性,即不一定在所有的情况下都可以用一种理论去说明和解释另一种理论。

总之,薛凤教授这部著作,不管是不是能让所有研究中国古代技术史的人都信服地接受其观点(这几乎就是不可能的),但它确实在对宋应星和中国古代技术史的研究领域开辟了另一种路径,提供了另一种可能的新思路。

原载 2016 年 4 月 13 日《中华读书报》

女性主义和科学史的后现代情缘

□ 江晓原　　■ 刘　兵

□ 刘兵兄，我一拿到快递送来的《女性主义科学编史学研究》*一书，就马上想起一则学术八卦：记得多年以前，在中国科学院自然科学史研究所一间破旧的办公室中，你和章梅芳两人花了两个小时，试图说服我，让我相信，在引入女性主义视角之后，科学史的研究就会别开生面。不幸的是，当时你们没有成功。我想这一定被你们解读为"江晓原的学术偏见顽固不化"。

不过，随着年龄增长，我发现我越来越宽容、越来越能够接受以前曾经排拒的东西了，对后现代的某些玩意儿也日渐亲近。另一则八卦似乎可以证明这一点：在我激烈抨击北大邀请周星驰演讲之后几年，我居然亲自接洽安排了周星驰在上海交通大学的演讲！可见人是会变化的。我40岁前，读书读文章接触人物，首先发现的是其书其文其人的缺点；而40岁后，我读书读文章接触人物，首先发现的则是其书其文其人的优点了。

在这样的变化之下，你得意女弟子的博士论文成书出版，我当然乐见其成，也非常乐意就此书和你讨论一番。章梅芳年轻有为，在学术上勇猛精进，猜想起来，和多年一直秉持"君

---

*《女性主义科学编史学研究》，章梅芳著，科学出版社，2015年6月第1版，定价：99元。

子和而不同"之旨的老友，讨论自己得意女弟子的新著，应该是相当有趣的事情吧。

■ 确实，你说的那件事到现在我们都还清楚地记得，而且还偶尔会提起，似乎类似的情形还不止一次出现过。现在再次谈起这一话题，自然还会是很有趣的讨论。

这次选谈这本书，其实还有几重特色。章梅芳确实是我得意的学生，她不仅在读博期间就表现突出，工作以后依然有着高质量且高数量的研究产出。除此因素外，女性主义，你也知道，一直是我关注而且非常感兴趣的领域，我们又长期对此有一定的分歧。但正是因为有分歧，有讨论，学问本身也才会有长进。章梅芳这些年来也一直保持着对女性主义的深入思考和研究。

你说随着年龄增长而宽容心增加，这似乎有些道理，但同时，也可以解释为随年龄的增长而对学术的理解有所变化。我倒是宁愿你不仅仅因为生理年龄增长而对女性主义这种在许多人眼中的"异端邪说"更加宽容，并愿意继续讨论它，而是更想听到你在这么多年之后，对女性主义又有了什么新的看法。

□ 我现在对女性主义科学史的看法——注意不是对"女性主义"的看法——确实和当年在自然科学史研究所那间破旧办公室中的看法有所不同。记得当年我认为，"女性主义科学史"不会给科学史研究带来新东西，因而它是"完全不必要的"。但是现在我觉得，即使女性主义科学史没有带来新东西（到底能不能带来新东西，我们下面可以再讨论），只要它能够对已有的结论或图像提供一种新的解释，甚至只是提供一种新的描述方式，就有存在的价值——**何况我们认为"新的解释"或"新的描述方式"本身就可以视为"新东西"的一部分。**

打个比方，这有点类似这样的情形：一道科学史的题目，传统科学史已经获得了答案，现在女性主义科学史表示，"我可以用另一种方法解这道题"。如果女性主义科学史解出了新的答案，它当然就提供了"新东西"——**考虑到历史的建构性质，我们可以认为这道题不存在标准答案。**我这里想强调的是，即使女性主义科学史解出的答案与传统科学史解出的答案相同，只要它的解法和路径与传统科学史的不同，它就仍然有存在的价值。

我估计，我的这点转变，很难让你满意。我知道，你应该是国内"最早对女性主义科学史给予关注和重视"的人之一，章梅芳在书中提到了你的工作和贡献。她指出，你认为"女性主义科学史本质上有一种科学批判的取向。它能够提供给传统科学史以新的视角、问题和分析维度"。

■ 呵呵，在这一点上，你确实还是有所变化的——尽管正像你所说的，可能离我希望的变化还略小一点而已，但这已经是很重要的了。

这里的要点是，什么才是"给科学史带来的新东西"。例如，当科学史家没有意识到辉格解释的问题的时候，提出了历史的辉格解释这一问题，从此，科学史家对科学史本身的意识和理解，就已经有许多"新东西"了。

科学史作为历史的一种，不可能没有人的参与，而人，又是有性别划分的，而传统中，对于传统的科学史中所展现的性

女性主义和科学史的后现代情缘

别上的不平衡的现象,女性主义从性别的立场上给出了新的解释,新的说明,甚至提出了新的性别概念(社会性别),甚至将问题延伸到性别背后更深层的对科学自身的理解,这些还不算是有意义的"新东西"吗?

□ 这些当然没问题,但"一种科学批判的取向"到底是什么呢?这种取向是不是只有女性主义科学史才有可能提供呢?愿闻其详。

还有,你指出科学史不可能没有人的参与,而人又是有性别的,那么,科学史研究者的性别,对于科学史研究来说会有哪些意义?我认为对这个问题的回答,应该是论证"女性主义科学史"学术意义和必要性的重要方面,也愿闻其详。

■ 关于科学史中"科学批判的取向",固然许多理论立场或思潮具有,像后现代主义、社会建构论、后殖民主义等。但与之相比,女性主义专注从性别的角度,提出科学也是打上了性别烙印的观念,却是其他一些理论所不曾明确提出的,而且,这种性别烙印在女性主义科学史发展的后期,又不仅仅限于生理性别的科学家在科学中的表现,而是被用于对科学之本性的分析上,这也是女性主义所独有的。这姑且算是有关你所提出的问题的回答的例子之一吧。当然,女性主义科学史在这方面特殊的意义并不限于此。总体讲,可以说是它提出了一种有别于其他已有编史纲领的新的编史纲领和研究方法论,其中蕴含了"科学批判的取向",又不仅限于此。

至于你的后一个问题,可能有一点误解,其实我说的意思,讲研究参与者的性别,本来是指作为科学史的研究对象的

科学的幻想与历史建构

进行科学研究的人的性别,而"女性主义科学史",其实是指从女性主义的立场上来考察和解释科学的历史,这样的研究学术意义和必要性,在对前一个问题示例性的回答中也已经涉及了。而且,女性主义科学史研究的特殊方法论问题,在书中亦是有专门论及的。不过,你提出的,科学史研究者(也即科学史家)的性别对于科学史研究的影响,这倒是另一个有待研究的新问题,似乎目前还未有专门的研究,而章梅芳的书中也还未涉及。

□ 我注意到,章梅芳在本书绪论中,已经明确区分了科学、科学史、科学编史学三者的研究层次,并指出三者的研究对象依次为自然、科学和科学家、科学史和科学史家。借用北大刘华杰教授喜欢用的措辞,那就是:科学研究是一阶的,科学史研究是二阶的,而科学编史学研究则是三阶的。

注意到这一点之后,再来看章梅芳在本书第三、第四章中,所叙述的由西方学者进行的12个可以归入女性主义科学史范畴的研究案例,就可以发现,在一本编史学研究著作中,提供这样的案例述评是非常有益的。

但是,尽管我们明确知道本书是在进行三阶研究,我仍然抑制不住某种强烈的期盼心情在我阅读过程中的萌动。这种期盼最初是某种"不满足"的感觉,后来我掩卷沉思,终于逐渐明白我的期盼是什么了——我是在期盼章梅芳向我们展示某种**她自己的**二阶案例!比如,在这12个二阶的案例中,有一两个是出自章梅芳之手的工作,那将多么精彩!

也许你会质问:为什么要期盼一部三阶研究著作的作者做出二阶的案例呢?这会不会是求全责备甚至没事找事呢?当然

不是。事实上，我的期盼，来源于我对国内科学史界学术生态的多年感受。

其实，在刘华杰教授多次强调一阶、二阶、三阶研究的层次及对象区别之前，许多科学史研究者对于这个问题的认识是相当模糊的。如果说他们对于"科学研究者"和"科学史研究者"区分还比较清楚的话，那他们对于"科学史"与"科学编史学"的区分肯定是模糊的，甚至可能没有注意到这种区分。因此在评价学者时，很容易因为没有注意到"科学史"与"科学编史学"的区别而产生误解。还在我念研究生的 20 世纪 80 年代初期，这种误解就已经在我周围的前辈学者中表现出来了。在那样的氛围中，要想得到圈子里的认可，通常必须做出足够好的二阶研究工作。

或许我们还可以有一个适度推广的推论：**仅凭 N+1 阶的研究成果，通常很难在 N 阶圈子里获得认可**。例如，仅凭科学史研究成果，通常很难在科学界获得认可。

正是在这样的思想背景之下，我才会期盼章梅芳自己的二阶案例。对于本书而言，没有这样的案例确实不足为病，正如你在序言中所说，作者已经"非常理想地完成其设定的任务"。但是对作者进一步成长来说，展示自己的二阶研究案例，肯定会有助于她更上一层楼。不知你以为如何？

■ 这样说来，我们就没有矛盾了。关于你上面的推论，其实好几年前，我就在《科学编史学的身份：近亲的误解与远亲的接纳》一文（《中国科技史杂志》2007 年第 4 期）中，有过比较系统的分析，我还进而提出，被研究者，总是对于研究者和研究者的成果有所保留，甚至于不理解和反感。例如文学

科学的幻想与历史建构

家对于文学评论家和文学理论家的态度是如此,科学家对于科学哲学家以及科学史家的态度也是如此,科学史家对于科学编史学家更是如此!

而且,因为研究"阶"数的不同,所依据的一手文献便也不同,但作为研究的成果都是原创性的。以往许多科学史家认为,科学编史学的研究并非基于一手文献因而并非原创,也正是混淆了这一点。如按照此逻辑,那科学家们岂不是也可以同样批评科学史家的研究非原创吗?因为科学史家的一手文献不也是科学家写出的科学论文等,其对象也是科学家而非科学家所研究的自然吗?显然,对研究阶数的理解是非常重要和关键的。

至于你期盼的"二阶"研究,其实章梅芳一直也在从事中,例如,她与我合作的关于"坐月子"问题的女性主义研究,便属此类。另外还有其他一些研究,包括她指导学生所做的学位论文的选题等。只不过,在这本专门研究科学编史学的专著中,或许是因为经典性等方面的考虑,没有收录她自己所做的女性主义科学史研究的直接案例而已。但我相信,未来她一定会专门出版自己的女性主义科学史"二阶"研究专著的。

最后,与我们以前的讨论相比,这次你在字里行间所显示出的你所持的立场和见解,我觉得还真是有很大转变。作为女性主义研究者,能看到这样的转变(哪怕未来仍有可继续转变的更大空间),肯定是非常欣慰的。当然,从一般性的女性主义研究者的经验来看,肯定也会意识到,要让更多的学者,更多的非学者在意识上有性别立场的转变,依然任重道远。

原载 2015 年 8 月 12 日《中华读书报》

电报背后的科学技术和政治

□ 江晓原　■ 刘　兵

□ 对于电报这件事情，我以前一直没有太留意过。在我原有的印象中，它似乎是传统科学技术史的一项经典内容。现在看来，这个印象是有问题的。如果我们将电报和汽车这两项发明做比较的话，我认为电报对人类生活的影响更大——尽管从表面上看起来，它似乎远没有汽车那么引人注目。

电报在西方被发明出来，中国的电报业是从西方引入的，而且引入的时间正值中国清朝末年在西方列强的侵略下风雨飘摇之际，这就使得电报在中国的出现，有了远比它在西方开始被应用时更为复杂的背景、过程和影响。在《电报通信与清末民初的政治变局》*一书中，我们可以看到许多在今天看来匪夷所思的局面和故事。例如，清朝一面和列强处在斗争甚至战争状态中，一面却不得不从列强那里引进电报技术来为自己的军政指挥系统服务，而且各级电报局中普遍雇用"洋员"——来自西方各国的电报技师。如果从今天的"保密"角度来看，这样的局面是根本不可想象的。

■ 要讲电报和汽车，按照今天的分类法，应该分别属于通信和交通两大领域。谈及谁对人类生活影响更大，那还要取

---

* 《电报通信与清末民初的政治变局》，史斌著，中国社会科学出版社，2012 年 8 月第 1 版，定价：39 元。

决于这影响产生的具体语境了。比如在今天,随着电报的衰落,近似的类比,恐怕就应该是手机了,如果比较手机与汽车在当下哪一个对人类生活影响更大,可能也还难以简单定论。

不过,回到清末民初的时代,讨论电报的影响,那就是另一回事了。《电报通信与清末民初的政治变局》一书,从选题角度来看,一是属于典型的科学技术史领域,二是有着很强的科学社会史风格。而且,从作者写作此书的内容来看,显然作者是非常严肃地搜集了各种相关的重要史料,并在此基础上,重构了这一西方发明被引入中国,并在当时产生的重大社会政治影响。也恰恰是因为在刚刚引入的时候,像你所说的雇员与保密的问题,恐怕确实是很难协调的,如果非要马上采用这项"新技术",这样做法看来也是不得已的事。

□ 你说此书"科学社会史的风格",我很有同感。事实上,关于清末民初的电报史事,之前也已经有人论述过,但史斌的这本书和之前的论述有两大不同:

第一,之前的论述多为史事梳理,未能从科学技术史的角度进行深入研究,所以作者通常都回避关于电报的各种技术细节,而《电报通信与清末民初的政治变局》则发挥了作者受过科学技术史系统专业训练的优势,对当时的电报技术做了详细而深入的考察。

第二,也是此书最大的特色,是作者利用了尚未公开的《盛宣怀档案》,而"盛档"是之前的论述者都未能有条件使用的。清末民初的电报事业,与盛宣怀有着不可分割的密切关系(如果使用文学语言,说盛宣怀是"中国电报之父"也不为过),所以此书"科学社会史的风格"实与使用"盛档"有极大关系。这还要特别感谢负责"盛档"整理工作的熊月之教授，他惠然允许本书作者使用尚在内部整理中的"盛档"。

至于哪一项发明对人类生活的影响更大，肯定是言人人殊的，因为每个人的评判标准不同。我主要是着眼于电报所带来的现代通信，这种手段一旦被使用到现代媒体上，使人们可以瞬间得知远方的"新闻"，对我们生活的影响就变得极其巨大了——我们甚至可以说，正是电报的发明催生了现代媒体。今天媒体当然可以借助互联网而获得远方的"新闻"，但在这件事上互联网只是电报的升级版而已。

■ 在这本书中，我相对来说比较感兴趣的一个问题，还是将当时的电报与今天的手机相比较，尤其是在社会影响方面。

在此书的第五章《集权与生存：电报国有与清末政府危机应对》中，关于清政府将电报事业收归国有、关于政府内部的电报信息保密制度，以及在面对反清运动中，借助电报实施镇压行动和采取电报信息封锁等应急措施的故事，都可以让我们联想到，其实在今天手机（更不用说与网络的联合）的应用中，所出现的那些问题，在电报这一当时的"先进"通信工具被引进时，也都以非常相似的形式出现了。

从这样的实例出发，来研究新的技术手段与社会应用的互动，以及技术、权力和控制等当下科学技术与社会研究中的热点问题，此书无疑是提供了一个很好的来自历史的重要案例。

□ 你的这个想法非常有价值，你将电报初入中国时的情形，与今天手机/互联网在中国的情形类比，也是非常有道理的。唯一的差别，就是今天中国比当时安定许多，强大许多，这也许是我们应对时的有利条件，但也必须看到，我们要应对的对手，也比晚清时强大了许多——那时世界上并没有今天美国那样一家独大的超级霸权。在互联网方面，今天美国的一家独大情形，远比当年英国的霸权更厉害。

这么说来，研究当年电报引入中国的史实，居然能够对当下和未来中国的互联网安全问题提供某种直接或间接的借鉴。若当真如此，这将是"以史为鉴"的一个鲜活案例，也将是本书的一个重大现实意义——也许连作者本人在写作此书时，也未必明确意识到这一点。但即使如此，作者也可以在后续研究中有意识地关注这一点。

■ 将当时的电报与今天的手机相比，也是可以有不同的比法的。当你着重于就这一新技术拥有的竞争对手相比时，如果着眼于新技术本身具有的正反两方面影响的特点，其实我们也还可以考虑除了在有竞争对手涉及国家安全的案例的前提下，这些新型的通信技术给人们的生活和观念带来的影响。

例如，你前面曾提到，这种现代通信的手段一旦被使用到现代媒体上，使人们可以瞬间得知远方的"新闻"，以及今天媒体借助互联网也可以获得远方的"新闻"，但却只是电报的升级版而已。这会让我们想到，其实这样的新技术的引入，对于我们的"新闻观"的影响。波兹曼在其《娱乐致死》中就曾置疑，其实，那些远方的新闻，对于我们真的有那么大的价值吗？我们反而会因此对身边本来更重要的事视而不见。如此等等。

当然，我们谈论的这本著作，主要还是从政治变局的视角

电报背后的科学技术和政治

来就电报这一新技术的引入进行讨论的。我在这里岔开一些谈到这种技术影响的其他方面,其实也只意在指出,像电报这样的新技术,其影响本是多方面的,当与今天的其他类似新技术相比,许多问题的存在也本不是当下才有的事,只不过我们未必意识到而已。这也恰恰提示我们在对技术史的研究中,本可以有更广阔的视野,相应地,也就会有更多的获益。

原载 2013 年 2 月 1 日《文汇读书周报》

这回是真的剑桥科学史啦

——读《剑桥科学史》第四卷*

□ 江晓原　■ 刘　兵

□ 负有盛名的《剑桥科学史》，正由大象出版社次第出版它的中译本，这在我们浮躁奔竞的今天，真正是太难得了，此事真是大大功德。我们在前年的这个专栏（2008年7月11日本版）曾经谈过它的第七卷（这是中译本最先出版的一卷），不过那一卷实在是非常奇特——事实上它根本不是我们通常所说的科学史，而是所有我们国内习惯称为"社会科学"的那些学科的历史。这回出版的第四卷，才真正是科学史的内容，这一卷是"18世纪科学"。

这第四卷由已经在2002年去世的罗伊·波特主编——他本人生前未能看到这一卷的出版。本卷共分为5个部分，连同主编写的导言，共计36章，由英、美、加拿大、澳大利亚、日本、印度等国的36位学者共同撰写，基本上是每人写一章。中译本的翻译，也是数十人共同努力的结果。

这一卷给我的印象是，至少在结构上具有相当广阔的人文视野，例如，除这个世纪科学上的各方面进展当然被讨论外，如期刊、占星术、炼金术、性别化的知识等，也都纳入了论述的范围。这就远非我们国内以前习惯的那种"就科学史论科学

---

* 《剑桥科学史·18世纪科学》（第四卷），[美] 罗伊·波特主编，方在庆主译，大象出版社，2010年3月第1版，定价：298元。

这回是真的剑桥科学史啦

史"的科学史写法。

■ 由于由剑桥大学出版社出版的各种剑桥史系列的权威性，这些多卷本的历史中译本一直在国内学界备受重视。当然，这种重视是有道理的。比起其他"剑桥史"的著作，这套剑桥科学史的出版，无论是在国外，还是在国内，也都可以算是比较迟的了。正是由于这套书的特殊性，我想，对此书的每一卷，都值得我们好好地谈一谈。

在目前可见的中文出版的国外科学史著作中，仅就18世纪科学专题，这本书应该是最为详尽的了。除你注意到并列举出的那些在过去传统的科学史中几乎没有的论题、内容和视角外，其实，还有更多传统科学史中少见的内容。例如，科学组织、科学与政府、科学群体志研究、科学的分类、科学哲学，以及人文科学等内容，也包括印度与大众科学、科学、艺术及自然界的表征，如此等等。仅仅从目录上看，这些全新的话题也充分表现出了这部科学史的前沿性。而这恰恰是在我们国内所常见的科学史著作中所缺乏的东西。

□ 你对这部巨著欣赏热爱的心情我理解，不过，每一卷都在我们这个专栏中谈一次，那毕竟是不太现实的。我想这第四卷恰到好处地成为这部巨著的一个标本，确实值得我们好好谈一谈。

有一个问题，很想听听你的意见。我一直认为那种由几十个人一起写成的书，质量难以保证，风格也不易一致，或者说很难形成自己的风格。主编再怎样辛勤统稿，终究众口难调。但是现代学术的发展，又似乎已经到了大型学术工程都必须多

科学的幻想与历史建构

人合作的地步,剑桥出版社出版的许多史书,比如《剑桥插图天文学史》、多卷本的《剑桥中国史》等,都是这样写成的。以这《剑桥科学史》第四卷为例,各章出自各人之手,非但风格不一,连思想立场也互有参差。对此你怎么看?你估计,此书的中国读者们又会怎么看?

■ 你说到了一个非常有意思的问题。确实如此,如今,看那些新出版的多卷本巨大篇幅的"通史",多是这种写作模式。这也让我们回想起,半个多世纪前,科学史的奠基人萨顿,以一人之力独写《科学史导论》,一直写成了厚厚的3卷5册,最后,也只写到了1400年。但那充满了浓厚的个人创作色彩,以至于到现在为止,还没有一位或一批学者将它继续写下去。同时,即使在那个时代,也表现出了一个人的力量的有限。

如今,随着各门学科以及学科中不同研究方向上多年的研究和积累,知识更加分化,一本介绍多个领域的、从诞生到最前沿的如果不是说全部至少也是最重要知识的篇幅如此宏大的"通史"性著作,多采用由各领域专家各写各研究领域章节的模式。当然,你说的那些问题,如风格不一等,也确实是问题,但恐怕又只能如此。人们只能在两难中选择,要么由多人来写,但存在上述问题;要么由一人来写,其代价就是缺少对各细化的分支和各种论题理想的专业把握。显然,国外的学者们选择了前者,并形成了一种新的传统,除篇幅有限的教科书和普及性作品外,已经不再有人只以个人之力来撰写那种真正追求学术性的巨著性的多卷通史了。

这里还可以再多说一句:风格不统一,立场有差异,其实

这回是真的剑桥科学史啦

也没有什么大不了的吧。那也只不过是过去在传统中形成的一种文本美学追求而已,变变又有何不可?

□ 你关于风格不统一问题的看法大得我心。其实我一直喜欢风格的多样化,所以编书时经常为这个问题和编辑争议——他们对"文本美学"的追求,有时达到骇人听闻的地步(比如要求全书都使用"该书"而不使用"本书")。

不过关于这种多人合作成书的做法,我还是颇有保留。尽管我也承认很多情况下不得不如此,但我想强调的是,这不是一种理想的状态。

让我们在这次的《剑桥科学史》第四卷中,看一个例子。

本书第四部分"非西方传统"中,为中国和日本各安排了一章。《中国》章的作者是冯客,《日本》章的作者是中山茂。结果我们看到什么光景呢?首先,《中国》章的篇幅是 8 页,《日本》章的篇幅是 16 页,这当然不能解读为"日本在 18 世纪的科学比中国的同一时期重要一倍",也许可以将此事解释为"冯客和中山茂的写作风格不同",比如说冯简洁而中山繁复。但是,对于《中国》章中多次出现的硬伤,就不能用"风格"的理由来解释了吧?中译者已经非常细心地替作者纠正了几处硬伤(见译注中),但是我们仍然看到作者居然将西晋的杜预当成公元前的人物,而且还"正确"地将杜预的生卒年"公元 222—284"倒置成"公元前 284—前 222"。

为何会出现这种情况呢?也许问题出在作者的选择上。我们知道中山茂是科学史界的前辈权威,由他来写一章日本的 18 世纪科学史可以说是出色当行,而冯客(书中作者简介又写成"冯克")作为"伦敦大学东方和非洲研究学院当代中国研究所主任、医学史高级讲师",请他来写这一章是不是有点勉为其难了?

所以结论是,多人合作成书,"找对每个人"是极其重要的,但往往很难。

■ 也就是说,你对于多人合作成书,是既持一种肯定又有所保留的态度。我当然同意"找对每一个人"这一点,但若是要再争辩几句的话,我还可以说,相比而言,这在原则上仍然还是可能的,找不对人那只是在操作上的失误。否则,仅以一人之力来写这样的著作,由于个人知识的限制,在学术上可能结果更差。还有一点可比的是,在国内,特别是在过去编有些教材时,也经常是多人合作,但那出发点,却只是更多地服从于单位利益,而不是学术上的专长,因而,也就不存在"找对每个人"的问题,只是要"找对每个合作单位"了。

最后再回来谈几句这本科学史吧。其实,像这样一本厚重的科学史(或严格地说,是在多卷本科学通史中的一卷断代史),要想在这里有限的篇幅中面面俱到地谈其所有的优缺点,几乎是不可能的事。但有一点却是无可怀疑的,即随着这部多卷反映了科学史国际前沿研究观点和水平的科学史中译本的出版,必将给我国的国际科学史研究带来重要的促进和可以预见的直接影响。

原载于2010年9月3日《文汇读书周报》

一碗来自剑桥的科学宽面条

——《剑桥科学史》第七卷*

□ 江晓原　■ 刘　兵

□ 刘兵兄，不瞒你说，拿到这本《剑桥科学史》第七卷，吓了我两跳。先是封底的定价：这本700页的书，竟高达248元！（为了便于读者判断出版社如此定价的合理性，请参考2008年6月22日亚马逊网上这一卷原版的售价：162美元）。接着翻开书，发现这一卷中没有任何一章是在讨论我们所习惯的"自然科学"，而是专门讨论各种各样"社会科学"的，比如社会学、经济学、政治学、心理学、人类学、历史学等，甚至有一章专论"马克思与马克思主义"，当然还有你一定喜欢的专章"社会性别"等。总而言之，这完全超出了我们通常所习惯的"科学史"的范畴。

记得前两年，我们一圈朋友曾经为"科学"的定义应该取宽还是取窄争论过一番，各人纷纷"站队"，我是坚决站在"窄面条"一边，你则站在"宽面条"一边；还有的人起先站在窄的一边，后来又叛向宽的……最后似乎是"宽面条"赢得了多数。但是现在看看这第七卷的《剑桥科学史》，其面条之宽，一定超出了当时争论中持论最"宽"的人的想象。还是老

---

* 《剑桥科学史·现代社会科学》，[美]西奥多·M.波特等主编，第七卷翻译委员会译，郑州：大象出版社，2008年3月第1版，定价：248元。

科学的幻想与历史建构

外想象力丰富啊,要"宽"就干脆宽个够。

这一卷的范畴理念,和我原先的理念大相径庭。我前些年还专门写过文章,认为"社会科学"这个词汇甚至可以考虑取消,有"自然科学"与"人文学术"这两个范畴就够了。当然我并不想批评这一卷的范畴理念——我一贯主张宽容和多元的。况且这说到底也就是定义问题,我们就将这些社会科学定义成"科学"的一部分,也无不可。

但是,对于一个科学史的研究者来说,这一卷《剑桥科学史》无疑大大拓展了科学史的疆域——哈哈!现在科学史几乎可以包括人世间的所有学问!由于只有文学没有在这一卷被涉及,我们现在是不是可以说,世间的所有学问可以分成两部分:科学与文学?

■ 其实,我看到这本书时,也是很有些意外的,尽管早在此之前就知道此套8卷本的巨著中有这样一卷。在以往我们以不同宽窄的"面条"尺度来争论科学之划界范围时,通常那些"宽面条"派们也还没有把社会科学放到科学的"宽"定义中,只是强调不同于西方主流的自然科学的那些非主流的涉及自然之知识的"地方性"知识也可以属于广义的科学范畴。而这本应该说是有相当权威性的《剑桥科学史》,干脆把"社会科学"作为单独的一卷,应该是像你所说的真正"宽"够了的"面条"。

也确实正如你所说,关于何为科学,其实说到底也就是定义问题。但这里所说的定义,却并非随心所欲的任意定义,而是有其背后的道理的。这些道理,在《剑桥科学史》第七卷中的导论《社会科学史的写作》中,应该是说得比较清楚的。在

一碗来自剑桥的科学宽面条

那篇导论里，道理讲得比较详细，从历史到现实。不过在我看来，最重要的原因，不外乎是人们对于科学之理解的演进，特别是对于传统中认为的那种"精密"的科学并非那样精密，即"实际上，自然科学也不能充分地符合哲学规范"，但之所以许多人仍然会把自然科学（更严格地说是西方近现代和当代主流自然科学）看成特殊的知识，也许还是和人们对之抱有某种幻象，以及对于其并非如同传统中所设想的那样"入世"认识还不够充分有关吧。

不过，这里我还想到了另一个理由，即对于科学史来说，特别是对于科学史的研究来说，这些"社会科学"作为研究之基础的理论和方法，不是也同样可以有理由在科学史中占有一席之地吗？

□ 我们虽然在科学定义这个面条的宽窄上有争议，但大方向却是一致的，面条的宽窄只是策略的不同。现在这碗来自剑桥的科学面条，虽然其宽度超出了我们先前的想象，但我注意到，主编在对待科学的态度上，也同样是反对唯科学主义的——反对给予科学以凌驾于其他知识之上的特权地位。

例如他们在这一卷的导论中开宗明义就指出："由自然科学家写作的科学史常常完全忽略了社会科学，科学哲学史通常是首先着手研究最成功的领域，这一部分就充当了其余部分的典范。"这种现象在国内的科学史研究中也很常见，首先研究科学史上的成就，在许多人看来似乎是天经地义的。但是情况早已经发生了变化。两位主编指出："到了20世纪60年代，新兴的专业科学史家开始用貌似更具包容性的方式重新建构这个领域。他们并不认为科学不断进步的论述是必然正确的，尽管这曾经为其无数先辈所信奉。"

在他们看来,"这也就开始意味着,通过历史主义的视角看待科学,将其看作一种社会建构,和研究其他的社会建构一样来研究科学"。这两位主编的意思,我觉得可以这样解读:社会科学当然是社会建构的,现在我们将科学也看作社会建构的产物,那么将种种社会科学纳入科学史的论述范围,也就是顺理成章的事情了。

■ 因为讨论的是《剑桥科学史》中《现代社会科学》这一卷,我们这里实际上反而是主要在讨论社会科学及其与狭义的"科学"或"自然科学"的关系问题了。你提到了此卷主编在对科学的态度上是反对唯科学主义的问题,而我则想到,其实在许多社会科学家当中,唯科学主义的成分通常也并不比自然科学家们更少。正如此卷导论中所说:"尤其在 20 世纪的英语中,具有科学的地位就意味着要具有自然科学的某种基本相似性,这甚至通常被社会科学家看作'真正'科学的内核,在时间上和逻辑上具有优先性和典范性。然而,从历史的角度来看,这似乎是出于某种误解而造成的。"

读这段话的时候,我们不难联想到身边经常会听到的有关社会科学的评价。当把社会科学的评价标准向自然科学看齐时,一方面是自动地降低了社会科学本身的价值,另一方面,又是把自然科学当作一种特殊的、绝对的、至高无上的"典范",这当然是一种典型的唯科学主义倾向。例如,以往人们总是比照自然科学的发展(实际上只是在比照近现代西方主流自然科学中某些学科的发展),将对数学的引入之多少作为社会科学是否完善的重要标准,可以说就是这种倾向的一个突出

一碗来自剑桥的科学宽面条

的表现。

这样,当我们采用了如此"宽"的标准后,这种"宽"定义下的科学,就包括了西方主流自然科学、非西方或主流自然科学,以及社会科学这三个在宽度上逐次递进的学科领域。不过说到这里,我倒是在想另外两个相关的问题,即以往我们在区分自然科学和社会科学时,是否就能真正做到清晰有效的划界呢?其次,就是在这种分类中,人文学科的位置又应该是怎样的呢?

□ 我之所以主张"社会科学"一词可以不用,原因之一就是因为"清晰有效的划界"实际上是不可能的。当然,只分成"自然科学"和"人文学术"两大领域,同样存在划界的困难。正是由于"清晰有效的划界"不可能,我们才应该减少划界的任务或负担——分成两部分的划界任务一般来说当然小于分成三部分的。不过在这里,划界问题也不是非要解决不可,可以先搁置在一边。

至于人文学科——我这里主要是指文学、历史、哲学之类——的位置,我认为应该是更基本的,或者说更高的。明确地说,它们应该在科学之上。因为它们才能教我们怎样做人,而科学技术只能教我们怎样做事。如果依据这个标准来判断,那么这些能够被纳入《剑桥科学史》第七卷的绝大部分学科,同样都是只能教我们怎样做事的(由此也可见将它们纳入科学史范畴的合理性),当然也就只能享受与科学技术类似的待遇或地位啦。

■ 我同意你所说的人文学科应该是更基本的,从而,在

科学的幻想与历史建构

某些情况下，将人文学科与社会科学区分开来，还是有意义的。尽管对于这种更基本的说法，恐怕还会很有争议。不过在这一卷中，作者似乎注意到主要只谈社会科学，但有些论题，如"社会性别"，也还很难做到将社会科学与人文学科进行严格的区分。

这样，至少按照这本《剑桥科学史》，我们就有了这样的方案，将自然科学与社会科学一并作为最宽泛的科学来理解（虽然在这种理解中此多卷本的科学史仍然还是以自然科学作为绝对的叙述重点），其实以这样的视角和方式来写社会科学的历史，也还是有别于传统的社会科学的历史写作因而值得人们注意的。同时，这也暗示着将人文学科相对独立出来。

总结起来，在你所说的这碗最宽的科学定义的面条中，也同样向我们提示着科学的多元性，只不过，是在原来就有些模糊的自然科学的多元性之中，又加上了更为模糊的社会科学之元。好在中文名词的复数形式与英文不同，否则这最后一个"元"字，在我们现在这样还没进一步区分类别和层次的情况下，我还真没考虑好是不是应该像英文加"s"那样以复数来表示呢！

原载 2008 年 7 月 11 日《文汇读书周报》

纯真年代的数理科学

——关于《剑桥科学史》第五卷*

□ 江晓原　■ 刘　兵

□ 多年来，通常我们在这个栏目中不谈我们自己的书，这当然是为了避嫌。不过后来在朋友的劝说之下，对于我们主编的书曾偶尔网开一面——自己主编的书总是比较熟悉，推荐和评论一番，对于读者了解其书毕竟也不无益处。这次的《剑桥科学史》第五卷，情形也是类似的。此书你我和杨舰是所谓"主译"，其实主要是年轻学者们辛勤翻译的，我们几个主要是做了一些组织工作。所以在这里谈一谈这一卷，我想还是合适的。

以前我们在这个栏目谈过《剑桥科学史》先出的第七卷（2008年）和第四卷（2010年）。第七卷是《现代社会科学》，当时我们还对《剑桥科学史》关于"科学"的定义如此之宽着实感叹了一回。第四卷是《18世纪科学》，现在这个第五卷是《近代物理科学与数学科学》，都是通常意义上的科学史。第五卷论述的时间范围，大体在18世纪末到20世纪上半叶。在我的认识中，这个年代的科学可以认为大体尚在纯真年代——最简单朴素的标准，就是科学尚未像如今这样爱钱。

---

* 《剑桥科学史·近代物理科学与数学科学》（第五卷），[美]玛丽·乔·奈主编，刘兵等主译，大象出版社，2014年12月第1版，定价：280元。

科学的幻想与历史建构

这一卷分成6个部分，凡33章，分别出自37位西方学者之手。对于这种成于众手的编撰方式，我一直心存敬畏，但考虑到这样一部多学科、跨专业的科学通史巨著，这也是无可奈何之事了。

■ 先来回应一下你关于众手编撰方式的想法。我倒并不认为这是无可奈何之事。如果说，在萨顿时代那些科学史大师们还有独自撰写一部巨型科学通史的宏愿的话（但其实连萨顿本人也并未真正完成，只写到1400年），在如今，这样的愿望几乎已经没有实现的可能性了，尤其是在编著一部真正学术性的而非通俗读本或教材时。差不多已经是学术界相对公认权威的各种多卷本的"剑桥……史"系列，也都是采用这种多人集体撰写的方式。其实这与历史学（当然也包括科学史）发展到今天这种分支颇细、研究日渐专深的程度密切相关。只有邀请对其撰写的内容及时期有专门研究的人来撰写，才能真正保障较高学术性和权威性，当然，主编（或主编们），还是要对书中的内容、结构，以及对撰稿人的选择，有着重要的判断和决策。

此外，我对于《剑桥科学史》第五卷印象较深的地方，还在于这卷原版出版于多年前的著作，在内容结构上表现出来的对于科学及科学史的非常前沿性的理解。比起以前形式上近似（当然在篇幅上要略小）的著作来说，这本断代学科史性质的著作中，涉及内史之外的社会、文化等诸多因素的章节和内容，比重上要大得多的多。例如，它涉及公共文化，科学方法论，科学与宗教的关系，物理学与性别，科学普及，科学与文学、科学的场所、设备与交流（语言），科学、技术与战争，

纯真年代的数理科学

科学、意识形态与国家，甚至涉及物理学与医学，以及全球环境变化与科学史等。过去很难想象，在这样一部关于物理科学和数学科学的科学史著作中，会将这样多远远超出内史范围的内容纳入其中。

□ 不少讲科学史的人喜欢谈论从20世纪开始的"大科学"时代，意思是科学已经不再是科学家个人的小作坊形式的活动了，它变成必须由多人甚至大规模合作的活动。仿此而言，或许可以说，我们也已经进入了"大学术"时代，大型学术著作也经常依赖多人合作才能编撰完成了。在这个问题上，我们的分歧也许只是审美意义上的：我们实际上都接受了这一现实——要不我们也不会亲自参与到这种形式的学术工作中去了。

关于《剑桥科学史》的这一卷，给我印象最深刻的，恰恰也是它非常浓烈的"外史"风格。作者们非常关注科学与社会、政治、军事、文化乃至时尚等方面的关系。首先，许多大小章节的标题就强烈提示了这种关系，比如1800年以后物理学的公共文化、19世纪和20世纪物理学与西方宗教的交会、文学与现代物理学、苏联的马克思主义与新物理学、雅利安物理学与纳粹意识形态……更为令人惊奇的是，在全书33章208节中，有许多章节里甚至完全没有任何"内史"的内容。

非专业读者完全不必被这一卷《剑桥科学史》的名头吓得敬而远之，因为书中充满非常有趣的内容，甚至八卦都有一席之地。例如，1835年纽约《太阳报》那场非常有趣的关于约翰·赫歇耳（John Herschel，1792—1871）用望远镜发现了月亮居民的骗局，居然也在第4章《科学家与他们的公众：19世纪的科学普及》中被提到了。而这样的事情，在我们中国读者通常熟悉的科学史著作中，都是要被无情"过滤"掉的。

■ 这背后的原因，以及带来的影响和后果，是值得我们认真思考的。

你所说的"大学术"，其实在科学史这门学科中，也只是在这种大型通史的特殊情形下才会出现。而在一般情况下，在科学史的常规研究中，通常还是按照那种人文学科的传统，以学者个人为主体进行的研究。而这也反过来表明了，为什么"通史"这种体裁，已经不大作为常见的"研究"形式了。但反观我们这里，我们会发现更奇特的现象，一些"通史"，反倒经常为个人所写，并被作为学术业绩考核可接受的研究形式；而与此同时，更多的本来应由学者个人为主体进行的科学史研究，反而经常以必须多人合作的"大学术"课题的方式才能获得承认和得到资助。这似乎又是一种我们与国际不接轨的研究方式。

至于你说到的"外史"风格的浓烈，我还是以为这是历史观念的变化所导致的。也是另一种国内国外不同的景象。虽然这些年里，外史在国内已经在理论上获得了某些认同，但相比之下，国内的研究者们在内心深处对于内史的看重和认同，还是要远比国外更为明显得多。试想一下，如果某人面向非科学史专业的学生以这样的方式讲一门科学史导论课，在我们的通常的评价系统中，会面临什么样的可能性呢？

我甚至有一个猜想，我觉得这样超出我们通常所能接受的程度的浓烈外史风格，也许正表现出在国际上科学史这门学科的研究和普及，正在更大的程度上摆脱这门学科初期所带有的

纯真年代的数理科学

某种强科学主义色彩,同时也更加重了其人文主义的色彩。你说呢?

☐ 你的这个猜想,我非常赞同。

事实上,至少从20世纪90年代开始,国际科学史界的"外史倾向"已经表现得越来越明显了。与此同时,法国的"新文化史"之类的学术潮流,也有异曲同工之处。如果这些可以视为某种"国际之轨"的话,那么我们国内的某些接轨行动开始得也很早,甚至和"新文化史"堪称不约而同。但是,就总体而言,这种"接轨"在国内只是一小部分人的行动,许多老一代和新一代学者仍然继承着传统的"内史"风格。当然,我们完全可以因为这两种风格至少在客观上形成了"必要的张力"而乐见它们的共存。

而如果我们将目光稍微放远一点,就不难发现,在20世纪上半叶,具有现代形式的科学史研究在中国开始出现时,它其实和清代乾嘉学派考据之学的传统大有渊源,甚至可以说就是脱胎于后者的。这种隐藏着的"精神血统",很容易将研究引向传统的"内史"路径。而相比之下,"外史"风格却显得和这种传统有点格格不入,或者显得有点不够"脚踏实地"了。另一方面,就大体而言,"强科学主义"通常总是缺乏人文关怀的,而"外史"要关注的社会、文化背景,往往有着更多的人文内容。所以,一部在"强科学主义"纲领引导下的科学史,往往就只剩下那点"内史"的编年史和实证内容了。

你上面提到,如果一个学者以《剑桥科学史》第五卷的风格来讲授科学史课程,他在我们这里会面临什么样的评价?这是一个非常有意思的设想。以我从业三十余年的经历,我猜想他至少会面临"拉拉杂杂,牵扯枝蔓太多""对科学概念缺乏明确界定""这到底是科学史还是社会学"之类的非议。甚至还可能对作者的"史学功底"产生疑问,进而质疑作者撰写这样一部科学通史著作的"资格"。

■ 可以非常明显地看出,对于历史(科学史)的功能、价值、研究功底,以及教学目标等的不同理解,可以带来完全不同的科学史的教育选择。实际上,近几年来,在我教授的几门近似的科学史课程中,我所选择的方式,恰恰已经有些像你所说的那种"拉拉杂杂,牵扯枝蔓太多"的风格了。但至少对于科学概念的界定,还是要讨论的核心问题之一,只不过是突破了原有的那种朴素、简单、传统、狭义的科学定义而已。

其实从这个问题,可以延伸到我们为什么要进行科学史教学的讨论。如果说受众是非专业的科学史研究者,如果面对他们以这样的方式来讲授科学史可以传达更多关于历史上科学的更全面的信息而非只是专门的历史上的科学的具体知识,那难道不是会让科学史的教学更有意义吗?这也正像在科学传播中,也存在有类似的争议:是坚持传统的对科学具体科学知识的普及,还是以更广阔的视野去传播更加全面、复杂的科学的形象、功能、内容与社会的互动关系等。

至于你说到的"清代乾嘉学派考据之学的传统"与"内史"传统的关系问题,正好我发表了一篇题为《考据与科学史——一些科学编史学的思考》的文章,其中也正是要分析讨论相关的问题。简单地说,我认为,在承认考据是中国传统学术中极有特色并值得发扬继承的研究方法的前提之下,我们也不能不承认,那种过分关注考据,关注史料,并以之替代整体

纯真年代的数理科学

的史学研究,已经不是当下国际史学主流的研究范式,而且这样的研究传统也带来了对于国内科学史科发展的限制。

□ 我的体会是,文献考据和实证、传统的纯内史等,作为科学史研究者的基本功是不容忽视的,但对于其他受众而言,仅仅依赖这些基本功而做出的论述,和外史风格所体现的广阔视野相比,在思想性、启发性方面有明显的不足。而一种更富思想性或更富批判意识的科学史论述,无论是对于专业的科学史研究者,还是对于一般受众,都将是更有教益的。

如果按照这种非常理想的标准来看,《剑桥科学史》第五卷似乎还稍有欠缺。虽然作者们富有人文关怀的论述已经和"强科学主义"拉开了距离,但他们毕竟还没有能够自觉地将自己的论述置于"反科学主义"的纲领之下——这当然有一点苛求了。总的来说,这一卷不失为别开生面、富有新意的科学史论述,有兴趣了解科学史的读者,乃至专业的科学史研究者,都值得一读。

■ 在最后的总结中你倒似乎比我更激进一些,因为考虑到科学史研究作为一门学科的惯性以及它与科学传播这样的学科的差别,我觉得《剑桥科学史》能够做到现在这样的程度已经是很不容易了。反过来想,如果不是有着这样权威身份的支撑,写出这样设计章节内容的科学史,还不知道要受到业内传统倾向的人士多少无情批评呢!

从积极的方面看,这一卷确实给我们以某些重要的启示和示范。甚至不限于这一卷,我记得以前我们曾谈过另外两卷《剑桥科学史》,其中也同样有着与传统类型的科学史非常不同的选题特点。这恰恰说明了,科学史研究同样应该并且可以是迅速发展的,发展不只体现在传统类型的内容在数量上的扩展,更体现在研究者观念上的更新。

除了对于科学史的研究的意义之外,这种充满新意的科学史论述,对于转化为面向公众的科学传播的重要而且可靠的资料基础,也将是非常好用的呢!

原载 2015 年 4 月 8 日《中华读书报》

"非欧洲中心"的科学技术史是否可能?

□ 江晓原 ■ 刘 兵

□ 通史性质的科学技术史著作,已经有许多了,包括从国外引进的和国人自己编著的,有些还相当有影响。但这种著作的编写也是不会有止境的,因为每一个人眼中都有他自己的一部科学技术史。就这类著作的价值而言,我觉得至少有两个方面:一是提供科学技术史的一般知识,这只要结构合理,论述准确,通常不难做到;二是给出某种看待科学技术史的独特眼光,或启发读者思考某些有关科学技术史的基本问题,这就不是很容易做到的了。这部《世界科学技术通史》*似乎在相当程度上做到了第二点。

"言必称希腊"是以前政治伟人痛斥过的,在他的教导下,几代中国人都耻于"称希腊",而勇于以"言必称中国"代之。可是要讲科学史,不"称希腊"是不可能的。在这本为非专业的读者编写的科学通史著作中,作者开宗明义就告诉你:"在古希腊文明崛起以前的那些古代王国,国王们都支持过实用技艺和有用知识的发展,但对抽象研究毫无兴趣。后来,随

---

* 《世界科学技术通史》,[美]詹姆士·E.麦克莱伦第三、[美]哈罗德·多恩著,王鸣阳译,上海:上海科技教育出版社,2007年4月第1版,定价:48元。

着希腊自然哲学——非功利性的探索、理论，或者说'纯科学'——的一步步渗入，终于在欧洲形成了那种'西方'传统。……从而奠定了现代科学乃至我们今天的科学世界观的基础。"也就是说，现代科学的源头在古希腊。

你看，才一开头，启发读者思考的问题就来了：说科学的源头在古希腊，这在西方固然已经是老生常谈，但对于中国读者来说，却仍然有着相当的现实意义——因为科学的源头究竟在哪里这个问题，在中国经常是有争议的。

■ 你所提出的问题，其实是涉及一个预设的前提的，即还是那个现在依然为人们所争论不休的老问题：究竟何为科学。一方面，我虽然也听到过在中国对于科学之源头的争论，但就目前所见的研究，如果我们把科学理解为狭义的西方当代科学，并进而追溯其源头，我倒愿意接受其在发展的逻辑线索上起源于古希腊的说法。当然，这里还隐藏了另一个问题，即如何定义一件事的源头，因为就某种类型的历史研究而言，如果相信历史的连续性，那么这个源头总是可以继续向着更早的时代追踪下去。现在讲源头，通常只是根据某种相对明显的特征对历史做了一个分期式的截断而已。

不过，另一方面，我们还可以设想，如果我们不是采用那种单一的、狭义的科学定义，而是采用一种多元的科学观的话，这个问题也许看上去就变得不太一样了。人们就要问，你所要追溯的，究竟是这多元中哪一元的源头？其实，你所说的在中国对于科学源头的争议，经常并未分清这些背后的预设。比如，站在辉格式的立场上，讲我们中国早就有了西方某某科学理论前身之类的话，那不也是一种对"源头"的探寻吗？当

"非欧洲中心"的科学技术史是否可能?

然,在这样的情况下,又引出了在某些相似的东西的前后出现之间并不一定就有因果关系的问题。

□ 其实,关于现代科学的源头,另一位政治伟人就有过有利于"言必称古希腊"的论述,"如果理论自然科学想要追溯自己今天的一般原理发生和发展的历史,它也不得不回到古希腊人那里去"。他还说过"新时代(的科学)是以返回到古希腊人而开始的"的呢。

关于中国的科学,此书则颇有可取之处。

以前西方的科学史家写科学史,经常将中国的部分略去,理由是自己不熟悉之类,实际上有时是因为觉得这一部分无关紧要。在"欧洲中心"的眼光中,古希腊固然是源头,古巴比伦和古埃及也不会被遗漏,因为它们对古希腊科学有过贡献;阿拉伯文明也不会被遗漏,因为古希腊的遗产要通过伊斯兰世界的传递和消化,才被欧洲人继承的。但是中国和东亚、玛雅之类的文明中的科学技术(如果认为存在的话),那在他们看来确实是无关紧要的。

而中国学者自己编写科学技术通史时,有时就"反其道而行之"——将中国部分的篇幅安排得很大,超出合适的比例;将中国古代的成就拔得很高,给出过分的评价,竭力营造出一种"中国古代科学技术遥遥领先于世界"的自我陶醉氛围。

与"欧洲中心"及"言必称中国"这两端的偏激相比,这本书就公允多了,它几乎照顾到了世界历史上所有的重要文明。大家都有贡献,大家都能占一席之地,似乎皆大欢喜。

■ 因此,我们也许可以说,过分热衷于找源头,特别

科学的幻想与历史建构

是要找唯一的源头，这本身可能就是一种有问题的做法。而且，在对于传统的西方中心主义有所反应时，如果出于像民族主义或者爱国主义之类的原因，而不恰当地将本国本地的权重超常地加大，也同样不是一种可取的做法。甚至于，像这样的问题，当仅就某一国家中的某一学科分支来说时，也是如此。你不是专门研究过天文学的西源说、中源说等争论的问题吗？对此，应该是有自己的体会吧。不过有意思的是，像多元科学观，或者更一般地，像东方主义这样的观念或学说，却往往生长于"主流"的西方学术界，你认为这是什么原因导致的呢？

回到这本《世界科学技术通史》，它初版的书名本是《世界历史上的科学技术》，我觉得，原来的书名可能更与你所关注的起源问题相融洽，后来的书名，也许是因为市场的原因而改的吧。这也就是说，如果把科学技术放到一般历史中，作为其中的一部分，也许反而更能看清其定位。

□ 你所问的原因，或许可以归结到一个自信的问题。这可以有一些类比，比如在现今科学技术非常发达的美国，伪科学和各种神秘主义学说也极为繁荣，有人甚至认为在过去的一个世纪中，科学已经在美国的大众传媒中让位于迷信，然而这恰恰就是美国从一个二流国家成长为世界唯一超级强国的一个世纪。又比如，在日常生活中，那些真正的成功者都可以容忍身边的人叫他"傻瓜"，拿自己开玩笑，他们还经常自嘲；但对那些活得很艰难的人，周围的人必须很小心地照顾到他们脆弱的自尊心。"主流"的西方学者，在是否是欧洲中心之类的问题上，容易有比较平和的心态；如果他们发表了非欧洲中心的观点，也更容易被人们接受，而一个第三世界学者发表这样

"非欧洲中心"的科学技术史是否可能?

的观点就很容易被视为偏见——尽管实际上西方学者的偏见一点也不比第三世界学者差。

旧版的书名是照原文直译的。如果不怕穿凿附会一点,我觉得原来的书名隐含了某种"全球视野"的意思,暗示作者赞成一种非欧洲中心的科学技术史,而新版的书名则削弱了这种暗示。当然这其实无关紧要,重要的是作者将科学技术史置于世界历史的大背景中论述时,确实给了欧洲之外的文明中的科学技术足够的关注。例如,作者连玛雅人的有关知识也没有忽略。在这样的论述中,"科学技术"这个措辞给了作者很大的方便——对于那些没有科学的文明,就可以只论述他们的技术成就。

■ 其实关于此书,与上面所谈的有所相关的,还可以提到一点,即此书的讨论工业革命以后近现代发展的第四编名为"美妙的新世界",我曾猜想这种表达,与那本赫胥黎在20世纪30年代写作的对基于近代科学的"文明"世界充满忧虑并具有很强的批判色彩的科幻名著的书名相同(英文也是相同的,这点我曾请教过此书译者),是否背后也有某种深意呢?

总之,这本著作,正如作者在开篇的致谢中所指出的那样,本是为"非专业的读者和大学生们编写的"一本"导论"性的著作。我以为,在我们当下科学史教材类图书出版的现状下,此书应该说是一本很有特色,也很有实用性的好教材!这样讲,绝非溢美之词,一个证明就是,我是把它当作在清华招收科技哲学专业博士生考试的指定参考书之一的。

原载 2007 年 7 月 6 日《文汇读书周报》

那是一个个科学的碉堡啊!

——关于《天地有大美》*

□ 江晓原　■ 刘　兵

□ 古语有云:"天地之大德曰生,圣人之大宝曰位。"如果仿此句型,是不是可以说"天地之大美曰方程"?不管怎么说,此书(原名《它肯定是美的——现代科学之伟大方程》)的中译名定为《天地有大美》,从译名来说确实相当精彩。

当年史蒂芬·霍金的出版商曾告诉他,在《时间简史》中每引入一个方程,该书的销售量就会减少一半。当然,后来《时间简史》异乎寻常地畅销,霍金就在新版中删去了这段话。但是毫无疑问,方程是令许多读者头痛的东西。对一般的文科学者来说,科学著作中的那一个个方程,就是一个个喷射着机枪子弹的碉堡啊。

也许有些心高气傲的文科学者听了这个比喻不太服气,那我们先来回顾一则逸事:1909 年,哲学家安东·汤姆森(Anton Thomsen)——他那时还是大物理学家尼耳斯·玻尔(Niels Bohr)的表姐夫,在收到玻尔寄赠给他的一本物理学著作之后,给玻尔写了一封热情洋溢的感谢信,信的开头是这样的:"亲爱的尼耳斯,多谢你寄来你的大作;我读它直到我碰到第一个方程——不幸它在第 2 页上就出现了。"当然汤姆森

---

* 《天地有大美》,[英]格雷厄姆·法米罗主编,涂泓等译,上海科技教育出版社,2006 年 4 月第 1 版,定价:32 元。

那是一个个科学的碉堡啊！

是不打算再往下读了。

回顾汤姆森的信和当年霍金的出版商的危言耸听，对这本《天地有大美》来说是饶有趣味的。如果放一个方程就会使书的销量减半，那这本讨论11个方程的书，销量必定要趋于零了。

■ 我想，有两个问题需要说明。其一，科普书中引入公式会使其销售量剧减，这是就一般情形而言，也不是完全没有道理，甚至很有道理的，而且我想这也是被科普出版实践所反复检验过的一种说法。但一般的规律用在个例上，有时可能就不那么恰切了。其二，这本书恰恰是选择了一个人们普遍承认的科普难点——方程——来切入，这就有些艺高人胆大的味道了，更何况，此书还占着另外一个在科普书中不常见的主题，即科学之美。这些新颖之处，加上总会有一些读者也想进一步了解科学中的方程这种涉及数学的问题，因此，它还应该是有一定的市场的。有句俗话说，"林子大了什么鸟都有"，这也许可以适用于此书的读者。前些日子，在网上看到一个网名，叫"鸟大了什么林子都有"，颇有创意，也蕴含着某种道理，这或许又能适用于此书的作者吧。

问题只是在于，此书虽然在标题（原标题）中明确地点出了科学之美（注意，科学之美还不等同于自然之美，因为科学理论只是由科学家提出的对自然的解释之一），书的中文译名中更像你注意到的，以"大美"（这倒是地道的中国文化里的概念）为要点，但与我经常看到的其他一些讨论科学与艺术、科学与美的书籍不同，此书似乎也还没有真正深入地对科学与美这样的问题进行透彻的分析。你觉得是不是这样呢？

科学的幻想与历史建构

□ 确实是这样。此书的主题并非讨论科学与美,它的主题其实就是它的副标题:现代科学之伟大方程。要搞科学就得和方程打交道。一门学问,只有当它可以用方程来进行数学描述和计算时,才算真正进入"精密科学"之列。而那些科学史上最伟大的方程——据作者认为也就是 11 个而已,则每个都有一大堆前世今生的故事。

在这些方程中,如果一定要找出一个代表的话,那一定是爱因斯坦著名的:

$$E = mc^2$$

在这个短短的方程中,"挤满了我们对科学的抱负,我们对理解的梦想,以及我们对毁灭的噩梦"。

而要找一个最复杂、最抽象、蕴含最深刻的方程,荣誉还得归于爱因斯坦,那就是他的广义相对论方程:

$$R_{ab} - R g_{ab}/2 = -8\pi G T_{ab}$$

这个方程彻底改变了人类对时空的认识。

《天地有大美》一书由 11 位西方科学家合作撰写,每人用一章的篇幅,阐述一个伟大方程的来龙去脉,它形式上的演变,它在物理学上的意义,以及它可以适用的范围等。这样其实就构成了一部别出心裁的精密科学专题史。

■ 我注意到你在最后一句话中,用了一个限定性的说法,即"精密"科学专题史。这里"精密"两个字甚为重要。在国际科学史类的刊物中,亦有专门加上"精密"限定词的著名刊物。之所以讲此限定重要,是因为,这种大量依赖数学语

那是一个个科学的碉堡啊!

言来表达的科学,只是一类后来才发展起来的科学,因为其后来才发展,所以又经常被人们当作科学发展的样板,以至于形成了只有能够应用数学的科学才是成熟的科学这样的说法。

我们当然应该承认,在科学发展的这一支中,曾经取得了重要的成就,是科学史发展中的一个新的阶段。但是,我们也应该承认,在此类型的科学之外,也还存在着其他类型的,不是那么高度依赖于数学的科学。对于早在精密科学出现之前的其他传统的科学,我们也不应该就因其缺乏数学而予以贬低。按照这种观点,才是一种多元化的科学图景。当然,这样说,也并不排斥和否定精密科学自身和了解它的重要性,而要更为深入些地了解,《天地有大美》这样以重要方程为切入点的书就是很理想的读物了。

□ 其实"精密"地讲,我上面关于本书是"精密科学专题史"的说法,准确程度也只有 7/11——因为书中最后讨论的 4 个方程,就不再是精密定量的方程了。本书最后四章讨论的,正是你所说的"不是那么高度依赖于数学的科学"。最后这四章依次讨论地外文明、进化、生物、环境问题。这些问题都无法像前面讨论的那些物理学问题那样用数学工具来进行精密的定量描述。

比较令我感兴趣的是第八章"天空中的明镜:德雷克方程"。在这样一本书中,在这样 11 个方程中,竟会有德雷克方程入选,恐怕不是那些保守正统的科学家所愿意接受的。这一章中详细讨论了人类探索外星文明的种种方案和努力,以及各种相关的理论研究,这些话题恰恰是保守正统的科学家所不愿意谈论的。

所以从本书这 11 个方程的选择来看,也足以显示出本书主编和各章作者都是思想宽容,见解通达之人。

■ 阅读这本书的时候,我也有类似的感觉。也许这是人们在认识和理解科学方面逐步进步的体现。但是,虽然后 4 个方程与前 7 个更为经典传统的方程有所不同,但讲方程这种提法,以及把后面的内容也归到"方程"的名下,这里面仍有一种明显的在前面所讲的背景下的隐喻的意义。反过来说,如果科学没有方程,又会怎样?

假设永远只是假设。我们也许只能这样讲,对于那些大量应用数学的,有方程的,以方程为核心的科学,被看成是典型的科学,对此,人们很少有异议。但对于那些非以方程为基础的"科学",比如在更广义的科学意义上,像中医这样的学科或领域,我们为什么不能更理直气壮地在多元科学的框架下,把这些同样是以自然界为研究对象的系统而非荒唐(要定义何为荒唐或不荒唐会又有争议,在此暂不展开讨论)的学问,同样当作是人类的科学家族中的成员呢?

原载 2006 年 9 月 1 日《文汇读书周报》

"李约瑟难题"还能成为
有生命力的研究纲领吗?
——初读陈方正《继承与叛逆》*

□ 江晓原　　■ 刘　兵

□ 我总算看到另一个中国人决定在他自己的科学史著作中不再去求解所谓的"李约瑟难题"了——我知道这样说相当夸张,只是因为这些年来喜欢求解"李约瑟难题"的人多如过江之鲫,看得我实在是严重审美疲劳了,所以先说一句夸张的话来排遣一下。

陈方正的这部《继承与叛逆——现代科学为何出现于西方》,与席文(Nathan Sivin)的"与其追究现代科学为何未出现在中国,不如去研究现代科学为何出现在西方"想法相合。席文认为"李约瑟难题"是没有意义的——因为在他看来讨论一件历史上未发生过的事情"为何没有发生"是没有意义的,所以"李约瑟问题"就被他尖刻地比喻为"类似于为什么你的名字没有在今天报纸的第三版出现"。

按照余英时为《继承与叛逆》所写序中的归纳,李约瑟是将"现代科学"看成大海的,而一切民族和文化在古代和中古所发展的"科学"(广义的)则是千百条河流,最终都汇入"现

---

* 《继承与叛逆——现代科学为何出现于西方》,陈方正著,生活·读书·新知三联书店,2009年4月第1版,定价:68元。

科学的幻想与历史建构

代科学"的大海之中——李约瑟自己的措辞是借用中国的说法"百川朝宗于海"。但李约瑟这样一来，岂不就从根本上消解了他自己的"李约瑟问题"？既然是百川入海，中国古代就是百川之一；川本身当然不等于海，海也不可能从某条川中变成，或者也可以说，每一条川都对海的形成做出了贡献（这一点又是李约瑟所强调的）。那么再问"中国这条川为何没有变成海"还有什么意义？

■ 李约瑟的"百川归海"，实际上是给出了一种有关科学发展的模式。不过，也许与余序的说法有所不同，实际上李约瑟并未认为所有的古代科学都必定会汇入西方现代科学这一"海"中，但他显然认为中国古代的科学是最终将汇入此海中的一支。而且，他的这一模式，预设了最后只有一个对应于"普适的"科学的海，是一种一元论的科学观。当然，现在看来，他的这一解释模式显然是问题多多的。

当一个中国学者认真地探讨西方科学在西方文化中的发展，而且是在既考虑到与中国比较的潜在心理背景之下，又回避了"李约瑟问题"，我当然也认为，与以往那种在很大程度上基于民族自尊的心理而过分夸大中国古代科学并强行将其与西方科学较劲相比，甚至将其视为西方科学的先声，显然是中国人在科学史研究方面的进步。因而，也就有了你开头讲的那段话。但如果我们说的仅限于此，意义也不是很大，在面对以陈方正先生的这部"巨著"（以其将近70万字的篇幅也应算作巨著了）所代表的这种进步时，我们也许还可以再进而做些分析和讨论。

首先，我想向你提一个问题，即以你来看，这部专题撰写

"李约瑟难题"还能成为有生命力的研究纲领吗?

在西方文化中西方科学的产生和发展的科学史著作,与以往的著作相比,其"新颖"之处表现在哪里呢?

□ 在我看来,本书最重要的新颖之处,在于作者对"现代科学的根在哪里"这件事情的关注。

这就要牵涉到中国学者中的另一个分歧了。上面讲到李约瑟关于"百川朝宗于海"的说法,当然让中国人听着还算舒服。但是在关于"中国古代到底有没有科学"的争论中,还有一种安慰国人心灵的路径,就是割断古希腊和现代科学之间的纽带——说现代科学不过文艺复兴时期以来的几百年历史,古希腊的科学不是现代科学,就如中国古代科学不是现代科学一样。所以如果说我们中国古代没有科学,那么古希腊、古罗马、拜占庭、阿拉伯、中世纪欧洲等,大家全都没有科学。这样一来,大家全都半斤八两,中国人的面子不也就保住了吗?这个路径提出之后,当然也引起了争议。因为要割断古希腊和现代科学之间的纽带,也不是一件容易的事情。

现在陈方正的这部《继承与叛逆》,采取"将西方科学的历史认真讲一遍"的方法,来向读者证明,现代科学的源头就在古希腊。所以,现代科学出现在欧洲——古希腊科学遗产最终的主要继承者——那里,是必然的;而在中国产生不出现代科学,也是必然的。

很早以前我就主张"李约瑟难题"是一个伪问题,理由是这个"难题"的前提——中国古代的科学技术长期领先于西方——是无法成立的。我当时用的比喻是,无法断言"向南走的人比向东走的人领先",现在陈书的余英时序中,也将"李约瑟难题"称为伪问题,并采用了另一个比喻,不可能说"某

科学的幻想与历史建构

一围棋手的棋艺曾长期领先某一象棋手",倒也不无异曲同工之妙。

总之,西方与古代中国走着完全不同的路,这正是陈方正在书中打算强调的。

■ 确实,人们经常会有一种习惯,就是将不同的东西比较,但如果要做比较,重要的是采用什么作为比较的标准。在李约瑟的比较中,实际上是潜在地采用了近代西方科学的标准。这就出现了问题,即将本来不一定可比较的东西硬拿来进行比较。而且,这样进行比较的结果,也是基于一种一元论的思维模式,而忽视了人类的知识(包括广义上的科学知识和技术,也即人类对于自然的认识与变革方式)多样性的问题。

本来,前面我先问了你觉得此书的"新颖"之处何在的问题。接下来,本来是想继续问你觉得此书的不足之处,或可争议之处何在。但现在话已经说到这里,我倒不妨先来讲一点感想。我觉得,正像你前面说的,作者特殊地关注了"现代科学的根在哪里"这件事情。对此,我是同意的。如果限于西方讲西方近代科学,这当然没有问题,但与此同时,我却又有另一种感觉,觉得潜在地,作者仍然是具有一种把西方近代科学当作是特殊的、体现了人类对自然之认识的普遍真理的立场倾向。

也许这似乎有些吹毛求疵,但毕竟作者是在与中国科学进行比照的语境中在研究西方科学何以产生的历史。那么,在人类认识自然的知识系统中,中国科学,以及其他许许多多的非西方科学的对自然的认识,又应该被置于什么地位呢?

"李约瑟难题"还能成为有生命力的研究纲领吗?

□ 我觉得你恐怕真的有点吹毛求疵了——"把西方近代科学当作是特殊的、体现了人类对自然之认识的普遍真理"的"潜在的"立场倾向,试问谁能避免?或者说,如果我们彻底戒除了这样的"立场倾向",那我们再到哪儿去寻找自己的立场呢?我们再怎么反对"一元论的科学观",你也得承认现代科学是多元中的一元,而且这一元迄今为止在成就上毕竟是独大的吧?

所以,在我看来,"中国科学,以及其他许许多多的非西方科学的对自然的认识",眼下只能被置于(和现代科学相比)权重较小、位置较为从属的地位。这是没有办法的事情。只要我们确认非西方科学在科学史上(以及其他方面)有一席之地,那就行了。如果有哪一天,某一种非西方科学取得了类似今天现代科学的地位,那它将自动升格成为"对自然之认识的普遍真理"的位置。那时人们的"立场倾向"将随之转换。

历史,就是这样的以成败论英雄。你说呢?

■ 虽然在现实中,你所说的也不无道理,但我仍然是不能完全同意你的观点。虽然中国科学,以及其他许许多多的非西方科学的对自然的认识,眼下只能被置于权重较小的从属位置,是没有办法的事情,但像对于科学的人文研究这样的理论探讨,却不仅仅是屈服于现状。现实存在的事,有其"合理性"的一面,那是指它有这样存在的道理,对于这其中的道理,人文研究者要试图解释(陈方正的书正是要解释西方近代科学诞生于西方的道理),但这样的解释却不是唯一的,例如,像后殖民主义的解释,不也是一种说明为何西方近代科学原本作为一种"地方性"知识(而非"普遍真理")却能迅速"全球化"的道理吗？关于非西方科学没能取得今天的地位，也是同样。

因此，作为负责任、有见地的历史研究者，总不能随大流地"以成败论英雄"，而是还可以分析现状如此的问题（你所做的诸多对于西方近代科学的批判反思不也是这类工作吗），进而，也许会有些许的影响，至少是在努力上，试图让现实有所变化。我不敢说更宏大的目标，但能够些许地让更多的人不再随大流只有一种想法，甚至于在哪怕非常有限的程度上让现实变得更为合理些，那已经就是很了不起的结果了。

原载2009年8月7日《文汇读书周报》

一片留给未来的痴情

——读戈革译《尼耳斯·玻尔集》*

□ 江晓原　■ 刘　兵

□ 2012年,一年一度的"年度十大好书"评选刚刚在深圳落下帷幕,作为评委,我又为《尼耳斯·玻尔集》纠结了一回。这部皇皇巨著几乎可以肯定是无法进入初选名单的,但评委可以推荐增补使之进入下一轮。我犹豫了许久,最后还是决定放弃为《尼耳斯·玻尔集》行使推荐增补的权利。我是这样想的:作为一种以引领公众阅读好书为主要诉求的评选活动,《尼耳斯·玻尔集》一者卷帙浩繁,非一般读者所能终卷,两者内容过于专门和艰深,也非一般读者所能消受,将其放入候选名单毕竟不甚合适。不过毫无疑问,我会在另外适合的评选活动中强烈推荐此书。

这就引导到一个问题:这部《尼耳斯·玻尔集》究竟是给何种读者准备的呢?媒体记者不止一次向我问过这个问题。说实话,我也找不出一个令我自己完全满意的答复。我想在这次对谈中,我们正好将这个问题来讨论一番,你看如何?

■ 你没有"滥用职权"将《尼耳斯·玻尔集》增补进"年度十大好书"候选名单,我觉得也是对的,这主要取决于

---

* 《尼耳斯·玻尔集》,[丹麦]尼耳斯·玻尔著,戈革译,华东师范大学出版社,2012年6月第1版,定价:1380元(全12卷)。

科学的幻想与历史建构

在这个特定的"十大好书"的评奖中对好书范围的限定。也就是说,如果不加任何限定地选择"年度十大好书",在国内年内出版的书中,《尼耳斯·玻尔集》肯定有资格进入候选者行列,但若把在特定评奖中规定的"好书"限于面向公众阅读的范围,那不入其中也是很正常的。或者更明确地说,此洋洋大观的12卷巨著,其最主要的读者设定,并非公众。

如果不是公众,那么读者是什么人呢?这恐怕又要划分两支了。一支,是我们可以设想那些应该阅读此书的读者,另一支,则是在现实中有可能阅读此书的读者。坦率地讲,这两类读者并不完全一致。

说到应该阅读此书的读者,我们又应该先从此书作者的身份和贡献谈起。玻尔是20世纪最伟大的物理学家之一,或者,仅讲之一还不够,如果更精确地考虑一下排名,至少在前三位当中是问题不大的,若考虑到其他复杂的有争议的因素,进入前十名,那肯定是毫无问题的。他对20世纪物理学的两大基础性支柱之一,即量子力学的发展,有着至关重要的决定性贡献。而且,其与物理学相关的哲学思考,也是几乎独一无二的。由此来看,"应该"阅读其著作的读者,似乎是显而易见的。

□ 其实,现在科学界那些"拼搏"在所谓"国际最前沿"的人,估计是不会去看《尼耳斯·玻尔集》这种书的,因为他们会感到这种书太不切实用。只有那些愿意思考最基本的问题的人,才有可能去看《尼耳斯·玻尔集》。看了有没有用呢?没有人能够向他们许诺一定有用——特别是,如果将"有用"定义为"发表SCI论文"之类的内容,那几乎可以肯定是

一片留给未来的痴情

没有用的。

在我看来，读《尼耳斯·玻尔集》真正有用的人中，应该有一小群科学史研究者。这部皇皇巨著，是奉献给科学史研究者的一项大功德。同时它本身也就是一项科学史的大成果，至少是科学史史料整理的一项大成果。伟大的学者，通常都会思考最基本的问题，思考带有终极性质的问题。玻尔就是如此，所以他的著作，肯定会对未来那些愿意思考基本问题和终极问题的人有大帮助。所以如果我们将《尼耳斯·玻尔集》说成是一部"为未来读者准备的书"，虽然听上去有点迂腐，有点文艺腔，其实是可以成立的。

■ 你将"国际最前沿"打上了引号，其实已经暗含了这并非真正的国际最前沿，而"发表 SCI 论文"，自然也绝不等同于真正的国际最前沿，尽管形式上，现在科学界的绝大多数人在为此"拼搏"，但如果回顾一下科学史，还是可以发现，真正的顶级的科学家们，却并非只是那么功利地一心只想 SCI，反而会做更多的相关哲学思考，阅读那些哲学与历史的文献。像爱因斯坦阅读巴赫就是这样的例子。

但是，如果只为了这样的"顶级"科学家，而且是阅读中文的未来（这意味着我们这里现在还没有）的顶级科学家而专门出这样的套书，虽然也不能说不合算，但毕竟读者太少，犯不上大家都去费这么大的劲。

你说的科学史研究者阅读此套书是"真正有用"，这固然不错，或者，还可以加上科学哲学的研究者。但即使这样，潜在的读者似乎人数也还是太少了些。毕竟，要真研究玻尔，或量子物理史之类的题目，还是要看原文的——尽管中译本能带来一些方便。

我在这里突然想到，以前我曾写过关于高端科普读物受众分析的文章，指出"民科"是其重要的受众群体之一，那么，这套书的读者中，是否也会有相当一部分"民科"呢？姑且先做个猜想吧。

或者，干脆不做那么功利地分析了，反正这样的书出版，想要赚钱现在似乎不大可能，就算是作为基础性的文化建设吧，一千多套印出来，放在图书馆或什么其他地方，十多亿人中，总会有些我们想得到或想不到的读者会有可能去读一读。读过，或许"有用"，或许"无用"（这又取决于有用或无关的定义），哪怕只是体会一下阅读这种非通俗类图书的"懂或不懂"的过程，这其实不也很好吗？

□ 你这番积极向上的话语中，总是透着那么一丝悲凉。让我再设法把我们的思绪搞得乐观一点。我觉得这套《尼耳斯·玻尔集》在未来岁月中的际遇，或许可以从爱因斯坦在搞出相对论一举成名之前的阅读状况，推测出一点端倪来。

以前我写过一两篇小文谈论爱因斯坦在成名前的阅读生活，那时他的阅读包括哲学和科学著作，比如斯宾诺莎、休谟的著作，马赫、阿芬那留斯、毕尔生的著作，安培的《科学的哲学经验》；也有物理学家亥姆霍兹的文章，数学家黎曼的著名演讲《论作为几何学基础的假设》，戴德金、克利福德的数学论文，彭加勒的《科学和假设》，等等。爱因斯坦和他的伙伴们也不是"重理轻文"的——他们还一起读过古希腊悲剧作家索福克勒斯的《安提戈涅》、拉辛的作品、狄更斯的《圣诞故事》、塞万提斯的《堂吉诃德》，以及世界文学中许多别的代

一片留给未来的痴情

表作品。

回忆爱因斯坦的阅读往事，我是想说明，一个伟大学者的生命历程中，肯定有那种不计功利的阅读生活。而且，这一点还能和你上面所期望的"民科"对《尼耳斯·玻尔集》的兴趣联系起来——我曾写过一篇题为《爱因斯坦：曾经的超级"民科"》的专栏文章，认为在所谓的"奥林匹亚学院"（小职员爱因斯坦和几个青年伙伴的读书小组）时期，爱因斯坦其实就是一个不折不扣的"民科"。

■ 你说的那已经是当年的事了，如今，恐怕真的很少有人再把爱因斯坦与"民科"联系起来了。当然，正像我以前曾写过的一篇小文所说的，"民科是一种生活方式"。

我们前面一直在讲科学家，讲爱因斯坦，讲读者。其实，这部巨著的译者也是颇有可说之处的。戈革先生，生前也是你我的朋友，他以一人之力，完成了这样一部辉煌巨著的翻译，其艰难、其毅力、其对科学史特别是对玻尔的热爱，在当下的学术界，恐怕也很难再找到第二人了。当你把这次对谈的标题定为"一片留给未来的痴情"，我猜想你主要也是指戈革先生的那片"痴情"吧？这样，在你那种"积极"的设想和展望中，这部巨著未来的读者，及其阅读的意义，也算得上是对这片痴情的最好回报了。

原载 2012 年 12 月 7 日《文汇读书周报》

科学史就在你我身边

——关于《过去2000年最伟大的发明》*

□ 江晓原　　■ 刘　兵

□ 世纪之交，回顾历史，原是文化人的"应时"工作，搞科学史的人，自然就要和"发明"打交道。1999年底我参与策划《解放日报》搞《千年百事》专栏，帮助选择了一些科学史方面的事件。后来《南方周末》世纪之交的专版，派给我的题目又是"发明"。接着又应邀在一些地方做关于"发明"的报告（讲稿后来发表在《万象》杂志）。总之，和"发明"打了一番交道。

生活在不同文化中的人，对于历史上重要发明的选择会大不相同。比如美国时代生活出版公司编的那本《人类1000年》中入选的事件，就和《解放日报》"千年百事"专栏入选的事件大相径庭。我在《万象》的文章中也选过23个我认为以往1000年中最重要的发明。

但是这些做法，供个人风格发挥的余地还是太小，而约翰·布罗克曼既省力又讨好的办法就高明多了——他在互联网上提出"什么是过去2000年最伟大的发明"的讨论，各界人士踊跃回答，答案自然争奇斗艳，五花八门，他挑出100份来集结成书。这本《过去2000年最伟大的发明》，确实是既好读

---

* 《过去2000年最伟大的发明》，[美] 约翰·布罗克曼编，袁丽琴译，上海科学技术出版社，2000年8月第1版，定价：12元。

科学史就在你我身边

又有价值。

■ 这本书之所以好读，很大程度上在于编者的构思。我不知道编者最初是如何设想的，是否在心目中有自己的一个唯一的答案。不过我想，很可能从一开始编者就想到了答案绝不会是唯一的。这使得应答有些像一场智力的较量。但因为被选入此书的应答者中有许多确实是大人物，如许多诺贝尔奖获得者，以及众多的名人，还有一些也许是由于我们孤陋寡闻而不怎么了解但其实在西方却大名鼎鼎的人，但无论如何，也肯定有一些主要是因其答案出众而被选入者。正因为如此，使得此书中的各种观点在表面上的"自由"之下，蕴含着深刻的、极有启发性的思想火花。其实，像这样的问题，本来就应该是一个仁者见仁，智者见智而没有"标准"答案的问题。答案取决于对什么才是 GREATEST 的不同理解（可以注意到，在书的标题中 GREATEST 被译成"最伟大的"，而在内文中又常被译成"最重要的"。这两者其实就很不一样），反过来讲，如果问题被换成"WORST"的"发明"，情形可能也是一样的。

□ 参与讨论的人，大部分认为自己应该提一个与众不同的答案，"创新是学术的生命"嘛。但布罗克曼的问题后面还有一个"为什么"，这就要求言之成理。在这么多答案中，我觉得最奇特的，也是最刺激的，莫过于邓肯·斯蒂尔的答案，竟是——"英国新教 33 年历法"。这是此书中专门术语最多的一篇，大约也是最长的一篇，简述其论证要点如下：

1582 年由罗马教皇格里高利 13 世颁布的历法，也就是今天全球通用的公历，并非最完善的历法——事实上这样的历法至今也未产生。就置闰这个问题而言，相传1079年波斯诗人欧玛尔·海亚姆（以抒情四行诗《鲁拜集》名垂后世）提出的33年8闰的周期更为合理，英国的新教徒出于宗教目的，极力鼓吹采用这种周期的历法，为此就需要寻求一条新的本初子午线来证明这种历法的优越性。由于这条假想的本初子午线约在西经77°处——靠近北美大陆东岸，所以英国向北美派出了多支探险队。最后的结论是：如果没有新教33年历法，英国就不会向北美探险，也就不会有今天的美国，世界历史就会大大不同了。

当然我们都看得出，这位邓肯·斯蒂尔为了标新立异，有点强词夺理了，但总算在形式上尚能自圆其说。

■ 在看这本书的过程中和看过之后，我也一直在想一个问题：如果让我来回答，我会给出什么答案？

认真地讲，我倒真的在此书中发现了一个不应该有的空白。书中应答者们似乎太有"历史感"了，选择的都是对于今天有这样或那样重要影响的发明，着眼点主要是对今天的意义。而我愿选一个虽然出现得很晚，但仍处在2000年的范围中，而且对于人类的未来至关重要的发明，这就是——"可持续发展的概念"。

□ 我对书中这百余种答案做了统计，入选的前五名依次是：

印刷机（术），6次

计算机，4次

避孕药，3次

科学史就在你我身边

微积分,3次

科学,3次

还有不少答案颇出意料之外,比如篮子、干草、复式记账法、城市、民主、棋、专利局、疑问句等。但是有一点特别值得注意,即绝大多数答案是我们生活中常见的物品、方法或概念。

我想强调的是,这种讨论本来就是一场智力游戏,并不是非要得出一个公认的结论。何况这场游戏是在西方进行的,更何况是在网上进行的,所以答案的多样性令人印象深刻。这使我联想到中西方教育中的不同传统,那种扼杀个性、强制背诵"标准答案"的教育传统,很难培养出创造性思维活跃的人。

■ 但是,即使在这种表面上"自由"的"游戏"中,应答者给出的许多答案仍然是极有启发性的,它们远远超出了我们通常会选择科学或技术的内容作为答案的"常规",将选择的范围拓展到更广泛的领域,使得像"自由意志"这样的答案也可以进入其中。但仔细想想,这样的做法确实是有其合理性,甚至是深刻的合理性的。

这倒使我想到一个问题。在此书中给出的100个答案中,偏偏就没有中国古代的"四大发明",谈到印刷术,也不是指中国古代的印刷术。当然,你可以把原因归为像外国人的歧视、轻视,可对中国古代文明的不了解等。但恐怕只以这样的方式来解释又不大说得通。至少有一点,就是这"四大发明"没有直接地对社会产生巨大的作用和影响。对此,让我们更冷静地做些反思,可能比一味地责怪别人要好得多。假如说,按你的统计,在那前五名的入选答案中,如果有一项是中国发明

科学的幻想与历史建构

的（其中印刷术是个可另做讨论的例外），别人就真的会视而不见吗？而且，关于排在第五位的"科学"，我想，应答者心目中所想到的，恐怕也不是"中国古代科学"吧。

□ 最后我还有一点联想。春秋时，晏婴对齐侯谈论"和"与"同"，照晏婴的意见，所谓"和"是指"和谐"，即大家向共同的方向努力；而所谓"同"则是一言堂的局面，君主一个人说了算，其余人一起应声起哄。归结到这本《过去2000年最伟大的发明》，答案固然大大不"同"，但却构成了一个和谐的整体，即博采众长，集思广益，共同回顾以往2000年间的进步——中国古代"君子和而不同"的道德格言，其此之谓乎！

原载 2000 年 10 月 18 日《中华读书报》

3. 大师与经典

从牛顿看现代科学的"血统"
——《最后的炼金术士:牛顿传》*

□ 江晓原　■ 刘　兵

□ 约翰·梅纳德·凯恩斯1942年说过:"牛顿不是他的早期崇拜者笔下的那个神圣的理性主义者。"怀特这部新著可以说是对凯恩斯的回应。怀特当然承认牛顿是伟大的科学家,但书中用大量的文献资料表明,牛顿也是一位陷溺于炼金术中的神秘主义者。"他从支离破碎的童年中幸存下来,成长为一个自私狭隘、好斗、难以相处的人。"

怀特指出牛顿陷溺于炼金术、神秘主义和异端思想中,并不是想把牛顿从科学的王座上拉下来,因为在17世纪,科学与巫术之间的界限本来就没有现代那样清晰。怀特只是想把牛顿从"神"变成"人",他让读者既看到牛顿的天才和伟大,也看到牛顿的缺点和怪癖,而后一点是以前的牛顿传记通常回避或淡化的。

■ 对于学术界来说,关于牛顿,除了他在力学、光学、数学等领域划时代的贡献,有关他曾热心于炼金术和对圣经阐释方面的情况,多少还有所耳闻。虽然一些书中,包括一些关于牛顿的传记中对此也有所涉及,但在国内的出版物中,像

---

* 《最后的炼金术士:牛顿传》,[英]迈克尔·怀特著,陈可岗译,中信出版社·辽宁教育出版社,2004年5月第1版,定价:48元。

科学的幻想与历史建构

《最后的炼金术士：牛顿传》这本书这样集中地讨论他在这些方面情况的，几乎还是第一部。

不过，与此同时我们在看这本书时，还应注意到这样一点，即从此书的作者、行文、叙述风格以及参考文献等多方面来看，它并不是一部非常专深的，充满了考证、细节的讨论与分析，专门面向科学史家、面向牛顿研究者的研究性传记，而更像是一部面向一般读者的相对通俗的传记。那么，这似乎也就在提示我们去思考，为什么要向一般读者传播这样一幅牛顿的肖像呢？难道我们以往（除极少数牛顿的专门研究者外）在相当范围的学术界以及在一般公众的心目中所形成的牛顿的形象竟然有问题？竟然与此书的勾画如此不同？

□ 典型个案的重要性是不容忽视的。牛顿这样一个在公众心目中最经典的科学家，实际上也对许多神秘主义的学说和技巧感兴趣，这和我们以前宣传的"科学家"形象大相径庭。以前国内偶尔也有稍稍涉及这方面内容的，那大抵说成是因为牛顿"没有掌握辩证唯物主义世界观"之类——其实那时候牛顿就是想掌握，世界上也没有这种玩意儿啊。

现在牛顿科学成就和神秘主义学说之间的关系逐渐浮出水面，其启发意义是极为巨大的：这表明现代科学从形成时期开始，从来就不是"纯洁"的——现代科学有着复杂而且并非纯正的"血统"，而这种现象，正是多年来我们的科学教育中极力回避和掩饰的。阅读这部牛顿传记，则可以看到对一个科学上的典型个案的深入剖析，看到牛顿这位现代科学的奠基人，是如何从炼金术之类的神秘主义中汲取精神养料的。

■ 简单地说，这一方面有研究的深化，有新史料的发

从牛顿看现代科学的"血统"

现,以及在新的史学观念下对于以前未曾重视的史料的重新审视、研读、理解与评价的问题,更有在科学史研究与传播的基础观念上的一些问题。在这当中,显然,也存在有一时难以理想解决的矛盾,但无论如何,关于牛顿的另外一种形象还是最终出现在公众面前。对此从国外到国内的发展变化,确实是引发我们许多思考的。

其实,关于牛顿在他的主要科学成就之外的其他那些像炼金术之类的研究,人们知道的时间也不算短了,但对这部分内容及其意义的重视,却显然与人们的科学史观的变革密切相关的。而且,愈是随着新的科学观、科学史观的出现,对这部分内容的理解就愈易于显得非常自恰,而以往那种简单化的对于牛顿的工作割裂和分别给予不同甚至截然相反的评价的做法,倒也很难过分地责怪当时的人们——因为当时的科学观和科学史观就是那个样子,人们最可能的,也只是给出那样分析的评价。问题在于,在如今,在反辉格式科学史已成为科学史的主流倾向,在像 SSK 之类的学说已经深入地影响的科学史研究者的观念,在像多元文化之类的观点已经在人文学者当中获得相当的承认的今天,如果我们仍然一味地固守过去的观念,那才是一种真正的落后。

□ 在西方,事实上大多数学者已经认识到,牛顿除了探索我们今天意义上的科学,还有完全不同的知识探索路径,这在我们以前习惯的思维状态下似乎是一个矛盾,而过去科学家的传记作者通常都回避这个矛盾。怀特被认为是第一个不回避这个矛盾的牛顿传记作者,他得出的结论是:牛顿对科学基本原理(比如重力)的研究,是和对点金石的研究"不可避免地相互联系的"。

由于我们多年来在科学教育中极力回避和掩饰现代科学"血统"的复杂性，导致许多学者也在这个问题上持同样简单化的甚至是错误的观点。而学者是拥有媒体话语权的，结果是这些简单化的甚至是错误的观点广泛流传，深入人心。唯科学主义之所以成为今天许多人知识背景中的"缺省配置"，恐怕和这个问题有着深层的联系。

■ 就国际科学史学科的发展来说，西方20世纪60年代以后的科学史的职业化过程，以及伴随着这个过程使科学史越来越人文化的发展，无疑为像有关牛顿研究之类的课题提供了新的解释背景。而且，正像我前面刚刚说过的，这样的研究成果面向公众的普及，也正说明了这些新观念渐渐成为一种学界共识，因为只有那些大致成为共识的知识，才更会有普及的需要和被公众接受的可能。

在我们这里，像你所说的唯科学主义之类的背景仍然强烈，而且许多人还以此科学主义作为批判一些他们看不惯或不习惯的新观念、新说法的武器，这只能说是他们远远地落后于学术研究的前沿进展。当然，他们还有另外的说法，例如把一些开始持有新观念的学者说成是拾西方垃圾之类。可是，如何能够判断他们抱着不放的东西就不是垃圾？就连他们今天坚持的诸多观念，又何尝不是来自西方的？其实，垃圾的比喻并不恰当，因为垃圾不过是被人们原来用过而现在不再直接有用的东西，公允地讲，任何曾有用的东西，我们都应对之有所尊重，但死抱着只在过去有用的东西不放，而把当今合用的东西反而当成垃圾的做法，其荒谬与弊端，自然是显而易见的吧。

原载2004年7月2日《文汇读书周报》

从伽利略那里领略科学文化

□ 江晓原　■ 刘　兵

□ 科学和文学，在大众阅读中的命运是不一样的。文学作品可以长久被大众阅读，比如荷马、莎士比亚或《红楼梦》，今天依然可以感动千千万万读者，可是今天谁还去读欧几里得的《几何原本》或牛顿的《自然哲学之数学原理》呢？这样的命运可能是一开始就注定了的——文学本来就是面向公众（至少是一部分公众）的，而《几何原本》或《自然哲学之数学原理》原本就不是供公众阅读的。

然而，至少从文艺复兴以后，"科普"的义务其实就已经被某些伟大的科学家自觉或不自觉地承担起来了，他们已经开始撰写面向公众的学术作品。伽利略的名著《关于托勒密和哥白尼两大世界体系的对话》*就是这样的作品。

本书的中译本最初于1974年由上海人民出版社出版，题"上海外国自然科学哲学著作编译组译"，内有说明称："本书由周煦良等同志译校"。是据《对话》英译本翻译的，翻译质量极佳。正文600页，定价1.50元人民币（我确实没有写错！）。如今这本书早已经芳踪难觅，在千呼万唤之下（至少本人数年来一直在呼唤），此次北京大学出版社终于出版了此书的新版，也算功德一件。

---

* 《关于托勒密和哥白尼两大世界体系的对话》，[意] 伽利略著，周煦良等译，北京大学出版社，2006年4月第1版，定价：38元。

科学的幻想与历史建构

■ 在科学史上,伽利略的这本书确实是属于屈指可数的里程碑式的著作。然而,与其他科学史上重要的名著相比,它又确实有其特殊性,也即你所讲的,它本来就是在相当的程度上面向公众而写的。但尽管如此,它却并不因此而减少了在科学上的重要性,也因为同样的理由,即使在今天,它也还是可以让范围更广泛的读者所读懂,或者说至少是相对容易地读懂其中很大一部分内容。

之所以这样讲,也是因为,即使说它当时是面向公众而写,但毕竟在几百年之后,读这本书是就算专家,也还是会有一些需要有对当时背景的了解才会更准确、更深刻地理解的内容,当然,话说回来,比起在此前和此后的其他一些科学名著,像你提到的牛顿的《自然哲学之数学原理》,或后来的像麦克斯韦的《电磁通论》等,它还是要容易读得多。

那么,在今天,在科学发展到今天的水准时,是否还有可能会有这样的既具有面向公众的通俗又有重大科学意义的著作能够出现吗?

□ 在西方,能够成功地面向公众的科学著作倒也不少,但是要同时"又有重大科学意义的"就难找了。如今通常的情况是:学者先写了学术文本,获得了科学共同体的认同,这才是"有重大科学意义的";等到他们事后再来写大众文本,即使畅销如《时间简史》,那也只是"科普"而已了。

《关于托勒密和哥白尼两大世界体系的对话》本来就是打算让那些受过一定教育的社会上层人士阅读的,所以书中回避了比较复杂的问题(比如木卫的蚀),专就一系列能够向公众解释清楚的问题展开。书中对于每一个问题,都循循善诱,步步推进，使读者能够心服口服，而且真正明白。早年我将此书作为科学史上的大师经典之作研读，当时尚未有暇欣赏其写作技巧；近日重读此书，给了我一个新的感觉——这真是一本极妙的科普著作啊！事实上，任何受过中等教育的读者，今天来阅读此书都不会有理解上的困难。

一本在科学发展史上占有如此重要地位的书，竟可以被写成如此易于理解，如此好读，恐怕也要算独一无二的例子了吧？我甚至猜想，如果伽利略生在当代，已经没有日心说需要他赞成，也没有望远镜观天所得伟大发现等他来做了，他至少也是卡尔·萨根一流人物，在科学研究中有成绩又能在科学传播领域大显身手的吧？

■ 还有一个因素也许值得注意，那就是，那些被称为科学史上的科学名著的东西，基本是科学发展的早期的产物。到了20世纪，想要再找这样的著作就很困难了。因为到了20世纪，由于科学学科建制化的发展，由于科学研究竞争的日趋激烈，也由于科学交流系统的发展和完善，科学家们在发表新的科学发现时，主要是采用更快捷的论文的方式，等到专著写成时，大多已经是对一系列自己和他人工作的系统总结了。因此，到20世纪，要选在原来意义上的那种科学名著，反而非常困难，而要选在科学史意义上重要的科学论文，到还相对容易。

也许正是由于这样的原因，人们在关注20世纪以来更新的科学著作时，原创性的科学名著就不像以往那么再占有重要的位置，而更多地把普及性（例如《时间简史》这样的著作）放在更突出的地位上了。

但新的情况的出现，却是往往那些民间科学爱好者，在以各种可能的方式来发表他们的"成果"时，经常采用"专著"的形式。

□ 对于伽利略在本书中所采用的论述技巧，也是后来的所谓"学术论文"无法容纳的。

比如三人四天对话的形式——这是西方一直是很流行的（想想柏拉图的《对话》和后来的《十日谈》吧）。两个高贵而机智的贵族是沙格列陀和萨尔维阿蒂，"以纯粹的沉思而不以快乐的追求为最大乐事"；另一个是"逍遥学派哲学家"辛普利邱，代表哥白尼理论的反对者，他"在领悟真理方面最大的障碍，看来是由于他因解释亚里士多德而获得的声誉"。表面上看伽利略只是记录三人的谈话，似乎不偏不倚，但实际上他总是让那位辛普利邱理屈词穷。这样他就在实际上宣传并支持了哥白尼学说。

又如由于伽利略的任务并不仅限于在物理、数学或逻辑上与对手辩论——要是这样的话事情倒简单了，他还要和那时禁锢着人们思想的亚里士多德学说进行斗争，而这就要涉及那个时代的意识形态问题。所以他的有些辩论技巧，是颇值得欣赏的。比如那时某些亚里士多德学说的僵死的信奉者，即使在某个事实面前实在无话可说了，他们也只是说："如果不是亚里士多德的课本上讲的和这相反，我将不得不承认它是事实。"也就是说，如果亚里士多德的学说与事实相违背，他们宁肯不承认事实，也要信仰亚里士多德。对此，伽利略说："你难道会怀疑，如果亚里士多德会看到天上的那些新发现，他将改变自己的意见，并修正他的著作，俾能包括那些最合理的学说吗？那些浅薄到非要继续坚持他曾经说过的一切话的那些鄙陋

从伽利略那里领略科学文化

的人,难道不会被他抛弃吗?"这种句式,有些中国学者当年在意识形态的高压下,为了表达自己的意见,也曾经使用过。

■ 这恰恰说明,科学从来不是在理想的真空中发展的,在其发展过程中,各种各样的社会文化和体制的因素,一直在影响着科学,也影响到科学的表达形式。在伽利略的时代,特定的环境使得伽利略采取了这种特殊的论述方式,在让我们可以更生动地了解伽利略的思想之外,也留下了鲜明的历史烙印,提示着后来的阅读者不要忘记当时的历史背景。在这其中,人们可以学到更多的东西,包括伽利略用生动的对话体来表现的独特的修辞风格。而在如今,则因为学术成果以标准化的论文形式发展,在形式上似乎抹去了各种外部因素影响的痕迹,给人以一种科学之纯粹性的假象,而在实际上,有着我们今天时代特征的各种外部因素却仍然同样在对科学的发展起着不可忽视的作用。当代像 SSK 这样的研究,恰恰起到了剥去伪装,使科学恢复到更接近于本来状况的作用。

在中国,如今当它以更精美的形式(包括其中的插图和时尚的版式)再度问世时,我们同样不应把它仅仅当作是一种纯粹的古典文献,而更应努力在阅读中得出在新的理论背景下的新感受。也许,这才是像"科学元典"这样的丛书出版的重要意义之一。

原载 2006 年 6 月 9 日《文汇读书周报》

狄拉克传记[*]：深奥的学问冷门的书

□ 江晓原　■ 刘　兵

□ 这是一本多年前问世的科学家传记，今年（2009年）刚刚被翻译进来。作者在前言中一上来就说，狄拉克是有史以来最伟大的物理学家之一，他的贡献可以与牛顿、爱因斯坦、麦克斯韦和玻尔相提并论。也就是说，他认为狄拉克是有史以来最伟大的五位物理学家之一。而且，他感叹如此伟大的一位物理学家，其传记却如此之少，迄今为止（2009年）只有五种——他撰写的这一部就是第五种。

对于这种说法，我很有怀疑。我们也知道，传记作者，或者对某个历史人物进行科学史研究的研究者，通常总是倾向于夸大传主或被研究者的重要性，这也是人情之常。狄拉克的科学贡献，主要是在量子物理学领域，那么在这一领域中的泡利呢？海森堡呢？薛定谔呢？狄拉克和这几位能够拉开很大距离吗？

事实上，作者在书中似乎并未论证这一点。所以他关于狄拉克科学地位的上述判断，我想只能视为修辞手法，不必太认真对待。

■ 但是，无论如何，在量子物理学的发展中，狄拉克确

---

[*]《狄拉克：科学和人生》，[丹麦]赫尔奇·克劳著，肖明等译，湖南科学技术出版社，2009年4月第1版，定价：45元。

狄拉克传记：深奥的学问冷门的书

实是一位非常重要的关键性人物，我觉得这种说法应该是没有问题吧。我们总要为科学家们排排座次，这样的心态也许与我们这里长期流行的"排名学"的影响有一定的关系——对于科学史上的科学家，这种一定要排座次的做法，恐怕一是总会有争议，二是也未必有多大的意义。

你我都是学物理出身，对狄拉克都不会陌生。这本传记，应该是国内翻译的第一本严肃的、学术性的狄拉克传吧。我记得，20世纪80年代初，在我考研时，要在图书馆里找一本像样的物理学史类的书来参考都极为困难，而如今，许多重要的科学史著作被翻译引进（当然，还仍有许多很重要的著作尚未被译出），要学习研究物理学史，仅读中文的著作（当然对于研究工作仅读中文文献肯定是不够的），就够人们读上一阵子了。但我们却可以注意到另外一种现象，即国内的物理学史的研究，这些年却不像我们读研究生时那么"红火"了，你对此有什么见解吗？

□ 这个问题我以前倒没有想过，但是回忆起来，你说的情形确实存在。也许这个问题要放到更大的背景中去思考。

我觉得整个科学史的研究都不如20世纪80年代时红火了，再推而广之，许多不热门的学问都不如那时红火了。所谓热门，我是指能符合如下条件之一的情形：一、能够来钱，或者和来钱的玩意儿发生关系者，比如房地产、汽车、股票、收藏等；二、能够符合某些官方"课题指南"中提倡的玩意儿；三、当下热点，或和当下热点有关系的玩意儿。这些热门主要都是由直接或间接的经济利益所驱动。而有些20世纪80年代红火的学问，是因为学科自身的内在逻辑所驱动的，比如某些

科学的幻想与历史建构

因为改革开放而不再受到意识形态管制的学科，或者某些因为改革开放而打开了新的发展空间的学科。那时大家还没有事事讲钱，处处讲钱，时时讲钱，所以科学史之类的学问在那时会有些红火——其实也只是相对今天的情形而言的所谓红火。

再回到狄拉克的传记上来，这种书籍，这种学问，不可能热门或红火，所以从这个意义上来说，这中文世界的第一本狄拉克传记，当然还是值得重视的。

■ 除你上面所说的因素外，我想，可能还有另外一个因素。即在科学史学科发展中，从那种传统的内史到更关注外史因素的新派科学史的转变。也就是说，在国际大背景下，那种传统的内史类型的科学史研究已经越来越少了，更多的科学史家转向了更有外史意味的科学史研究，甚至像我们曾谈过的《利维坦与空气泵》那样的社会建构论的研究。但是再看我们国内，至少在物理学史的领域里，一是这种转变尚未完全完成，二是对传统的物理学史的认真研究又受到你谈的那些因素的影响，所以会有现在这样的局面吧。

这本狄拉克的传记，大致可以划分到传统的那种内史型的科学家传记吧。此书的作者，还曾写过一本很有影响的科学编史学著作《科学编史学导论》（北大版的中译本译名为《科学史学导论》）。他对此传记的写作，可谓很传统、很标准，很有学术性，基于大量文献来重构狄拉克这位物理学家的一生。其实这样的研究，对于后来再发展起来的外史研究，也是重要的前期学术积累。而且，对于国内的物理学史研究，以及物理学史的教学，都应该是非常重要的、可供参考的学术文本。

狄拉克传记：深奥的学问冷门的书

□ 考虑到这部传记是多年前的作品，这一点正好可以印证你的上述判断。

在科学领域的传记中——其实在其他领域的传记中也是如此，我们可以看到这样一个常见现象：第一流科学家的传记总是最先出现，而且数量也是最多的（看看牛顿、爱因斯坦有多少传记），随后，研究者和传记作者的眼光不得不转向第二流、第三流的人物。说起狄拉克，是不是在本书作者所说的"前五名"我虽然不无疑问，但将他视为物理学领域中的第一流人物，无论如何总还是可以的。这样一想，中文世界他的第一本传记直到今天才问世，应该承认那是有点晚的。

至于这本传记被你视为"内史"类型，我倒另有一点想法。其实人物传记本来就是内外史相结合的最佳载体之一，克劳作为一个对科学编史学有研究的人，不可能不知道这一点，而且科学史研究中的"外史倾向"也早在多年前就有端倪。我觉得本书之所以成为"内史"类型，对克劳而言或许是"非不为也，是不能也"——因为狄拉克本人就是一个"内史"类型的人。换句话说，对于一个广泛参与社会活动，或就社会现象广泛发表意见的科学家而言，他的传记作者就很难将传记写成"内史"——除非他搞类似以前中国牌号的辉格史学，根本不为读者提供对传主的全面描述。而狄拉克不是爱因斯坦，不是玻尔，更不是卡尔·萨根或 R. P. 费曼，他似乎就是一个相当纯粹的"科学家"。所以他的传记，恐怕是不得不写成"内史"类型的了。

■ 科学家传记，确实又是因人而异的。不同的人，当然会适合于写成不同类型的传记。因而，狄拉克这位性格内向，交际不多的人的传记，当然也容易以这样一种规矩、标准、传统的方式来写，这本书，也是符合这种常规的观点的。但我还是觉得，在 SSK 研究者那里，也还是可以以特殊的方式来发现其理论研究中的更多社会（文化）因素。

在若干次我对听课的科学史和科学哲学专业的研究生上课时，发现现在甚至这些专业的学生们对科学家传记的阅读也是很少很少的，这也反映出现在除像那爱因斯坦那种超级大科学家的传记外，一般科学家传记还远未达到相对普及的传播程度。而像这本狄拉克的传记正因其内史类型以及内容的专业性，又是更难吸引普通读者的。但从原则上讲，那些从事物理学史研究和教学的人，那些从事理论物理学专业研究的人，阅读这本传记，肯定是会有其他类型的物理学与物理学史读物所不可替代的作用和意义。

其实，哪怕是在那些热门的学科或研究方向上的热门研究，如果没有更多你所说的这种"不可能热门或红火"的著作来做坚实的学术支撑，也只是表面化的、无根基的、只能一时热闹的学问。幸而，在目前浮躁的环境中，还有人肯花大力气来翻译这种深奥的著作，还有出版社肯出版这种显然不会畅销的书，这也还给人为未来的学术发展留下了一些光明的希望。

原载 2009 年 11 月 6 日《文汇读书周报》

萨顿的宏愿：一个人与一个学科

□ 江晓原　■ 刘　兵

□ 前几次我们老对"坏"的品味表示我们个人的不满，现在我们能不能试图看看某种优秀品味的个案？这回的个案就是乔治·萨顿（George A. L. Sarton）其人。

萨顿1884年生于比利时一个富裕家庭中。上大学最初学的是哲学，但是很快就对这门学科感到厌倦，于是改学化学、数学和结晶学，27岁那年（1911年）以题为《牛顿力学原理》的论文获得博士学位。他青年时代就对科学史有浓厚兴趣，立志要为此献身——因为"物理科学和数学科学活生生的历史、热情洋溢的历史正有待写出"。

20世纪上半叶，是一个我称为"大发宏愿"的年代，在我的阅读生活中，至少接触过那个时代的四部巨著，下面是它们的一览表：

20世纪上半叶科学史领域四部巨著详情表

书　名	作者	开始写作时间（年）	出版时间（年）	结　局
历史研究	汤因比	1920	1933—1972（包括简编本）	生前完成
世界文明史	杜兰	1927	1935—1968	生前完成
1900年前的科学通史	萨顿	约1940	1952、1959	计划8卷，仅完成头两卷
中国的科学与文明	李约瑟	1947	1954（包括简编本）	规模不断扩大，虽有众多协助者，仍远未完成

科学的幻想与历史建构

号称"科学史之父"的萨顿,大约与写《历史研究》的汤因比(Arnold Toynbee)和写《世界文明史》的杜兰(Will Durant)同时,也在20世纪20年代大发宏愿,写《科学史导论》,从荷马时代的科学开始论述,第一卷出版于1927年。然而这部书他只写了3卷(第3卷1947年出版),论述到14世纪。后来萨顿的宏愿又进一步扩大——他决定写"1900年之前的全部科学史",全书计划中共有8卷,可惜到他1956年去世时,仅完成头两卷:《希腊黄金时代的古代科学》(1952年出版)、《希腊化时期的科学和文化》(1959年出版)。他去世后,此书的写作计划似乎就无疾而终。

但是,萨顿虽然未能完成他的著述宏愿,他却使得科学史这门学问成为一个得到世人承认的学科。

1912年萨顿创办了一份科学史杂志——*ISIS*,次年正式出版。该杂志持续出版直至今日,每年4期,外加一期索引,成为国际上最权威的科学史杂志。1915年,萨顿来到美国(*ISIS*也随之带到美国出版),此后他主要在哈佛大学讲授科学史。1924年美国历史协会为了支持萨顿在科学史方面的努力,成立了科学史学会,1926年 *ISIS* 成为该学会的机关刊物。从1936年起,萨顿又主持出版了 *ISIS* 的姊妹刊物——专门刊登长篇研究论文的不定期专刊 *Osiris*。

萨顿于1955年去世。终其一生,总共完成专著15部,论文及札记300余篇。为了广泛阅读科学史料,他掌握了14种语言,包括汉语和阿拉伯语!在萨顿身后,科学史已经成为一个得到公认的学科。萨顿则被公认为科学史这一学科的奠基人,也经常被称为"科学史之父"。国际科学史界的最高荣誉"萨顿奖章"就是以他的名字命名的。

萨顿的宏愿：一个人与一个学科

这就给我们提出了两个问题：一、一个人真的能确立一个学科吗？二、宏大的个人著述计划在今天还有没有意义？

■ 对于你提出的两个问题，我是这样想的。说一个人确立了一门学科，这在特定的情形下是有可能的，当然，这也还需要有若干前提条件，例如，此学科在此前并不成熟，或是处于刚起步阶段，甚至根本还没有一点影子，而当时的社会文化环境又有着对此学科的需求。最后，也是最重要的，是这个人不同凡响，有着特殊的能力，有时还要加上相当的献身精神。从萨顿确立科学史学科的情形来看，这几个前提都是满足的。在他之前，科学史这门学科不是不存在，但绝对说不上是成熟。因此，就确立学科来说，他更主要的贡献在于将此学科规范化、建制化，如创办刊物、创立学会、培养最初的博士生、确立教学标准和研究规范（就如他人的评价，"他创造了一门学科的工具、标准以及批判的自觉性"）等。

不过，除了人们经常会注意到的这些创立学科所必需的事情，我个人更愿意强调的一个与科学史的建制化不那么直接相关，却又实实在在地间接相关的方面，即萨顿本人的学养，或者更确切地说，是他作为一个博学的人文学者身上那种人文精神、人文意识。如果不考虑到像中国这样的特殊情况，将科学史归入理科，常规地讲，科学史是属于人文学科的，其最本质的研究也是对科学的一种人文研究。

萨顿确立科学史这门学科的工作主要是在美国进行的，其最重大的影响也还是在美国。而美国科学史发展过程中，科学史的职业化是具有标志性的转折。如今，如果进行某种比较的话，我宁愿认为，我们这里的科学史研究与美国等西方国家的最重要的差别或者说差距，恰恰就是在这种人文内涵或者说人文品味上。

有了这样的过渡性分析，再说萨顿著作在今天的意义就容易一些了。从现实来看，像你所列举的那几个大家宏大的个人著述计划，在今天确实是很难见到了，即使有人想这样做，抑或是力不从心，或是做出来的东西也不伦不类，没有多少人会去理睬。这与学科的发展阶段有关——在如今由于专业方向的更加细分和知识的加速积累，确实很难有真正通晓整个学科的大家。另一方面，这也与学术风格，甚至与我们在第一次的谈话中的内容有关，即人文研究越来越避免宏大叙事的发展倾向。

但尽管如此，具体到萨顿本人，似乎大致可以这样说，他所写作的宏大巨著《科学史导论》，已经很少有人会去通读了，就连专业的科学史家也大多只是将其作为工具书来查阅了。但他的那些其他著作，那些更为专题性的，有着更多的思想内容，有着更鲜明的人文特色的那些著作，却在今天仍然有着让人直接阅读的价值。

□ 鸿篇巨制和宏大叙事并不是一回事。我觉得如今人们不爱读巨著，应该另有原因。

今天的人们，物质生活越来越富裕，窗外有百丈红尘，其诱惑越来越强烈，许多人被名缰利锁越牵越紧，每日的步履越来越匆忙，在物欲深渊中越陷越深，离精神家园越来越远。我们可以看到，随着时间的流逝，宏大主题的鸿篇巨制是越来越少了。作者懒得写，读者也懒得读了。

汤因比也好，李约瑟也好，他们在晚年都已经看到了这种

萨顿的宏愿：一个人与一个学科

局面，所以他们不约而同地为自己的巨著编简编本，以便提供给"一般公众"阅读。汤因比自编的简编本仍有近百万字，这样的一册，在今天看来也已经是"巨著"了！能有几个人从头到尾通读的？

以我自己而论，虽然对于那类堪称经典的鸿篇巨制，能够收集的还是尽量收集（即使只有简编本，也聊胜于无），但是我近年也已经很少静下心来通读、精读这样的鸿篇巨制了。当年阅读这类巨著时的那种沉静、忘我的心境，似乎已经离开我很久了。每次想到这一点，总是自怨自艾，却又无可奈何。

至于萨顿，若他生于今日，如果还是那样写"1900年之前的全部科学史"，怕是会被认为很不合时宜的吧？但是，在我看来，恰恰是在今天，我们更需要有人逆流而上，大发宏愿来撰写萨顿那样的鸿篇巨制，以抵制那些庸俗化的、急功近利的潮流。有眼光的出版人和其他掌握着有关资源的人，应该为这种鸿篇巨制——如果真的还能有的话——提供写作和出版的条件。

■ 你当然可以持这样的观点。不过我还是认为，在目前，至少由于知识的爆炸性增长，以及专业方向的细化，仅由个人的力量来完成这样的鸿篇巨制是不太可能、不太现实了。当然，当一个极有学问的学者在晚年的时候，写出贯通性的巨著，那也许可以另当别论，不过，这样的著作，恐怕更是以观念来取性，而在那种严格专业要求下的某些东西，则必是有所损失的。别的不说，在这样的情形下，以一人之力，要想读遍相关的文献，在时间精力上经常就已是不可能的事了。其实，这也是在当代学术发展背景下，对于鸿篇巨制之水平要求的相应发展。因此，我们才会看到，为什么像《剑桥……史》之类多卷通史性的巨著，通常一个学者只能写出在其专业范围内的一两章。不过，对于这种巨著，对主编者的水平和视野当然要求极高，不过这种要求，与具体撰写具体章节的要求又在层次和技术性上是有所不同的。

　　正是在这样的意义上，我会认为，像萨顿和你所提到的那几位大学者过去的那些"宏愿"，在今天，恐怕至多也只能是一种"愿"而已了，因为在当时他们的目标中，确实是要写成符合严格的学术规范的巨著的。你举的另一位学者——李约瑟——的例子，恰恰证明了这种说法。由于越来越多从事具体研究方向的人的参与，已经与萨顿写他的《科学史导论》（那可是真正的一人独著）的情况完全不同了，李约瑟在生前，也主要是在起一个主编的作用，而在身后，则更多的是一种象征性的符号而已。

　□　我不认为李约瑟《中国的科学与文明》的例子有普遍意义。直到今天，我仍有一种根深蒂固的看法——也许是偏见，即认为多人合作的书是很难成为优秀之作的，我宁可读那些以一人之力撰写的著作，哪怕它不全面，哪怕它有偏见。

　　其实《中国的科学与文明》，具体到每一卷，也还是个人撰写的。而《剑桥……史》那种每人一章的分工，我也还可以容忍，毕竟那里的每一章篇幅甚大，基本上就是一本小书了。我最不愿意的是搞一大堆人来"参编"一本书，这种现象在教材的编写中最为显著。所以我经常对研究生们说，如今教材是最差劲的读物，你们拿教材应付应付考试也就罢了，但千万不可将教材当作学习和模仿的对象！

萨顿的宏愿：一个人与一个学科

一大堆人"参编"一本书，往往是一种严重平庸化的玩意，因为它大大降低了对撰写者的要求。如果你单独写一本书，你无论如何总要有足够的知识背景，总要对全书的结构了然于胸才行；你也很容易让全书保持你独特的风格。但是作为一大堆"参编"者之一，你就可以不必如此，至于保持个人的风格，那就更别想了。这样低水准的东西，你一篇我一篇，拼凑在一起就成了一本书——这种书有时看看外表还挺像回事。

我觉得萨顿当年的宏愿，是非常值得尊敬的——所谓"虽不能至，心向往之"，所以我对于那些一个人独立撰写成的书，总是更容易有好感。我自己虽然也偶尔身不由己当过所谓的"主编"，但我总是尽可能避免这么做。

■ 我完全同意你的说法。像我们这里经常会看到的一大堆人参编一本教材这样的做法，往往会编出一本非常平庸的东西。当然这种做法也是很有中国特色的，因为在这里有着这样的需求。比如在学校里许多撰写文章和发表有困难的一些"学者"，也有像评定职称之类的需要，自然也要有出版物，于是参编教材便成了最为简单可操作的一种解决办法（其实类似的办法也还有，如各校自己出版的那些低水平校刊，甚至连这样的校刊还不足以满足发表需求因而还要出增刊等，这里姑且不论，等以后有时间可以专门谈谈）。

另外，有时为了赶时间，多人参编一本教材也比较容易操作。甚至于，有时来自若干学校的人参编一本教材，参加者的分布，是体现了学校间在此领域的教材使用上或者学校名誉上的分配（或者说是瓜分），变成了一种学术政治的需求。如此等等，还可以有许多的原因。但作为最终的结果，我们看到，是那些质量低劣的教材的出笼和学生不得不使用它们，这后者是最为令人悲哀的。

除了教材，还有一些"专著"，也是以这样的方式编写出来的，在一些情况下，背后也有着类似的原因、动力和需求。在此也就不多说了。

不过，我们前面讲的，像萨顿或李约瑟那样以个人之力撰写鸿篇巨制的愿望、计划和实践，与这里说的多人参编教材之类的事完全不是一类的事情。我只是说，在目前的学术发展阶段下，这样的情形从操作上已经不太可能了——至于像你说的心向往之的期盼，那是另一回事。我们可以在实际可见的著作中找一找，你还找得到——比如说近30年来——有没有学者曾成功地完成过那样的在篇幅上和质量上都令我们叹为观止的巨著呢？这也可以算是一种"证明"吧。

当然这样的证明，也更从另一个侧面显示了像萨顿这样的学者的了不起。这也正如有人评论萨顿时所说的，他可能是当时学识最渊博的学者。要知道，他可是一位科学史家啊！在最可能的情况下，人们会想到当时最渊博的学者，居然是在一个当时还非常边缘的学科中吗？所以他一个人确立了科学史这个学科，真可以说是奇迹啊。

原载《文景》2005年第2期

走进爱因斯坦的生活

□ 江晓原　　■ 刘　兵

□　此次《爱因斯坦全集》*的出版，无疑是中国科学传播事业中的一件大事。已出五卷，所收文献覆盖的年代是1879—1914年——正好到广义相对论问世的前夜。此时爱因斯坦已经因为狭义相对论等贡献而成为著名的科学家。这五卷大约3000页（16开）的文献，足以勾勒出爱因斯坦从一个普通少年到世界级科学家的成长之路，确实是不可多得的科学史料。湖南科学技术出版社出版此书，洵为科学传播之大功德也。

在这五卷巨著中，那些科学论文，以及爱因斯坦和别的科学家之间的学术通信，估计不会引起公众太多的兴趣，毕竟物理学不是那么通俗的。但是第五卷"瑞士时期"的书信集（1902—1914），却实在是饶有趣味的文献。

这一卷收录书信519封——平均每年43封，上来第一封就是爱因斯坦给米列娃的情书。"亲爱的宝贝儿！"爱因斯坦对米列娃写道："当夕阳西下和夜阑人静之时，我就可以再次如期如愿地吻你，拥抱你。"接下来第4号文献就是爱因斯坦和米列娃的结婚证书。然后在几封讨论物理学的信件之后，又出现了一位哈特夫人给爱因斯坦的抗议信——抗议他在给她儿子的信中称她为"你们家老太太"，她认为爱因斯坦这样做"是

---

* 《爱因斯坦全集》(第一至五卷)，范岱年主译，湖南科学技术出版社，2002年12月，定价：100 + 120 + 108 + 128 + 145元

科学的幻想与历史建构

粗鲁的"……所有这些,不是趣味盎然吗?

■ 这倒让我想起,刘华杰先生曾写过一篇名为《俗人爱因斯坦》书评,正切中了某种要点。那篇书评从爱因斯坦的书信,谈到了爱因斯坦的婚姻和感情生活,并因而招来了一些非议。其实,那些非议依然是出于某种并非合理的观念。以往,在我们谈到一些重要的科学家,或者说"伟大"的科学家时,总是囿于某种传统观念,对其私人生活的许多方面要避讳不说,结果反而在公众中把科学家变成了不食人间烟火的神一般的形象。这也可以说是一种传播的失误。因为科学家当然首先是人,其次才是科学家,那种要严格地把科学家的工作与其生活割裂开来的做法,实际上也在相当的程度上影响了我们对于科学家以及科学本身的理解。

这种把"伟人"神化的做法,其实也并不限于科学家,但是当我们已经意识到了,应该在历史的研究与普及中,让一个个的"伟人"走下"神坛",还其本来面目时,为什么还要把科学家排除在外呢?当然,"俗人"的说法也许色彩过于强了一些,至少,说在这些私人信件中浮现出来的是一个更多地作为普通人形象爱因斯坦,应该是比较贴切的。正因为爱因斯坦在写这些信件时,并不是为了传给后人看,也不像那些传记一样经过了作者的取舍与加工,所以它们才更"真实"地反映出这个"伟人"更加"真实"的一些侧面。

□ 这一卷书信所覆盖的年份前段(1902—1905),正是爱因斯坦创立狭义相对论之前的几年。这几年中,爱因斯坦过着一个平凡小人物的甚至穷困潦倒的生活。这段生活在本卷书

走进爱因斯坦的生活

信集有着生动的反映。

大学毕业后他未能找到固定工作，晃荡了两年，至1902年6月经一位同学之父的推荐，才在伯尔尼专利局获得一个临时的"三级技术专家"职位，年薪3500法郎（1904年转正后增为3900法郎）。任务是鉴定新发明的各种仪器，其中主要是机电产品。1903年他和米列娃结了婚（但是这场冲破重重阻力赢得的婚姻并未能白头偕老，1914年他们黯然离婚）。1901年米列娃回到父母家生下了孩子（一个女儿，可能不久就夭折了）。再回到苏黎世综合技术学院时，她未能通过毕业考试，因而未能得到文凭——简直是一个典型的女大学生早恋并婚前怀孕而导致学业失败的悲惨故事。米列娃没有文凭也就无法找到工作，次年长子汉斯出生了，家庭负担相当沉重。

一个专利局的小职员，当然没有机会与当时的主流科学家来往。爱因斯坦在伯尔尼只有几个青年朋友，最重要的是哈比希特（Habicht）和索洛文（Solovine），还有哈比希特的一个小弟弟。这一小群年轻人经常在工余和课后聚首，一起散步，或在寓所一起阅读、座谈。一起阅读的乐趣在于思想的交流，这群年轻人被这种乐趣迷住了，虽然清贫，但是他们充实而幸福，感到"欢乐的贫困是最美好的事"。他们将这难忘的几年命名为"不朽的奥林匹亚科学院"。书信集里就有"致不朽的奥林匹亚科学院院士爱因斯坦的献辞"之类的游戏文字。

■ 实际上，即使在1905年爱因斯坦创立了狭义相对论之后，他也并不是马上就在心理上变得成为一个"标准"的大家。在1911年，当荷兰的乌得勒支大学想聘请爱因斯坦出任那里的一个教席时，爱因斯坦也像常人一样先是因为那里的工资而感到那里职位的诱惑力，继而进一步写信打听那里是否有养老金、寡妇补助金，以及搬家费是否能报销等问题。甚至于在他已经决定不去荷兰，并又收到了苏黎世的邀请时，还写信向荷兰的邀请者提出"一个奇怪的要求"：他认为苏黎世人的热情是由于怕他会到乌得勒支去，而担心苏黎世方面一旦知道了他已经拒绝了荷兰方面的邀请而荷兰方面将聘请另外一位候选者的消息，会立即失去热情而把他永远悬挂起来，因此要求荷兰方面再等一个时期再正式聘请另一个人。这些似乎都不像是一个充分自信而成熟的大学者的所为，但却也完全可以为人们所理解。

爱因斯坦固然因其科学上的贡献、哲学上的深刻以及对社会问题的责任感而高大与众不同，但在那些高大之处之外，他也同样是一个有血有肉，是一个同样食着人间烟火的普通人，而不是从一开始就处处完美得像神一般。因此，像这种未加修饰的原始信件的公开发表，确实是有利于拉近像爱因斯坦这样的"大人物"和一般公众的心理距离的。

□ 除了显示"普通人"的一面，我更感兴趣的是，爱因斯坦在做出伟大科学贡献时的状况，特别是他在1905年，即著名的"爱因斯坦奇迹年"（这一年26岁的爱因斯坦发表了5篇划时代的科学论文，其中最重要的当然是创立狭义相对论的《论动体的电动力学》和《物体的惯性同它所含的能量有关吗？》）——之前那几年的状况。

看看他和他那几位年轻朋友在1905年之前的生活吧。他们研读的哲学和科学著作有：斯宾诺莎、休谟的著作，马赫、

走进爱因斯坦的生活

阿芬那留斯、毕尔生的著作,安培的《科学的哲学经验》,物理学家亥姆霍兹的文章,数学家黎曼的著名演讲《论作为几何学基础的假设》,戴德金、克利福德的数学论文,彭加勒的《科学和假设》,等等。他们还一起读古希腊悲剧作家索福克勒斯的《安提戈涅》、拉辛的作品、狄更斯的《圣诞故事》、塞万提斯的《堂吉诃德》,以及世界文学中许多代表作品。这样的阅读和讨论,在今天的一些科研管理者看来,简直就是不务正业,游手好闲!

■ 你所讲的,确实是一个老大的难题。实际上,在当今的世界范围内,就趋势而言,也大致是这个样子。应该说,考核是必须的,问题只是在于如何考核的问题,而且,从目前的社会环境来看,一种理想的、有效的、公正的、本质性的考核机制的建立,似乎还遥遥无期。

当然,这并不妨碍一些人仍然可以追求一种理想的研究方式,但在很大程度上,这种理想研究方式却在很大程度上是一种个体化的行为,而不是体制所支持的。再有,在个人的心目中,还有一个是尽最大努力去抵制那种加剧泡沫的力量,为理想的研究环境最大限度地争取空间,还是不甘心于"顺应",甚至要走在"潮流"前面,为泡沫的制造起到一种推波助澜的作用。记得几年前,我们几个人在香港开会时,就曾讨论过人文学科的评价机制问题,那也部分地与科学研究的评价有联系。当时一个"发现",就是当今缺乏权威的(当然同样必须是公正的)大师,以至难以采用量化评价手段之外的其他方法来进行考核与评判。不过,无论这种两难如何成为一种难以克服的现实,像爱因斯坦这样的事例,还是在有力地提醒着我们现实的某种不合理性。

□ 以前有一个关于爱因斯坦因相对论而出名之后到处演讲的搞笑故事（他和他的司机汉斯的"两个天才"），给我印象颇深。因此我一拿到本卷书信集，就试图在其中找到关于那个故事的某种证据或者反证。但是，尽管这一卷所覆盖的年代正合适，我却未能在其中找到有关的背景材料——哪怕就是邀请他演讲的邀请信之类。

从往来信件中可以看出，"爱因斯坦奇迹年"确实是一个非常明显的分界——1905年之后，和爱因斯坦有信件往来的人中，他那几位年轻伙伴就不再是主角了，而是很快出现了物理学史上大名鼎鼎的人物，比如普朗克（Max Planck）、施塔克（Johannes Stark）、闵可夫斯基（Hermann Minkowski）、劳厄（Max Laue）、马赫（Ernst Mach）等，这表明爱因斯坦已经成为国际一流的物理学家。

令人感叹的是，这个国际一流的物理学家，完全是自发生成的，他既没有得到过什么什么基金的资助，也没有在官方的项目中拿过什么什么课题。"爱因斯坦奇迹年"完全是学术自由、思想自由的产物，而不是计划经济或"计划学术"的产物。而我们却有"只资助国际一流"之类的荒谬说法——这种说法隐含着一个狂妄的前提：就是官员有能力事先知道谁将是"国际一流"。而爱因斯坦和许许多多科学家的故事告诉我们，"国际一流"是可遇不可求的，只有创造学术自由、思想自由、学者可以安心做学问的环境，"国际一流"才有可能在某个时候出现。

走进爱因斯坦的生活

■ 另外还可以补充一点的是,有一个问题:为什么我们要在科学研究上争国际一流?如果说技术还可以富国强国,纯科学研究的一流意味着什么呢?这也许和我们一定要在体育竞赛中争冠军的背后潜台词很有些相似,即把一种对荣誉(有时甚至只是虚荣)的追求与一些更宏大的目标联系起来,而实际上这种关联更多的是人为设想的。以体育为例,如果我们以得什么世界冠军为首要目的,不把最大的人力、物力、财力投入到竞技体育中去,而是以更广大的公众的身体素质的提高为首要目的,那么,也许我们在某些荣誉上会有所损失,而在真正的国力上,却会是更有所得。类推到科学研究上,也是类似的。其实,某些措施背后的出发点和潜台词也是很重要的,会在很大的程度决定了某一措施的最后效果。我们可以看到,当年爱因斯坦在专利局业余地从事科学研究,并做出了不朽的科学发现的时候,他可曾把这些工作与什么豪言壮语式的宏大理想联系起来过吗?

爱因斯坦确实是一座极具开发价值的富矿,这也说明了为什么科学史界对他的研究会投入如此大的力量。一部爱因斯坦书信的选集,也包含了极大量会给人带来启发的思想财富。我们这里刚刚谈到的内容,只是从中可以推演讨论并具有某种现实意义的话题之一。不过,在这样一篇不长的对话中,能就这一点进行发掘,恐怕也就足够了吧。

原载2003年9月5日《文汇读书周报》

爱因斯坦的上一半和下一半

——关于《恋爱中的爱因斯坦》* 或《爱翁情史》

□ 江晓原　■ 刘　兵

□　前些年那部获奥斯卡最佳影片奖的 Shakespeare in Love（1999），有时也被译成《恋爱中的莎士比亚》，但后来大家都习惯称为《莎翁情史》。那么现在这本 Einstein in Love，与其译成《恋爱中的爱因斯坦》，也不如译成《爱翁情史》更为上口。何况从字面上说，"爱翁"也比"莎翁"更适合有"情史"嘛。

玩笑开过，我们还得言归正传。要说科学家的传记，我们以前几乎总是抱着利用的目的来撰写的——利用它们来教育人们，因此起先我们总是断然过滤掉那些"有损崇高形象"的内容；后来说要"有血有肉"了，也只是加进走路撞了树还说对不起之类的调料。这些调料本意是美化科学家，却不知在新一代读者眼中，适成丑化而已。

在中国人心目中，性这件事情是最"有损崇高形象"的，科学家既是我们要塑造的崇高形象，那就绝不能让科学家和"风流倜傥"之类的事情沾边。所以对于中国学者来说，写一部《恋爱中的×××》这样的科学家"情史"，至今还是想也不敢想的事情——谁要是不服，写一部试试看？科学家本人或

---

* 《恋爱中的爱因斯坦：科学罗曼史》，[美]丹尼斯·奥弗比著，冯承天等译，上海科技教育出版社，2003年12月第1版，定价：37元。

爱因斯坦的上一半和下一半

其后人马上告你"诽谤名誉"。

■ 确实,这里有一种巧合,即 Einstein(爱因斯坦)几个字被译成中文后,凭空增加了在其原名中没有的"爱"这个字的特殊含义。如果译成《爱翁情史》的话,当然,与影片《莎翁情史》相对应,又加上其中"爱"字的特殊增值意义,倒是一种可取的译法,在我刚刚看到此书时,也曾有过这种想法。不过,在我仔细地看过此书后,却又有了一种新的想法,即《恋爱中的爱因斯坦》这种译法也有其优越之处。因为后一译法,可以理解为,此书不仅仅是在讲述爱因斯坦的恋爱,而且也可以是在谈论爱因斯坦在恋爱期间的所有活动。而《爱翁情史》,则似乎给人的印象,更是专门在谈爱氏的情爱生涯。

在这本书中,如果算一算的话,会发现,在这本厚厚的多达43万字的书中,主要的文字,还是在介绍直到1919年对日食的观测"证实"了爱因斯坦的广义相对论为止这段时间爱因斯坦的生平和科学工作,专门谈论爱氏爱情的部分比例还是很小的——当然,在这比例很小的部分,也还是向我们揭示了许多在以往(至少是在中国)很多不那么广为人知的有关爱翁情史的新内容。可是,这很少文字比例所谈的内容,披露出来,也足以让许多按照中国传统对爱氏尊敬有加的人大为震惊了。北大的刘华杰先生曾对一本在国内出版的爱因斯坦情书选(其实那已经是第二本这样的书的中译了)做评论,并引来了许多的非议,如果再对比一下这本"情史"中的"情节",那些非议中的说法简直就算不了什么了。

□ 在本书引言"圣人和俗人"中,作者引用了爱因斯坦的两句诗：

　　上面的一半做出思考和计划，

　　但下面的一半决定我们的命运。

　　这两句诗似乎颇有深意。很多人都认为，恋爱对于精神上的创造性活动——包括科学理论、文学创作、艺术灵感等——有奇妙的激发作用。关于米列娃具体对相对论有多少贡献之类问题，我没有太大的兴趣；我比较关心的是，爱因斯坦和米列娃的恋爱，对于爱因斯坦的科学创造，起了怎样的激发作用。本书可以为我们提供一个比较详尽的个案。

　　我的问题还可以换一种提法：如果大学毕业前后爱因斯坦的恋爱对象不是米列娃，而是另一个女性，那么这样的恋爱还能不能激发出相对论呢？我猜想的答案是：不能。也许爱因斯坦会在别的科学理论上被激发出创见，也许他会被激发至——比如说吧——下海经商或从事艺术？我想这很大程度上取决于他恋爱对象的知识背景和兴趣爱好。在这方面我们有强有力的例证：李约瑟原是一个前程远大的生化学家，但是受到年轻美貌的鲁桂珍的激发，他竟转而投身于对中国科学文明史的研究，而且将此后大半生的精力全数投放于此！可见恋爱产生的激发作用，足以使一个事业有成的中年人一举偏离他原先的人生轨道，更何况年轻的爱因斯坦那时还根本未曾形成他的人生轨道呢。我觉得我们甚至可以说，正是米列娃，帮助爱因斯坦形成了他的人生轨道——也许这就是上面所引爱因斯坦诗句背后的深意吧？

　　■　与这个问题相关的是，在承认你说的那个前提的条件下，我们应该如何评价这一事实？其实，关于这一前提，人们

爱因斯坦的上一半和下一半

同样也是无法严格地以科学的方式"证明"的,而只是以感觉上觉得应该是如此。而且,像这样的判断表面上看似乎是一个价值中性的判断,即米列娃对于爱因斯坦提出相对论是一个不可缺少的因素,但在平常人的思考中,像这样的判断又几乎不可能是绝对中性的,并且总是与其他许多因素联系在一起。比如说,爱因斯坦与米列娃的结合后来并不使他幸福,如果让爱因斯坦选择的话,他会怎样选择?是米列娃+相对论+后来的不幸和分手,还是从一开始就走上另外一条终生幸福的生活道路,但却没有相对论?当然,因为按照这本书中的叙述,爱因斯坦在爱情上并不专一,而且几乎一贯如此,即使做出后一种选择,是否真正能够行得通也还是令人怀疑。

再有就是,为什么会有人反对或者说反感谈论像爱因斯坦这样的"伟人"的爱情生活?其实,这背后是有许多需要我们分析的内容的。例如,人们通常会按照传统的理解,把圣人当作是不食人间烟火,只为世界做出理想贡献的人。爱因斯坦对于科学的独特贡献,被当作正面的工作来看待,而像书中所说的那些爱因斯坦与世俗规则有悖的在爱情方面的行为,则被赋予负面的评价。当像爱因斯坦这样一个被作为神圣的榜样的人物身上同时存在这样两种相互冲突的行为时,只选择前者,而回避后者,就成了一些只想为圣人唱赞歌者的作为。显然,这不是实事求是的做法。

□ 我还联想起另一个事。

对于爱因斯坦爱情不专一等事,即使中国作者已经知道,通常也会避而不谈——就像对几位偶像人物的婚外恋、重婚等事多年来一直避而不谈一样。谁要是谈了,就会遭到道德谴责，会被严厉追问，谈这些事情"到底出于什么样的动机？"这种追问当然已经假定那动机是卑鄙的。

■ 我完全同意你的分析。你说，当做出"到底出于什么样的动机？"这种追问时，当然已经假定那动机是卑鄙的。另可补充的是，这种追问本身难道就没有包含隐藏着的卑鄙吗？

显然，至少在我们两个对话者之间，对于这种对科学家的另一半生活的评价（甚至还不一定是评价，只不过是某种程度的叙述罢了）并不会影响到对其科学贡献的评价。这里要分成两个问题来讨论。其一，是科学家的私生活本来就是他们自己的私事，在评价其科学贡献和意义时，并不需要一并考虑。其二，是对于科学家的私生活本身，虽然也可以有所评价，但在这种评价时，我们仍然没有必要只是站在传统的卫道士的立场上过于强求他们作为道德的楷模。尽管爱因斯坦在爱情上的所作所为有时并不符合我们中国（甚至于西方）在道德伦理上的标准传统，但也正是这种"真实"，更使得他像一个有血有肉的人，而不是一个被打磨光了的偶像。

但讲到这里问题又来了，我们知道，《恋爱中的爱因斯坦》这本书在相当的程度上又是一本面向公众的普及性读物。而在我们这里，一种经常可以听到的说法，就是许多关于科学的内容（比如科学负面效应）和科学家的不高大之处，并不适合于向公众传播，以至于在普及性的传播中，就有了许多"公众不宜"（尚且不说少儿不宜）的内容。而爱翁的这些爱情故事，更是典型地属于此类内容。对此，你又怎样看呢？

□ 我认为什么事情都不能建立在虚幻的基础上。从道义

爱因斯坦的上一半和下一半

上说,这是欺骗;从技术上说,在传媒高度发达的今天,要欺骗公众也越来越难了。热爱科学,尊敬科学家,同样不能建立在虚幻的基础上。

更何况,爱因斯坦离过婚,有过婚外恋,是不是就肯定是、永远是"科学家的不高大之处"呢?我们知道,在这个世界的许多地方,在许多人心目中,这两点已经不是"不高大之处"了,甚至已经被视为事主有魅力的证据了。

■ 当然,道德的标准本来就是人们建构的,也是在随着时间而不断地改变着的。更何况,如果就全人类的范围来说,仅就情爱而言,从来就没有过一种放之四海而皆准的伦理道德规范。你所说的,"在这个世界的许多地方,在许多人心目中",实际上现在也已经开始包括了我们中国的许多地方和许多的中国人了,尽管囿于正统观念的惯性,要公开地谈论和承认这一点也许暂时还有些困难,但在人们的心目中,对此现象却几乎是有目共睹了。而且可能的趋势,似乎还有继续发展的苗头。对此,倒也一言难尽。不过,不要欺骗同时也是另一条伦理准则,似乎普遍性比传统的情爱准则还要更强一些。那么,姑且让我们先接受这一准则,先"实事求是"地面对爱因斯坦吧,管它涉不涉及爱翁的"魅力"!

原载2004年2月6日《文汇读书周报》

爱因斯坦奇迹年：
一个针对今天的教训

□ 江晓原　■ 刘　兵

□ 1665—1667年，牛顿因躲避瘟疫而离开剑桥到故乡度过几年，牛顿在那几年中得出了微分学思想，创立了万有引力定律，还将可见光分解为单色光，在数学、力学、光学三个领域都做出了开创性的贡献。"奇迹年"这个拉丁语词（annus mirabilis）原本就是用来称呼牛顿的1666年的，后来也被用来称呼爱因斯坦的1905年。

确实，1905年是"爱因斯坦奇迹年"——这一年中，26岁的爱因斯坦发表了5篇划时代的科学论文，其中最重要的当然是创立狭义相对论的《论动体的电动力学》和《物体的惯性同它所含的能量有关吗？》。一年之内，爱因斯坦在布朗运动、量子论和狭义相对论这三个方面都做出了开创性的贡献，这些贡献中的任何一个都足以赢得诺贝尔奖。牛顿的1666年和爱因斯坦的1905年确实是交相辉映的两个"奇迹年"。

如今"爱因斯坦奇迹年"又过去100年了。在纪念这个不同凡响的年份的喧嚣中，我们可以做些什么呢？

■ 前几天，一份报纸的编辑对我做网上访谈，也问到了这个问题。当时我是这样回答的："应该做的事，以及可以做

爱因斯坦奇迹年：一个针对今天的教训

的事都很多吧。包括对于物理学界自身有意义的事，以及对于物理学界之外的其他学者和公众有意义的事。其中，我想对于物理学知识、物理学精神、像爱因斯坦这样的重要的物理学家事迹的传播，也应该是很重要的该做的事吧。"

当然，这样的回答有些一本正经。更实际地讲，我们甚至可以设想，人们为什么会要设置那么多的什么什么年、什么什么月，以及什么什么日之类的纪念呢？在这些纪念中，人们又都应该或者可以做些什么呢？

我注意到，在你的提问中，也即"在纪念这个不同凡响的年份的喧嚣中"这种说法里，似乎另外隐藏着一些潜台词。"不同凡响的年份"，以及"喧嚣"这两个概念，一个提示着我们去做历史回顾，以回答为什么这个年份不同凡，而另一个似乎暗示着对现状的看法。我想，历史与当下的比较，或许是我们纪念"奇迹年"时可以做的重要事情之一吧。

"奇迹年"中的科学成就，在此后的100年间，再没有一个人能够在一年中（甚至在许多年中）做出如此集中而且如此革命性的成就。不过，我们却看到，爱因斯坦的研究，是完全以他个人对于科学的兴趣而做出的，并无如今这样形形色色的科研基金资助，也不属于什么科研规划的一部分。当然，他的工作，也不是以为了获得什么什么等级的奖励为目的，尽管由于他的工作他后来还是获得了诺贝尔奖，而且只是以他在这一年中的一项工作获得的。人们现在通常认为，他那年的其他几项工作，也可以当之无愧地获得诺贝尔奖，只是由于当时的某些争议，诺贝尔奖评选者的认识甚至要完备得更迟得多。

因此，爱因斯坦所需要的，只是对自己负责，对科学负责。在这个过程中，他所获得的，是思考的愉快和探索的幸福。这样的工作,可以说是真正地体现了在纯科学的研究中那种更根本性的、非功利的、纯粹的、以对自然界的认识为唯一指向的科学精神。

人们回顾历史,总是潜在地有当下的价值取向。当我们回顾爱因斯坦在奇迹年的状态时,我们自然也会禁不住自问,在今天,我们还会有那样一种科学研究的氛围吗?如果有人仍然想以像爱因斯坦当年的方式从事研究,是否还可能?假定如果某人今天在职员的位置上做出了那样的(或者,哪怕是差得多的)成就,还会得到爱因斯坦当年得到的那些承认吗?当我们如今从事科学研究已经离不开各种科研基金的有力资助,工作条件大为改善之后,为什么反而见不到再有像爱因斯坦那样的杰出工作再现了呢?

□ 确实,我们可以追问:一个根本没有进入当时主流科学共同体的小职员,凭什么能创造这样的奇迹?一小群年轻人,三年的业余读书活动,为什么竟能孕育出"爱因斯坦奇迹年"?

爱因斯坦后来多次表示,如果他当时在大学里找到了工作,就必须将时间花在准备讲义和晋升职称的论文上,恐怕就根本没有什么闲暇来自由思考。他在逝世前一月所写的自述片段中,说得非常明确:

> 鉴定专利权的工作,对于我来说是一件幸事。它迫使你从物理学上多方面地思考,以便为鉴定提供依据。此外,实践性的职业对于像我这样的人来说简直是一种拯救:因为学院式的环境迫使青年人不断提供科学作品,只

爱因斯坦奇迹年:一个针对今天的教训

有坚强的性格才能在这种情况下不流于浅薄。

也就是说,奇迹来自自由的思考。

杨振宁曾对青年学生说过,应该"经常思考最根本的问题",才有望在科学上有所建树。爱因斯坦在伯尔尼那几年的故事,可以有力地证实杨振宁的说法——相对论就是"思考最根本的问题"所产生的最辉煌的结果。

那么,比如说,今天中国高校中的一个年轻人,还有没有可能像爱因斯坦在1905年那样创造奇迹?我看是太难了。如今中国大学里的职称晋升、年度考核及成果指标之类,已经被许多学者认为是"灾难性的",其压力恐怕远大于爱因斯坦当年的学院环境。当年爱因斯坦就认为"只有坚强的性格才能在这种情况下不流于浅薄",那如今要怎样的性格才能"不流于浅薄"?还会有几个人有足够的闲暇去自由思考?

那么,在学院之外的年轻人,比如说大学毕业后没有进入高等院校或科研机构,而是进了某个公司当小职员,但又愿意"经常思考最根本的问题",也有二三好友一起读书讨论,有没有可能创造奇迹?

从理论上当然不能绝对排除这种可能性。但是我们都知道,这种可能性肯定是微乎其微的。除个人的天赋因素外,还有许多原因,比如,当时正值物理学伟大变革的前夜,那群年轻人从他们所能阅读到的科学文献中,有机会接触到当时"最根本的问题"(比如上面提到的黎曼的演讲和彭加勒的著作);而如今不是这样伟大变革的前夜,对一个业余爱好科学的年轻人而言,当下的科学论文中的大多数是平庸而匠气的、令人昏昏欲睡的。如果这个年轻人也硬要"思考最根本的问题",极

科学的幻想与历史建构

大的可能是被学者们视为"胡思乱想""空谈臆想";如果他也鼓起勇气将他的思考撰写成学术论文,那要在科学刊物上发表将是极其困难的——如果不是绝不可能的话。

■ 就此来说,我们似乎只能得出这样的结论:在目前的情况下,要想有爱因斯坦那样伟大的科学家出现,几乎是不可能的了。当然,这是一种环境决定论的说法。不过,虽然环境决定论也有其问题,但一个人从事科研工作的小环境和大环境,确实是会对其工作有很大甚至决定性影响的。

可是,那又该怎么办呢?再回到我们为什么以及应该如何纪念奇迹年的问题上来,我们也许可以说,通过对于历史的回顾和反思,再看看今天我们面对的现状,找出差异,寻求可能的解决办法,这大概可以算是我们在纪念奇迹年的一种方式吧。我们当然也应该认识到,现状其实是很难改变的,尤其是我们不可低估体制化的力量。可是我们总得做些什么吧?比如说,在我们自己培养研究生的时候,当我们尽量地排除了那些来自体制的很难抗拒的干扰之后,我们是不是也还有一定的空间,在小范围内营造一种相对理想的学习和研究环境呢?

在这种时候,我们就会感到学习和研究历史的一种意义了。因为,倘若只看现在,而没有比较,也许人们会安于现实,但毕竟历史提供了一种参照。实际上,所谓"奇迹年"从本质上讲也是一个历史的概念。在纪念"奇迹年"时,我们应该回避这样一种倾向,即只注重爱因斯坦个人,把"奇迹年"完全作为一种个人的奇迹,只关注爱因斯坦在解决科学问题时的技术性方法,如此等等。相反,我们应以更宽阔的视野,把"奇迹年"的问题放到社会体制环境的背景中来考查。

爱因斯坦奇迹年：一个针对今天的教训

□ 我一直认为"爱因斯坦奇迹年"为我们提供了针对今天的教训。可惜的是，爱因斯坦的故事所提供的教训，在中国经常是被忽视的。

比如，前面我们回顾了1905年之前那几年爱因斯坦的生活和工作状况。我们看到，在这样的状况下，做出这样的伟大成就，在我们今天是根本无法想象的。但是，这一点在我们这里谈论爱因斯坦时通常是不会提到的——也许是根本没有注意到，也许是注意到了但是置之不理。我们习惯于将注意力集中在1905年时"物理学的危机"之类的话题上。也就是说，我们只注意物理学，不注意人和人的生活。这样，我们就将我们应该得到的教益从我们的视野中剔除了。

又如，在我看来（你前面已经注意到了），牛顿和爱因斯坦这两个"奇迹年"，有一个非常重要的共同点，却经常被后来的科学家们有意无意地忽略，那就是**牛顿和爱因斯坦创造奇迹时都没有用过一分钱的"科研经费"**！事实上，科学史上有许多伟大发现，都是在这样的状况下完成的。而如今那些用掉了纳税人千千万万金钱、编造了上上下下无数"规划"后所取得的科研成果，与万有引力和相对论比起来，绝大多数显得多么平庸、多么匠气、多么令人汗颜！

用我们今天的套话来说，爱因斯坦毫无疑问是"国际一流"的科学家，但是令人感叹的是，这个国际一流的科学家完全是**自发**生成的，他既没有得到过什么什么基金的资助，也没有在官方的项目中拿过什么"课题"。**"爱因斯坦奇迹年"完全是学术自由、思想自由的产物，而不是计划经济或"计划学术"的产物。**

而我们这里却有"只资助国际一流"之类的荒谬说法——

这种说法隐含着一个狂妄的前提：就是官员有能力事先知道谁将是"国际一流"。而爱因斯坦和许许多多科学家的故事告诉我们，"国际一流"是可遇不可求的，只有创造学术自由、思想自由、学者可以安心做学问的环境，"国际一流"才有可能在某个时候出现。

■ 我不知道，在我们如今纪念爱因斯坦的"奇迹年"时，有多少人会从这个角度去想，去谈，这样，我们说的观点就显得有些另类和边缘了。在科学哲学中，有"观察渗透理论"之说，也许，正是因为我们近些年来，特别是在思考学术品味的时候，更加关注思想自由和反对计划学术，所以，容易更突出地看到问题的这个方面。但实际上，就算是偏颇，也有偏颇的价值，你看，物理学中，那些最基本的定律，不都是在讲极端理想化的情况下事物会如何如何吗？但是到了现实中，就与理想化的设想有着很大的差距，就不得不加上诸多复杂的边界条件来加以限定和修正了。看来，在目前的现实中，要想在短期内达到你在前面所说的那种研究环境，显然是不大可能的，不过，即使如此，我们去思考现实中那些不合理的现状，去追求可能的改变，甚至以期盼"奇迹"的心态去向往几乎不大可能出现的"奇迹"，这也可算是一种对于"奇迹年"有意义的纪念方式吧。

原载《文景》2005 年第 5 期

再走近一次爱因斯坦吧

——关于爱因斯坦的社会责任感

□ 江晓原　■ 刘　兵

□ 在这纪念"爱因斯坦奇迹年"100周年时,大家都在谈爱因斯坦,这本《走近爱因斯坦》*则显得独树一帜。本书的编者,在国内尚称健在的老一辈学者中,应该算是资历最深的爱因斯坦研究者了——20世纪70年代,商务印书馆出版的影响很大的三卷本《爱因斯坦文集》,就是他编译的。

这本《走近爱因斯坦》,实际上是一本爱因斯坦的文选。其中物理学的理论只占极小的位置,绝大部分是爱因斯坦对人生、社会、宗教、教育、哲学、犹太人问题等方面的思考。这样安排是非常合理的。因为老实说,对于大多数读者来说,要想"走近爱因斯坦",如果从相对论那里走,那是难上加难。

■ 确实如此。这实际上涉及公众理解科学的一个重要问题。即对于公众来说,最为迫切地需要理解的,究竟是具体的科学知识,还是科学思想、科学意识以及科学精神。像相对论这样的物理理论,要想真正有准确地理解,恐怕是需要大学以上水平的,平常在那些普及性的传播中,公众所获得的,只是一些一般性的概念和形象的比喻性说明而已。而且,对于相对

---

* 《走近爱因斯坦》,[美]爱因斯坦著,许良英、王瑞智编,辽宁教育出版社,2005年6月第1版,定价:30元。

论的提出者爱因斯坦这位超级大科学家来说，除他的相对论等非常杰出的科学理论外，他对于与科学相关的哲学思考，对于社会、政治、文化问题的关注和精辟的言论，有时却在传统只注意传播具体科学知识的科普中缺席了。这不能说不是一件令人遗憾的事。而像《走近爱因斯坦》这样的爱因斯坦言论选本，正因为集中反映的是那些可为公众所理解而且也为公众所迫切需要的爱因斯坦对于社会、文化、政治等方面的思考，才显得独具特色。

另外，对于那些想对爱因斯坦的科学工作也有所了解的读者，此书在附录中收录了编者所写的《爱因斯坦奇迹年探源》一文，介绍了爱因斯坦最有代表性的科学工作。附录中的爱因斯坦年谱，以及在此书中收录的大量反映爱因斯坦一生各个时期活动的照片，也使得此书保持了一种内容结构上的完备性和形象化的可读性。

□ 书中有"反对纳粹暴行"一辑，所收的文章特别有意思。比如《希特勒怎样会上台的》一文，其中说希特勒"不适宜做任何有益的工作"，我每次读到这句话都会一笑——这真是一句不乏幽默的精辟评语。仔细想想，世界上真的有这样一种人，他们唯一能够胜任的事情就是破坏社会、破坏公众的福祉。让这样的人得掌大权，那就是人类的浩劫了——幸好在绝大部分情况下这样的人还未能掌权。

当然，这一辑中最重要的文章，无疑是《为建议研制原子弹给罗斯福总统的信》，这封信被认为对促使美国赶在纳粹之前造出原子弹起了相当重要的作用。虽然后来有人认为原子弹太残酷，会毁灭人类等，但在当时，爱因斯坦写这封信，绝对

再走近一次爱因斯坦吧

是一个科学家社会责任感的表现。

1952年9月15日，日本的《改造》杂志写信给爱因斯坦，向他提了四个问题，其中第四个是，"尽管您完全明白原子弹的可怕的破坏力，可是您为什么还要参与原子弹的制造"。爱因斯坦于是发表了《为制造原子弹问题给日本〈改造〉杂志的声明》一文，正面回答了日本人的问题，"我那时只能这样做，再无其他可以选择的余地，尽管我始终是一个虔诚的和平主义者"。爱因斯坦还指出："反对制造某些特殊的武器，那是无济于事的；唯一解决的办法是消除战争和战争的威胁。"爱因斯坦当然用不着提醒那家日本杂志，在美国和日本之间，是日本偷袭了珍珠港，发动了太平洋战争；而原子弹虽然给日本人民带来了灾难，但至少对于结束这场战争起到了促进作用。诸如此类的文献，读来让人兴味盎然。

■ 如果按照这种方式来分析，我想，此书中重要而且极有意义的文章就太多了。例如，像"教育"这一辑，其中《论教育》那篇文章，就很值得我们的教育管理者、广大教师以及同学们认真地读读，我也曾在为大学生编的科学文化读本《认识科学》中专门选择了这篇文章，而且在目前有关国内教育现状及其存在的问题的诸多讨论背景下，再读爱因斯坦《论教育》的文章，会发现他在其中许多精辟的论述，早已超前于我们的讨论，而且对于今日教育时弊仍有很强的批判作用，对我们理解何为理想的教育仍是极有启发性的。再又如在"宗教"一辑中的几篇文章，我们从爱因斯坦谈论宗教与科学与人生之关系的言论中，也可以体味一位真正的大科学家的深刻思考，而绝不会看到像如今某些自命为科学的代言人那样狂妄浅薄的轻率断言。如此等等。可以说，几乎每一个阅读此书的人，都会在其中发现对其有震撼力的文章。

因而，可以说，在他的纯科学论文和科学知识普及文章之外，通过阅读爱因斯坦在哲学、政治、社会、人生等方面的言论，感受和学习在爱因斯坦身上体现出来的那种社会责任感，广大读者会发现他们也许还不够熟悉的"另一个爱因斯坦"，并有所获益。

□ 关于"科学家的社会责任感"，思索起来其实是颇有困扰的。

比如，我们经常谈到"科学家的社会责任感"，这种习以为常的提法，是不是暗含着某种不言而喻的前提呢？例如我们似乎很少提到"历史学家的社会责任感"，如果也应该有这种责任感的话——我想当然应该有的，它是不是和"科学家的社会责任感"等量齐观的呢？或者，我们应该对科学家有着更多的期望、更高的要求？

又如，爱因斯坦不是一个书斋里的学者，他关注着社会，所以他以给罗斯福总统写信的实际行动促进了原子弹在美国的研制，如果这个行动被视为他具有社会责任感的证明的话，那么那些为纳粹政权研制原子弹的德国科学家，站在他们的政治立场上，他们是不是也可以将自己的行动视为社会责任感的证明呢？这么说来，"社会责任感"是不是也应该有正义的和非正义的之分呢？

■ 我想，以最简单的方式，你提的这个问题也要分两个层次来回答。首先，是科学家应不应有社会责任感。对此的回

再走近一次爱因斯坦吧

答,我认为在理想状态下是肯定的。科学家由于其工作对社会可能会产生的重要影响,由于其对相关科学知识的深入了解,也因为其智力和在社会上的影响力,当然应该承担起让我们生活的社会在应用科学技术方面更为合理的、在社会发展上以更为理想的方式运行的努力。其次,则是社会责任感中体现出来的正义和非正义的问题。对于后者,有时人们会有争议,但总还是有一些最基本的社会正义准则吧,如人道、人性、人权、民主等。我们通常所说的科学家的社会责任感,当然是指与这些基本准则相一致的社会责任感,而那些与此相违背的,则不在被倡导之列。你所举出的为纳粹政权研制原子弹的科学家的行为,不恰恰是表现出了一种没有正义的社会责任感的情形吗?

而要让现在和未来的科学家具有正义的社会责任感(也就是我们通常简称的社会责任感),教育恐怕是最为重要的手段。其实,再读一下爱因斯坦论教育的文章,我们就会想到,爱因斯坦的文章不也正像是对于我们国内现在的教育现状(这种状况当然是极其不利于培养未来科学家的社会责任感的)的严厉批判吗?

原载 2005 年 8 月 5 日《文汇读书周报》

历史文化背景中的爱因斯坦

□ 江晓原　　■ 刘　兵

□ 这次我们要谈的《爱因斯坦社会哲学思想研究》*一书,虽是许多学者通常不屑一顾的"项目书",但平心而论,"项目书"中也有好书,以前我也推荐和评论过。况且此书还相当有趣味,这在"项目书"中就比较少见了。这里我先举一例以见一斑。

爱因斯坦曾表示"我愿意当管子工"一事,是常见的关于爱因斯坦的"花絮"之一。对于这个花絮的意义,以前我们见到的读物中有各种解读。看起来比较"唯物主义"是从经济收入来说事,说管子工虽然干的是脏活累活,但收入很高,有人甚至把管子工的收入和当时美国一个州长的收入相比较。当然,在这个解读中,爱因斯坦即使只是随口开玩笑,也显得相当庸俗,仿佛唯利是图见钱眼开的样子。

现在《爱因斯坦社会哲学思想研究》叙述了关于此事的具有更多学术含量的版本:1954年11月18日出版的《记者》杂志上,发表了爱因斯坦的一封来信。当时的美国总统艾森豪威尔下令终止奥本海默的"安全特许",为美国制造原子弹立下汗马功劳的奥本海默已经面临对他"忠诚"的审查。这封来信就是因此事而写的,爱因斯坦在信中说:

---

* 《爱因斯坦社会哲学思想研究》,杜严勇著,中国社会科学出版社,2015年9月第1版,定价:62元。

历史文化背景中的爱因斯坦

只想用一句简短的话来表达我的心情：如果我重新是个青年人，并且要决定怎样去谋生，那么，我绝不想做什么科学家、学者或教师。为了希望求得在目前环境下还可得到的那一点独立性，我宁愿做一个管子工（plumber），或者做一个沿街叫卖的小贩。

这是关于爱因斯坦"管子工"事件最初的文本。从这个文本看，显而易见，"我宁愿做一个管子工"只是爱因斯坦表达政治抗议时的修辞手段而已。爱因斯坦的这种政治立场，和当时美国的政治风潮联系起来看，是很容易理解的。

其实这封信在被《记者》杂志刊登之前，已经于11月10日的《纽约时报》头版发表了，次日《纽约时报》又报道说，爱因斯坦将获得管子业工会的会员卡。几天后，爱因斯坦收到了芝加哥管子业工会给他寄来的管子工工作证，他回信说很高兴收到工作证。而纽约管子业工会则为爱因斯坦送去了一套镀金的管子工工具。于是一次严肃而不失委婉的政治抗议，迅速转化为人们茶余饭后谈论的花边新闻。

■ 我们现在谈论的这本关于爱因斯坦的社会哲学思想的书，涉及有关爱因斯坦非常重要但在日常的科学传播中却经常被忽视一个方面。你刚刚举的那个例子，可以说是让普通人更容易接受而且颇具戏剧性的。其实就爱因斯坦来说，类似的例子还有很多很多。有些非常严肃，而且极有启发性和象征性意义。

在我们日常的科学传播中，大多只是关注爱因斯坦作为一

科学的幻想与历史建构

个顶极科学家的身份和贡献,而在国际上对爱因斯坦的研究和纪念中,将爱因斯坦称为"科学家—哲学家",却早已是经典的说法。人们经常会说,当一位科学家达到很高层次时,便会自然地超越那种纯粹技术性的层面而去关注哲学问题。但爱因斯坦却又并不仅仅是一位关心科学和哲学并且在这两者都有深刻思想的伟大人物,他许多有关社会事务的观点,也都曾有过很大的社会影响。当年,我的导师,国内爱因斯坦的权威研究者许良英先生,选编三卷本《爱因斯坦文集》,一卷主要是科学论文,一卷主要是哲学文章,另一卷则主要是社会政治言论。

有关科学,那本是爱因斯坦的研究专长。关于哲学,比如涉及科学技术伦理等哲学问题,比如他与玻尔长达几十年的争论所涉及的关于物质世界科学规律的本质等更根本性的哲学问题,这也还可以算是与其科学研究有很大相关性,但又是在深层次上的拓展。而在涉及社会政治问题时,他的言论和观点引起人们关注,也许一是因为其超等的智力和思考方式,使其观点本身具有独特的价值和启发性;二是因其正直、善良、勇敢的天性和立场,使其观点公正且不虚伪;三是因他在科学上的声望而连带产生的明星效应。

□ 我查阅了一番,发现我们在本专栏十多年的历史中,已经三次讨论过爱因斯坦:第一次是谈《爱因斯坦全集》前五卷,第二次是关于《恋爱中的爱因斯坦》,第三次谈的书就是已故令师编的《走近爱因斯坦》。每次的侧重点当然各不相同。

爱因斯坦是让人们百谈不厌的人,这当然不仅仅因为他的科学成就,还因为他的种种传奇故事,和他在各方面所发表的

历史文化背景中的爱因斯坦

言论和他的思想。我注意到你在为《爱因斯坦社会哲学思想研究》写的序中，将爱因斯坦称为"公知"，而且是"理想的、典型的、标准的"，我完全同意这样的说法。这让我想起，我曾在谈论青年爱因斯坦时，将他称为"超级民科"。提到这两个例子，正是想借此说明，爱因斯坦具有多重面相，他的思想和言行具有广泛意义。

本书第六章"自由观：麦卡锡时期的自由斗士"，讨论了三个事件，都是爱因斯坦站出来仗义执言并引起激烈争议的事件，其中就包括"管子工事件"。对此，补充一些有关的背景，相信会给读者带来更多便利。

爱因斯坦在美国生活了 23 年，终老于此，并在来美第八年加入了美国籍。但是很少为人所知的是，美国的联邦调查局（FBI）一直怀疑爱因斯坦是共产党的间谍，对他的秘密调查整整持续了 23 年！FBI 对爱因斯坦及与他往来人物的监控行动，包括窃听电话、偷拆信件、搜捡垃圾桶、进入办公室和住宅秘密搜查等，完全和好莱坞匪警片中的老套情节如出一辙。难怪爱因斯坦在 1947 年 12 月做过如下声明："我来到美国是因为我听说在这个国家里有很大、很大的自由，我犯了一个错误，把美国选作自由国家，这是我一生中无法挽回的错误。"（见 FBI 解密档案）

■ 你说的这些背景，以及听上去颇有戏剧性的爱因斯坦站出来仗义执言并引起激烈争议的事件，确实因为爱因斯坦表现出来的那种大无畏的正直而令人印象深刻。

因为这个原因，我在给这本书写序时，想到了"知识分子"这个概念。因为据一些学者考证，欧洲有关知识分子的概念有两个,一个是来自俄国,专指19世纪30到40年代把德国哲学引进俄国的一小圈人物,是一群受过一定教育、对现状持批判态度和反抗精神的人,他们在社会中形成一个独特的阶层。另一个是来自法国,专指一群在科学或学术圈中的杰出作家、教授及艺术家,他们批判现实政治,成为当时社会意识的中心。我们恰恰可以认为,爱因斯坦正是这种典型意义上的"知识分子"。

至于"公知",则是一个更中国化的概念,而且近年来,在我们这里,在网上其形象先是被热炒,后是被污名化。在中国的语境中,"公知"与前述意义上的知识分子差不多是等同的。但"公知"概念和"公知"形象在中国的遭遇,有"公知"自身的原因——在这方面爱因斯坦正是为我们树立了一个理想的榜样。

但说爱因斯坦是"理想的、典型的、标准的""公知",又不仅仅是因其敢想敢说,他在社会哲学其他领域中的思想(按《爱因斯坦社会哲学思想研究》一书,至少还涉及宗教观、民族观、科技观、教育观、世界政府等许多方面),也同样整体性地构成了他作为真正意义上而非炒作意义上的理想"公知"的重要基础。

也许我们可以试着做个理想实验,去想象一下,如果因"民科"时期的伟大工作而获奖出名的他,因独立思考而仗义执言发表"公知"言论,那他是不是有被"污名化"的风险呢?

□ 这确实是一个非常有意思的理想实验我推测:作为"民科"的爱因斯坦获得了诺贝尔奖,自然就跻身科学殿堂的

历史文化背景中的爱因斯坦

神圣之位。而他作为"公知"的言论,则大有成为"网红"的潜质,很快就跻身"大V"之列,多半不会有被"污名化"之虞。

■ 你对我说的那个理想实验的回答,我基本上认可。

先师许良英先生曾将爱因斯坦总结为:"一个虔诚的世界主义者,一个积极的和平主义者,一个热忱的民主主义者和一个诚挚的社会主义者。……更重要的是,他是一个怀疑一切权威的人,是一个始终独立思考的人。他一生的追求,就是真、善、美。"但我却更倾向于将爱因斯坦定位为一个理想主义者。他因其无可争议的科学地位,而使其在科学之外的领域中贯彻这种理想主义时——哪怕有当时像来自胡佛和FBI的"美式的污名化"——能够有充分的"资本"来支撑。

用今天的网络语言来说,许良英先生可算作是爱因斯坦的"铁杆粉丝"。他几乎容不得别人对爱因斯坦有半点的不敬之语。今天作为研究者,我们当然不必有如此的前提公设,也不必假定爱因斯坦讲的句句都是真理,而是更为学术地研究其思想的价值。这些资源,恰恰是当下我们的社会和科学家乃至我们的"公知"所缺少的。

最后还可以提及的是,从师承关系上来说,许良英先生是本书作者的师爷,到学术第三代,仍然同样关心爱因斯坦的社会哲学思想,这也可算是学脉继承的一段佳话了。

原载2016年6月8日《中华读书报》

亲近经典，懂不懂都有收获

——关于霍金《站在巨人的肩上》

□ 江晓原　　■ 刘　兵

□ 2004年斯蒂芬·霍金选择了五位科学大师的著作，加上他所撰写的五位科学大师的传记，编成了一部《站在巨人的肩上——物理学和天文学的伟大著作集》*。这五位大师经典是，哥白尼的《天体运行论》、牛顿的《自然哲学之数学原理》、伽利略的《关于两门新科学的对话》、开普勒的《宇宙和谐论》（第五卷）和爱因斯坦的《相对性原理》。辽宁教育出版社9月隆重推出此书的中译本，共两巨册。此举对于科学史及整个学术界皆有重大意义，自不待言。

但是有人对霍金的书名有些腹诽，认为霍金是借历史上的科学巨人来自抬身价。他们甚至从书的封面设计上找出端倪——霍金的头像在上方，而五位科学巨人的头像并列在下面。"这不是暗示他霍金站在了这五位巨人的肩上吗？"他们问道。而对于霍金所搞的学问，有些人也认为并不能与这五位科学巨人相提并论。

这样一来，此书书名就出现了一个问题：究竟是谁站在了巨人肩上？是霍金？还是这五位巨人像叠罗汉那样，后面的人

---

* 《站在巨人的肩上——物理学和天文学的伟大著作集》，[英]斯蒂芬·霍金编，张卜天等译，辽宁教育出版社，2004年9月第1版，定价：148元（上、下卷）。

亲近经典，懂不懂都有收获

站在了前面的人的肩上？还是指读者通过阅读这些科学巨人的伟大著作从而站在这些巨人肩上？

■ 关于这本书，有一个前提是不容回避的，即原出版者肯定有相当大的成分是利用霍金的知名度，不过，这样利用霍金的知名度也有好处，即把这几本在科学史上及其重要，但在通常情况下却很难在一般公众或一般图书市场上产生巨大影响的科学经典著作印出来并卖出去。如果考虑到这个前提，我觉得究竟是谁站在谁的肩上也许并不十分重要。当然，人们还是可以对这个命题进行一些分析。而且既然此书的编者霍金本人并未明言，所以在这种分析中，你所提到的几种可能性都可以成立。因为对于这几种解释，都是可以成立的，也都很难说其中的哪个不对。对于一个书名，能够做出多义的解释，一般来说并不是坏事，甚至可以让读者产生更大的联想空间。

至于你说的有人对霍金的腹诽，我想到不一定有什么必要。霍金也许并不排除利用科学世俗来自抬身份的潜意识，但就长久来说，即使有了这种自我抬高，如果他与此高度并不相配的话，历史也会自然地将他淘汰。反之，在另外的意义上，讲霍金是站在巨人肩上，也没有什么不可以的，科学的一个重要特征，不就是其知识的积累性吗？就算按照库恩的不可通约性理论，至少在同一研究范式内也是如此，而且这本书中所收的几位科学巨匠，在历史发展的前后逻辑上，也确实与霍金是处于同一传统。

因此，我倒是不太关心这本书的书名问题，而是会想到另一个问题。这本在一定程度上以霍金的知名度为基础来包装并推向市场的著作，并不是那种通俗易懂的作品，甚至与霍金本

科学的幻想与历史建构

人那本因其通俗的外在形象和其他一些因素使得众人要买却大多数人也很难完全读懂的《时间简史》(就更不用说像《果壳中的宇宙》了)相比,其内容要艰深得多,如果不是真正对科学史有兴趣,而且是要有相当丰富的历史知识和科学知识,普通公众是极难读懂哪怕其中部分内容的。那么,对于这种在出版者制造的市场和实际读者与此书之间存在的巨大隔阂,我们又该怎样看待呢?

□ 书名的问题,原是说着玩玩的,就是霍金真要这么"站",我也没有太大意见。但是你说的"巨大隔阂",我倒觉得无伤大雅——非但无伤大雅,简直就是一种功德。

我知道,很可能会发生这样的情形:某些读者被霍金的名望打动,就购买了这两巨册的《站在巨人的肩上》(不算贵,全两册148元),但是回家一看,天啊!这些玩意怎么看得懂?会不会暗骂霍金与书商勾结骗他的钱?

但即使真是这样,我认为读者买一套回去仍然不亏。记得在北京此书的新闻发布会上,书评家止庵有一番精彩发言,他说,他知道这书中的内容自己多半是读不懂的,但是为了知道这些如雷贯耳的科学经典名著究竟是什么样子,他还是愿意读一读,看一看,"起码也和大师照个面"。止庵这话说得既坦白又实在。

想想也是,我们和经典原著已经疏离得太久了,我们已经不习惯亲近科学大师和他们的原著了。为什么不在霍金的建议下——或引诱下——来亲近一把呢?对于人文学术的大师及其经典原著,我们有时还是偶尔亲近一下的,或者至少还会有亲近一下的冲动,但是对于科学大师及其经典原著,我们久矣就

亲近经典，懂不懂都有收获

连亲近一下的冲动都根本没有了。

造成这种现象有两方面的原因：

一是因为科学经典毕竟和人文经典不一样，科学经典有一个较高的专业门槛，而文人经典往往门槛较低甚至没有门槛。比如说《天体运行论》和《红与黑》，前者没有一定的数理基础就读不懂，可是后者几乎谁都能读（尽管读后有没有感觉、有没有被打动因人而异）；再比如说《伯罗奔尼撒战争史》《罗马帝国衰亡史》之类的经典，虽然比《红与黑》之类难读些，毕竟中学生也能读懂，但你不可能让中学生读懂爱因斯坦的《相对性原理》（天才神童除外）。

二是有一种观念，认为对于掌握科学知识来说，阅读大师原著远不如阅读教材或普及读物来得有效。比如许多人认为，如果你要了解行星运动三定律，你只要查一下天文爱好者手册就可知道，有什么必要去啃几百年前开普勒的原著呢？这话虽然是不错，但是，阅读天文爱好者手册和阅读开普勒的原著毕竟不是一回事，这两者是完全不能相互替代的。

■ 从原则上讲，我可以同意你的说法，即对于普通读者，哪怕是体味一下历史上的科学名著的味道和感觉也是件不错的事。不过，我还可以提出另外一种不同的说法。也就是说，对于普通公众，真的必要认真地阅读像哥白尼的《天体运行论》这样的科学原著吗？极端一点讲，我觉得其实也没有必要。别说普通公众了，就是对于在一线从事科学研究的科学家们，也不一定要有这样的要求。在发布会上，我也曾谈到了这样的想法，不过，当时有人补充说，对于那些想成为科学大家的人，还是有必要的。这我也同意。当然对科学的历史、文化有着特殊兴趣的人，也肯定应该读读这样的名著。不过我还是坚持认为这样的阅读对于普通公众不是必要的。

说不是必要的，并不是说完全没有意义，因为体会一下历史的文化情境，就像止庵说的那样，真正通过阅读原著来了解科学毕竟有其重要意义。对于大众，以更轻松的方式来接触科学也许更合乎教育的规律，也更人性化一些。这样讲并不是全盘否定此书的意义，而只是对其意义进行了一点有限的限制，不至于过分夸大。

实际上，当文化发达到一定程度时，以中国的人口基数，仅仅有体验一下与大师"见面"的历史感需求的人，也会有许多许多，足以让书商们有钱可赚。这就像那些收藏古董的人一样，除那些真正热爱、真有研究的人外，也有想以此投机发财的，也有只是想增加一些文化教养（哪怕只是形式上如此），后者同样也是值得鼓励的，也对（包括狭义的古董市场意义上的和广义的公众文化素质意义上的）"文化事业"有所贡献。不过，与此稍有差别的是，目前就科学来说，还远没有形成可与古董收藏相比的那样一种文化氛围。而这种文化氛围的形成，则还要从事科学文化传播的工作者们继续努力。

原载 2004 年 10 月 1 日《文汇读书周报》

《时间简史》*：一个科学传播的神话

□ 江晓原　　■ 刘　兵

□ 霍金的《时间简史》已经创造了不少神话，其中之一据说是"全世界每750个人中就有一本《时间简史》"。在这巨大的畅销奇迹中，恐怕你也有一份贡献。当年你为《时间简史》中译本策划的广告语"阅读霍金，懂与不懂都是收获"，脍炙人口，至今仍不断被人们提起。

最近报纸上出现了关于你那条广告语的争论，当重新审视这句广告语时，我感到这后面可能有某种很深刻的东西。要具体地说清到底是什么东西，却又不那么容易。正好《时间简史》的普及版又问世了，我们是不是借此机会谈一谈？

■ 好啊，借此机会再谈谈那句广告语，也许是一种谈这本书的不错的切入点。特别是，有名辛普里者，曾发表文章批评了这句广告语，说此广告语带有强烈的科学主义倾向，我也写了相应的反驳文章，后来，发现你也加入讨论中来。从这些讨论来看，我觉得，表面上是在分析一句广告语，实质上，涉及的问题，却是我们如何理解科学、如何理解科普的更深层次的问题。霍金的《时间简史》普及版，也正好提供了让人们又一次关注和思考这些问题的机会。

---

* 《时间简史》(普及版)，[英] 斯蒂芬·霍金著，吴忠超译，湖南科学技术出版社，2006年1月第1版，定价：38元。

科学的幻想与历史建构

我很高兴你在回应辛普里的文章中，表态支持我的说法，同时，也看到，也理解你说我在某些方面的辩解还不够有力。相比之下，你的反驳确实有力得多。不过，隐约地，恕我实话实说——其实我们一直也是在这样做的，我倒也觉得你的那篇反驳文章，似乎有一点点科学主义的味道。你认为呢？

□ 确实有可能是如此。"科学主义的尾巴"很难割干净，我也不想刻意去割干净，保护文化多样性嘛。我想我们也不必时时处处视科学主义为洪水猛兽，特别是当它在某些人身上只剩下一根尾巴的时候。

况且，就说《时间简史》吧，在它身上有没有科学主义？我想一定是有的。但这不妨碍我们阅读此书而得到收获。

我比较了这个普及版和原先的《时间简史》，发现两者有很大不同，至少有三点：一、普及版有了一个署名第二合作者列纳德·蒙洛迪诺；二、全书结构有了很大变动，普及版虽然仍旧保持了12章和4个附录，但前面9章的标题、内容都改变了，删去了许多内容，也增添了一些新内容；三、全书篇幅大为减少。

联想到"阅读霍金，懂与不懂都是收获"的广告语，看来普及版确实很想让更多的读者能够读懂。

那些未曾购买过原先版本的人，可能会因为普及版更容易读而去购买；那些先前已经买过的人，其中绝大部分是没有读懂的，现在可能因为普及版容易读懂而再去买一册——这倒有点像影碟收藏者的"洗碟"了（已经收藏了，但电影公司又出了更好的新版本，收藏者会再去购买）。

《时间简史》：一个科学传播的神话

■ 我同意你的分析。而且，如果购买霍金的书，有些像影碟收藏者的"洗碟"，或者，像明星的粉丝们那样追求收集与明星有关的各种东西，那也算是霍金的光荣了。尽管辛普里先生曾在文章中，分析说这种追星式的崇拜不是传播和理解科学的好方式。也尽管我原来在构想那句广告语时并未想到此点。其实，当公众将一些科学家当作像明星一样的偶像时，也还是有些你经常提的科学（或者说科学家）的娱乐化吧，因为这与对他们的科学理论的无条件迷信，毕竟还是有着很大的不同的。因为那些对现有科学的理论绝无怀疑精神，并把其对科学家的建筑在这种"迷信"的基础之上的人，他们的心态与那些明星之粉丝的心态显然是不一样的。

谈霍金，其实无论是直面还是回避，懂，还是不懂，都是实际存在着的问题。对此，也没有必要像哈姆雷特一样，必须在两者中只选一个。谈到懂这件事，不要说科普，就是专门从事研究的专业科学家，也同样有一个在什么程度上懂的问题。这在很大程度上涉及一个对懂以及相应衡量如何算懂的度的界定。

因此，对于霍金，只要他写的东西的内容是科学的内容，只要他写的书受欢迎，读者会愿意购买，那肯定有其原因，无论原因何在，书畅销了，就是一种传播的成功。成功的程度极高时，就成了你所讲的"神话"。其实，那句广告语也只不过是对此现象的一个注脚而已。

□ 有些科学家讲到时间旅行之类的学问，往往云山雾罩，让一般公众根本无法听懂，而霍金谈论这些问题则成竹在胸，举重若轻。普及版一个令我特别感兴趣的地方，就是在

"虫洞和时间旅行"这一章里,霍金把有关的概念讲解得更为明白易懂了。

简而言之,人类最终造出时间机器是可能的,但是目前的技术还远远达不到这个目标,而且在理论上也仍然存在某些争论。霍金说:"时间旅行的可能性仍然未决。但是不要为之打赌,你的对手或许具有通晓未来的不公平的优势。"

因为霍金并不排除有人从未来来到我们今天这个世界的可能性。不过为何迄今并未出现被科学界认可的实例,霍金对此的解释也非常有趣,他认为:"鉴于我们现在处于初级发展阶段,也许有充分理由认为,让我们分享时间旅行的秘密是不明智的。除非人类本性得到彻底改变,否则难以置信某位从未来飘然而至的访客会贸然泄漏天机。"

■ 如果真的是要考虑到时间旅行这样的问题,霍金的书中确实有涉及相关问题的部分,也许这也是人们关注此书的原因之一?但无论如何,毕竟霍金在此书中,主要介绍的还是有关宇宙学的研究,而在像这样研究中,一些非常基本的、很有哲学味道的问题,诸如宇宙的起源、空间和时间的本性等,也都是重要的讨论内容。一方面,对于普通读者,这种很哲学化同时又很科学前沿的内容并不容易理解,但另一方面,这种本原性的问题,又是能够吸引许多热爱思考的人的。

□ 《时间简史》的书名,似乎也有值得讨论的地方。这是我在比较两个版本的内容结构时产生的一个感觉。其实全书的主要内容是讲宇宙学,外加与此相关的一点量子力学,并非如书名容易让人想象的那样,是专门讨论时间问题的。

《时间简史》：一个科学传播的神话

考虑到在宇宙学中一定会牵涉到时间问题，而用"时间"这样一个概念作为切入点，或以此来贯穿全书，都是可以考虑的写作方案。但是，至少在新版中，"时间"已经不再具有这样的重要性了（原先的第二章"空间与时间"在新版中也已经被"宇宙演化的图像"所取代），它既不是切入点，也并不贯穿全书。

当然，不管原书的书名有无不妥，当这本书已经如此畅销的时候，书名几乎已经无所谓了——就将它叫作"霍金的那本书"亦无不可（好在霍金的书也不很多）。既然如此，新版当然没有不将原名沿用下去的道理。对此你有何看法？

■ 当一本书非常有名的时候，当然是可以这样叫的。例如《圣经》，在英语里不是也可以用 **THE BOOK** 来特指吗？至于时间，及其简史的命名中的矛盾，记得好像是吴国盛曾有过分析和批评，认为历史已经包含了时间的概念在内，谈时间的历史是不通的。不过，还是像我们前面所说的，甚至于这本书具体叫什么名字，现在也许并不是很重要了（当然对于一般的科普书籍，起一个打眼的书名对于畅销来说还是颇为重要的）。重要的是，人们已经认同了这个作者以及他所谈论的问题。它已经成了一个文化的符号，一种标志，一个象征。

就对于宇宙学的普及来说，霍金是成功了，剩下还可以设想的，是我们这里何时会有这种级别的科普畅销书——当然，我们希望其作者不用坐在轮椅上写出它来。

原载 2006 年 4 月 7 日《文汇读书周报》

《大设计》*:科学之神晚年站队

□ 江晓原　■ 刘　兵

□ 霍金《大设计》的中译本终于出来了,这当然是我们要谈一谈的书。

以前鲁迅曾说"一部《红楼梦》,道学家看见淫,经学家看见《易》,革命家看见排满,流言家看见宫闱秘事",现在看来这本《大设计》也要有点这样的意思了——在我近来看到的关于此书的评论中,国内许多人将注意力集中在书中关于上帝的讨论上,国外评论也有类似情形,但立场不同。

以前霍金明显是接受上帝存在的观点的。例如在他1988年初版的超级畅销书《时间简史》中,霍金曾用这句话作为结尾:"如果我们发现一个完全理论,它将会是人类理性的终极胜利,因为那时我们才会明白上帝的想法。"但霍金现在在这个问题上改变了立场。他在《大设计》末尾宣称:因为存在像引力这样的法则,所以宇宙能够"无中生有",自发生成可以解释宇宙为什么存在,我们为什么存在。"不必祈求上帝去点燃导火索使宇宙运行。"也就是说,上帝现在不再是必要的了。

在国内读者熟悉的语境中,霍金认为"不需要上帝创造世界"会被视为他在向"唯物主义"靠拢,也许这正是国内媒体都关注这一点的原因。但在一些西方人看来,这恰好是

---

* 《大设计》,[英]史蒂芬·霍金著,吴忠超译,湖南科学技术出版社,2011年1月第1版,定价:48元。

《大设计》：科学之神晚年站队

让他们感到不快的。例如英国前皇家学院院长格瑞菲尔德（Greenfield）教授批评说："如果年轻人认为他们想要成为科学家，必须是一个无神论者，这将是非常耻辱的事情。"

但是在我看来，关于上帝的讨论并不是《大设计》中最重要的内容。

■ 我同意你的这种说法。以前，在看到此书之前，看到媒体上热议霍金的这本新书，说它涉及霍金对上帝的讨论等，我也曾被误导。现在看来是又上了媒体的当。虽然这本《大设计》确实涉及上帝的问题，但正如你所说的，它并非此书中最重要的内容。

不过，与霍金以前的类似著作相比，这本书的哲学味确是要多了些。这并不是说霍金作为一位物理学家自己提出了什么更新的、更惊人的观点，而只是说，他结合着物理学、宇宙学等科学的研究和思考，把历史上哲学家们曾在不同的时间提的观点简要地又梳理了一下，并指出了自己在关于宇宙、科学规律等方面所持的哲学观点。或者，就像前几天我们聊天时你所说的，霍金让自己在哲学家们的观点中，选择了自己喜欢的，站了一次队而已。

在霍金本人对其哲学观点的解说中，我们似乎可以看到这样一些特点。首先，他并不等同于传统中我们所说的"唯物主义"，而是将实在的概念，与理论、观察及两者间的相符结合起来。他既没有否定那种形而上学意义上的客观实在，也没有以那种方式来谈论它。这倒很贴切地表现出了一位物理学家在其理论框架中，能够实事求是地有一说一的特点。其次，这种他称为"依赖模型的实在论"，其实与哲学史上的"约定论"

或"操作主义",倒有些相似之处,其实也称不上是什么激进的观点。

难道,这就是霍金最后给自己的立场所做的总结?

□ 我想确实是这样。一个思想家,或者说一个被人们推许期望为思想家的人——后面这种情形通常出现在名人身上,到了晚年,往往会有将自己对某些重大问题思考的结果宣示世人、为世人留下精神遗产的冲动。即使他们自己没有将这些思考看成精神遗产,他们身边的人也往往会以促使"大师"留下精神遗产为己任,鼓励乃至策划他们宣示某些思考结果。霍金应该也不例外。

我认为,《大设计》中最重要的内容之一,应该是书中的第三章,即霍金通过"金鱼物理学"的比喻,并且借助科学史的角度,推论出"依赖模型的实在论"(model-dependent realism)。当然这仍然只是一次哲学上的"站队",而不能被推许为在哲学上为后人指明道路的"擎火炬"之举,因为他所选择的立场前代哲学家早就提出过了。

■ 你说的第三章,也即"何为实在"这一章,确实是在讲了哲学,后面的章节,则基本上是在普及物理学,从牛顿力学到量子理论到相对论再到宇宙学。最后一章,则又回到了宇宙的"设计",这个用作书名的问题。

不过,按照你的说法,如果把这本书看成是"霍金的学术遗嘱"的话,那似乎又有另一个问题,即这份"学术遗嘱"实际上,真正独特并属于霍金自己的思想并不多。就连那个作为其思想核心的"依赖模型的实在论",也不过是把物理学家中

《大设计》：科学之神晚年站队

很流行的一种观点，用哲学的语言，而且是并不十分新的哲学的思想，重新表述了一遍而已。当然，我们也应该说，这种表述本身还是非常简洁和清晰的，而且，在许多科学家撰写的普及性著作中，这么明确地讲物理学家们当中实际上是很朴素地持有的这种在其物理工作背后的哲学观点，也是很少见的。另外，也许，除了像霍金或爱因斯坦这样为数不多的科学大家，真正愿意思考物理学工作背后与之相协调的哲学的人，其实并不很多。

这里又提到了爱因斯坦，其实，霍金在他的书中，也不断地提及爱因斯坦。但是，如果把霍金的这种"哲学"与像爱因斯坦的哲学（那也还略微与哲学家们的哲学有些不同）相比的话，还是会显得爱因斯坦要更为"哲学"一些。你说呢？

□ 在我的感觉中，如果将"哲学"用作一个形容词的话（就像你上面的用法），那霍金和爱因斯坦似乎可以说在伯仲之间——毕竟爱因斯坦也不是很"哲学"的。而且，霍金晚年所关心的那些物理学、宇宙学上的带有终极性质的问题，往往玄之又玄，以至于有人将它们看成"伪科学"，其实也是相当"哲学"的。

在你将问题引导到"哲学"上之后，我想指出非常有趣的一点，即霍金在《大设计》第一页上就说过："哲学已死。哲学跟不上科学，特别是物理学现代发展的步伐。"这一宣言显得极为傲慢，被批评为"一个科学主义的典型例子"，因为这样的态度通常就是认为科学是认知世界的唯一途径，科学可以解释所有的事情。还有人批评霍金，说他在《大设计》第一页宣称"哲学已死"之后，却把自己当成了哲学家，来回答那些最"哲学"的终极问题。也许霍金真的感到自己在哲学上比哲学家更高明？

最后，关于霍金的哲学"站队"，我还想指出一点，即对于一般科学家而言，在"实在论"和"反实在论"之间选择站队并不是必要的，随便站在哪边，都同样可以进行具体的科学研究。但对于霍金这样的"科学之神"来说，也许他认为确有选择站队的义务，这和他在上帝创世问题上的站队有类似之处。

■ 霍金宣称"哲学已死"，这种被你形容为"极为傲慢"的断言，也许可以让人们联想起在此书中不断被提到而且赞扬有加的费曼，因为费曼也曾表达过对哲学的不屑的态度。可是，也确实如有你所引用的批评者的说法，他们仍然无法回避最终的哲学问题。其实，我倒不觉得像霍金所谈的宇宙学之类的"终极"问题很哲学，相比之下，他对他所转述的依赖于模型的实在论的说法，才更有些哲学味。也正是在这种意义上，我才觉得，爱因斯坦在量子力学的解释上，更有个人的看法。

不过，不管霍金还是其他什么科学家如何讲其对哲学的评价，只要想（不管是自觉自愿还是被媒体逼出来）对科学更深层次的终极问题有所思考，总还是回避不了哲学。高下之分，也许只在于，是否能够跳出科学家的视野。当然，毕竟科学和哲学还是不同的学科，也无法要求科学家们都能像哲学家一样进行讨论。我们当然并不会真正把霍金当成"神"（哪怕是科学之神），因而，霍金的这种哲学表态与讨论，其意义，也许就在于提供了一个科学家的哲学思考方式的典型样本。

原载 2011 年 2 月 11 日《文汇读书周报》

回顾生平：霍金的第二部《简史》

□ 江晓原　■ 刘　兵

□ 霍金说，《时间简史》的编辑建议他将书名中原先十分通用的 Short History（中文通常就译为"简史"）改成 Brief History（中文译为"简史"更确切），让他十分欣赏，称赞说"这真是神来之笔"。所以现在这部霍金的简短自传，自然就叫作 My Brief History 了，中文也自然就译成《我的简史》*。这部自传实在是相当的"简"了——中译本的版心字数才 6.7 万字，但正文中还有 30 多幅插图，估计实际字数也就 5 万多一点。

不过，篇幅虽然简短，书中有趣的内容倒也不少。首先引起我注意的，是霍金少年时英国学校之间的等级和学生之间的激烈竞争。霍金的父亲是个没有权势的平民，但他想尽办法要让霍金进好学校，这些情形和今天中国的情况简直如出一辙。这也印证了我关于"发达国家都会变成学历社会"的猜想。

■ 正像人们经常会说的那样，在看一部书时，不同的人，由于不同的背景和兴趣，会优先注意到不同的内容。也许正是因为你的特殊关注，所以，关于作为霍金少年学习时的英国教育状况便成了你认为"有趣"的内容。

但我在读此书时，所想的是，对于一般读者，或者，对于

---

* 《我的简史》，[美]史蒂芬·霍金著，吴忠超译，湖南科学技术出版社，2014 年 7 月第 1 版，定价：42 元。

形形色色不同的读者，这部自传中什么内容会引起什么人的兴趣。其实，就吸引力来说，与其说是因为这是一部出色的自传作品，倒不如说是因为其作者的特殊和在事业上的出色。更因为后者，我想，读者可能会更加关注其中以往不为人知的信息，就像对于明星，粉丝们可以对其生活琐事津津乐道而八卦不休，而并不在意那些琐事意义如何一样。

以这种方式，我倒注意到在其就学期间，霍金并非总是学习成绩一直突出到总在班上排名第一。其实，像这样的例子，在另外一些科学名人身上，也是经常出现的情形。如果按照现行的网上语言的方式，似乎可以这样说，这个事实告诉我们，过分追求学习的排名并不是最重要的。

那么，在霍金的学习阶段，套用我们现在流行概念，也许我们还可以问，他那时算是"学霸"吗？

□ 肯定不能算。你看，霍金在念中学时，每年考试成绩低于第20名就要被降级，他头两个学期成绩是第24、第23名，只是最后第三学期考到了第18名，这才"幸免于难"。据霍金说，这种降级对于学生"自信心是毁灭性的打击，有些人永远不可能恢复"。而到了牛津大学，霍金也远远谈不到"学霸"，当时那里的风气是以不用功学习为荣，"我们倾向于绝对厌倦和觉得没有任何东西值得努力追求"，他说那时平均每天只用功一小时！当然，霍金并未在《我的简史》中着力营造自己的"天才"形象——他的成就和地位已经保证了这种形象的无可置疑，他本人当然就应该而且可以表现得谦逊了。

在霍金对他学生时代的回忆中，另有一些"快人快语"风格的评论，虽然难免"偏见"之讥，倒是相当显现出他的个

回顾生平：霍金的第二部《简史》

性。例如他说他之所以不选择生物学，是因为"生物学似乎太描述性了，并且不够基本。它在学校中的地位相当低。最聪明的孩子学数学和物理，不太聪明的学生物学。"而对于医学，他更别有一番皮里阳秋："物理学和医学有些不同。对于学物理的，你上哪个学校、结交了哪个人都不重要。只有你做了什么才重要。"这意思不是明显在暗示说，对于学医学来说，上哪个学校、结交了哪个人是重要的吗？

■ 是啊，这里明显地存在着物理学至上的意识，认为物理学是最高级的学问，而对像生物和医学的某种轻视。不过，热爱自己的专业，也算是一种美德吧。

另一个有趣的现象是，在这本自传中，与其他类型的自传颇为不同的，是作者依然用较多的篇幅在谈很高深的物理专业的话题。历来，在传记类作品中，生活和专业工作的关系及篇幅比例的处理，一直是个很微妙的问题。霍金敢于在这本其他部分都很通俗的自传中依然大谈物理学专业问题，也算是名人的胆大和不在乎吧。但我还是怀疑，是否许多更关心霍金其人的读者，会跳过这些艰深的地方不读。

就生平部分，霍金也没有讳言自己的婚姻，虽然着墨不多。在这方面，你是专家，是否也可以就此做些评论呢？

□ 你说的"大谈物理学专业问题"，我想你一定是指本书的最后三章"时间旅行""虚时间"和"无边界"。事实上，这三章根本可以不算自传的内容，要是我来做编辑的话，我会建议霍金将这三章作为本书的附录。霍金要放入这三章是可以理解的，因为这些内容是他在物理学上最有心得的，但作为附录，这部自传就会在形式上更自然一些。

在一本自传里完全不涉及自己的婚姻，就显得太反常了，所以霍金还是不得不谈论了他的婚姻。在本书中，他对发妻还是表达了感激之情。霍金将他和发妻的离异，归咎于妻子担心他会死掉所以要事先另觅良人，而在霍金顽强地生存下来之后，发妻和她觅到的良人之间却发展到红杏出墙的地步——尽管霍金没有使用这个措辞。而对于第二任妻子，霍金着墨非常之少。

虽然对于这样一本简短的自传来说，他这样做还是过得去的，但总让我有某种"应付差事"之感。也许，他并不想对公众多谈论他自己的婚姻？所以，要充分了解和讨论霍金的婚姻，我们只能期待他身后的传记作者，或者是他两任妻子的回忆录了吧。

■ 这里，你已经谈到了霍金的这本自传作为传记的"应付差式"之缺陷，但无论如何，毕竟这是霍金自己写的传记（再考虑到他身体的情况，就更加不易），因而有着不可替代的"史料"价值。但对于此书译者的序言中所言，认为此自传之问世，"也使其他霍金传记顷刻黯然失色"，甚至认为它可比肩圣·奥古斯汀的《忏悔录》等思想家的经典著名自传，这样的评价未免还是有些过了。

过去有人曾说，吃了鸡蛋，并不一定需要认识生蛋的鸡。但就科学的历史来说，对于科学学说的更深入的理解，又经常是与对其提出者的了解不可分的。而传记，就是这种了解的最有效的手段之一。作为史学家来说，研究一个人物并写出其传记，其作为研究成果的价值（这当然不是指那些粗制滥造之

回顾生平：霍金的第二部《简史》

作），绝不能说就要比自传低，而一个人的自传，虽然有其不可替代的价值，但也不能说就一定天然地比他人所写的传记价值要更高。霍金之所以了不起，那是因为他对于其专业的研究对象——宇宙——的精深独到的研究，但其本人，倒未必是其专业研究的对象，因而，当有恰当的专业研究者将霍金作为研究对象而深研究之后写出的传记，肯定会构造出与霍金本人在自传中所呈现出的有所不同的形象。但在这其中，究竟哪一个是更真实的霍金？这还真不好一概而论，也许只能说是霍金的自传是写出了他自己心目中的自己，或是他愿意呈现给公众的自己的形象。当然，对于许多的普通读者来说，他们会有兴趣了解这后一种形象，但对于霍金的研究者而言，这份传记本身亦是重要的研究对象。也许，这就是这部自传在双重意义上的重要性吧。

原载 2014 年 12 月 5 日《文汇读书周报》

4. 学界的人和事

戴维·洛奇：一个后现代智者和他的小说

□ 江晓原　■ 刘　兵

□ 刘兵兄，我们要开始一个新的对谈专栏了，而这新专栏的名称是越来越难取了。我们两人在《文汇读书周报》上已经谈了六年的专栏名叫《南腔北调》，今年（2008年）我们两人的学生章梅芳和吴慧在《科学时报》上新开的对谈专栏则取名《南征北战》——想想也奇怪，两个很可爱的小女生，不风花雪月，不闲情逸致，偏要"南征北战"，但她们说年轻人必须直面生存竞争，征战正在前面。这样一来，我们老哥俩的新专栏看来只能叫《南辕北辙》了。编辑部的晶晶小姐听到这个名字的反应是："竟然想到'南辕北辙'，思维角力的意味反而浓了，妙极妙极！"

当然，我们并不想专门在这个专栏里"角力"，而是来谈谈我们共同感兴趣的书和人。

英国作家戴维·洛奇（David Lodge）正是这样一个人。

我记得十几年前，是你向我推荐了洛奇的小说《小世界》，我们两人后来都发表过关于这部小说的评论，多年后我们又以"重读《小世界》"为题做了一次对谈。因为这部《小世界》和《围城》有些类似——都是写知识分子群体中的世相百态，洛奇被一些人称为"英国的钱锺书"。这种说法能否成立，当然还需要讨论。或者反过来，如果我们将钱锺书称为"中国的

科学的幻想与历史建构

戴维·洛奇",是不是可以成立?

■ 当我们决定开写这个新的对谈专栏,在商议话题时,很快想到了戴维·洛奇这个人,并一致认为这是一个恰当的、可谈的话题。这当然与我们之间某些共同的兴趣和欣赏品味有关。

当多年前最初偶然读到《小世界》这部小说时,我就对洛奇此人产生了极大的兴趣,并开始关注他。同时,我也曾将他的《小世界》有选择地推荐给一些朋友。之所以说有选择,是因为,有时当我觉得某人可能不会对这样的作品感兴趣时,当然我就不推荐了;有时当我觉得某人可能会对这部作品有误解,或者说,仅仅是流于表面情节的欣赏,我也不会推荐。因此,可以说,我所选择的推荐对象,差不多可以算作是自认为可能会是对戴维·洛奇阅读和理解上的"知音"。结果我发现,这种选择还是基本得当的。我郑重向他们推荐此书,果然都有颇为会意的叫好。而当我像试验一样推荐给那些我觉得可能不合适的人时,其反应也与我估计的差不多。这样,戴维·洛奇的作品竟然有了某种检验朋友阅读品味的附加功能。当然了,正像你说的,当我推荐给你时,你的反应也是非常积极的,这与你我能多年如一日地开对谈专栏,肯定是有密切关系的。

因为注意到这样一位作家,于是也就开始关注他的其他作品。后来,当他的其他作品也被译出,并放在丛书中由作家出版社出版时,我也便将其全部买来。再后,上海译文出版社再度新出其作品,应该说他作品的影响力,已经是得到充分证明了。

因此,无论我们说他是"英国的钱锺书",还是将钱锺书

戴维·洛奇：一个后现代智者和他的小说

称为"中国的戴维·洛奇"，我觉得，这都只是一种近似的比喻而已。任何比喻，都有其局限，在我们刚说的例子中，又恐怕更是主要局限于将《围城》与《小世界》相比。因而，无论考虑到他们在这两部作品中，毕竟也还是存在着很大的差异，还是考虑到他们在其他作品和其他方面更大的不同，我便不怎么愿意使用这种颇为流传的比喻了。

□ 戴维·洛奇可以成为朋友阅读品味的"试纸"，这真是一个奇妙的发现。

关于"中国的某某"这种说法，使我想起另外一件事。有些人喜欢将这种句型的桂冠廉价奉送给朋友或名流（当然他们也是好意），比如就不时有人呼唤"中国的李约瑟"，或者将这样的桂冠奉送给科学史界的某些人。所以这样的修辞手法中，"近似的比喻"已经算是不坏的了，更多的时候它连这种状态也达不到。

据有关资料，洛奇已出版了十部长篇小说，其中以"卢密奇学院三部曲"*最为著名：即《换位》(*Changing Places*，1975)、《小世界》(*Small World*，1984) 和《好工作》(*Nice Work*，1988)。这三部小说都围绕一个虚构的城市卢密奇展开。所谓"英国的钱锺书"之名，主要也是从这三部曲上得来的。三部曲中最早被中国读者熟悉的，却是第二部《小世界》，不过因为这三部小说都可以独立形成完整的故事情节，所以接

---

* "卢密奇学院三部曲"，［英］戴维·洛奇著，上海译文出版社，包括：
《换位》，张楠译，2007。
《小世界》，王家湘译，2006。
《好工作》，蒲隆译，2007。

触的先后顺序，对于理解、领略这三部曲，不会构成太大的问题。

洛奇前些时候在接受中国记者采访时说："我对于《换位》有比较特殊的感情，因为那对我是一个突破，是我第一次既在商业上也在批评界获得成功。而在《小世界》的写作过程中，我全身心地投入了这场'游戏'，达到了我所预想的效果，我想我现在是肯定写不出这么好玩的作品啦。"他的这番夫子自道，对于中国读者最先接触的是《小世界》的中译本，倒是给了一个很好的理由。

■ 看来，关于戴维·洛奇我还是孤陋寡闻了，只是凭着一种业余（因为本非文学专业）的兴趣来关注，虽然看到作家出版社和上海译文出版社相继推出他的文集，却不知道他有十部长篇小说。不知什么时候这些作品都能够有中译本出版。因为我还有一个偏好，即当因某部作品而非常非常喜欢一个作家时，会有兴趣把所有他的作品都收齐，比如，像《侏罗纪公园》的作者克莱顿，他的所有我能够见到的小说的中译本，我都会毫不犹豫地买下。

但这里还有一点差别，即像克莱顿那样的作家，他的作品虽然也水准并非划一，至少因其商业畅销书的性质，总还都有着相当的可读性，而如果能够在我品位不够高的休闲式消遣中再获得一些额外的思想性收获，那就更好了。而且，就此标准而言，克莱顿也从未让我失望过。

说到戴维·洛奇，情况似乎略有不同。虽然他已经出了中译本的那些小说我也都读过了，也还是觉得都挺不错，但不知是先入为主的印象过深，还是其他什么原因，甚至像你刚提到

戴维·洛奇：一个后现代智者和他的小说

的他讲自己后来再写不出那么好玩的作品，他的其他小说确实总是让我要与《小世界》相比较，而且比较的结果，还是不如《小世界》更有趣。

这样，就提出了问题：为什么我会有这样的感觉？其他读者是否也如此呢？在他的《小世界》与其他小说之间，能够造成这种差别的原因主要是什么？虽然这也是并非只有唯一答案的问题，但我还是愿意先听听你的想法，然后，我再讲讲自己的思考吧。

□ 他的小说中译本，除了"卢密奇学院三部曲"，我只见过《大英博物馆在倒塌》和《作者，作者》，以及一篇文学理论性质的《小说的艺术》。你觉得洛奇的小说中，比来比去还是《小世界》最有趣，我想除你个人的口味外，应该也是有些道理的，洛奇自己不是也对《小世界》格外满意吗？

不过，我读洛奇的小说时，似乎没有你的这种感觉，至少是没有那么强烈。例如，我觉得《换位》也非常有趣：

来自英国的有点老派迂腐的斯沃洛讲师，和来自美国的"生活在文人的野心和情欲之间的张力中"（请允许我借用《小世界》中的句子，毕竟先入之见是很难除去的）的扎普教授，因为为期半年的学术交流活动而换了位——扎普教授来到了英国的卢密奇（洛奇自己说该虚构城市实际上位于英国伯明翰），而斯沃洛则去了美国扎普教授原先生活的地方。不同的文化背景，不同的观察眼光和角度，就已经使这种"换位"让人期待着一些有趣的事情和看法。然而，作者建构故事的力度远远超出人们通常的想象——他竟让斯沃洛和扎普教授互换了家庭和妻子！

科学的幻想与历史建构

于是，在20世纪60年代的背景中，两个假想的校园，两个假想的家庭，就此上演了一幕又一幕精彩的学术和人生戏剧。《换位》中的这种构想，如果和《儒林外史》或者《围城》中的故事结构相比，那我觉得后两者就显得相当平淡了。

顺便说一句，《小世界》中所采用的故事结构，据洛奇自己说是采用了类似"圣杯传奇"的结构，这样可以"容纳一大批不同人物的漫长旅程"，而这种结构也正是《儒林外史》和《围城》所采用的，只是我们中国人当然不用"圣杯传奇"这样的名称。其实《西游记》也是同样的结构。

因为我是先读《小世界》，后来才读到《换位》的，我不知道如果我交换了上述阅读顺序，会不会产生不同的感觉。估计你的阅读顺序和我是一样的，所以我们感觉的不同，就更有比较的意义了。

■ 是的，我阅读的顺序与你是一样的，先读的《小世界》，然后才是《换位》。我觉得，虽然你认为《换位》也让你读来非常有兴趣，而且我也承认那是部不错的，甚至很有想象力的小说，颇为值得一读，但你之所以将它单独提出来，也许，与你的性文化研究的兴趣又有某种潜在的关联吧。

我之所以对《小世界》情有独钟，恐怕也不一定就能说清理由。但我与其他一些更为注重该书情节的人比起来，在为其构想新奇的情节所折服的同时，更多地愿意想到的，是其情节之构成与作者的后现代文学意识，以及他的文学理论之联系。给我印象最深的，是在某种程度上，可以说作者将小说的情节也用于阐释其后现代理论。或者也可以说，其小说情节的构成，是以另一种具象的而非那种传统学术的抽象论述方式来

戴维·洛奇：一个后现代智者和他的小说

表达后现代的观念理论。当然如果要更细致地对应，哪些情节的设置与对后现代的哪些观点的阐释相关，这恐怕有一定的难度，也会有些牵强，甚至就不可能是一一对应的关系，但在整体上，还是可以感觉到其间很强的相关性的。而在更具体些的情节上，比如像追求圣杯的隐喻，以及在那位"女权主义"的代表者所讲述的各种听上去大量与性隐喻相关而且相当激进的观念等，都可以属于此类吧。

正因为这样，就使得戴维·洛奇这位有很强的学院派背景的小说作家，极大地有别于那些仅凭感觉或直觉来写作的小说家。他的学院派后现代学术理论，直接间接地体现在其小说的叙事之中，而且非常自然。这应该说是一种很难达到的很高的境界。在国内，我们偶尔也会听到有人将某些作家冠以"学者型作家"的名头。但与洛奇相比，其高下之分，那是不言而喻的。

□ 你又在说笑了。不过性是谁也回避不了的事情，《小世界》中那个扎普教授的话题就经常是和性有关的——《换位》和《小世界》中的许多故事和性有关。

其实我对于《小世界》中从"圣杯传奇"借鉴来的故事结构有着很强烈的兴趣，故事中有一条隐隐约约的线索，即青年学者柏斯对年轻貌美的女学者安吉丽卡的痴情追求。柏斯对安吉丽卡一见钟情，随后就走遍全世界去追求她——从一个学术会议追到另一个学术会议。每一次柏斯都几乎就要成功了，然而最终却总是水中月、镜中花，失之交臂。这种追求有时让我想起金庸小说中杨过、张无忌等人对心爱女子的痴情，不过洛奇并无意以情动人，更不煽情，他只是借此展示"学术界"那些光怪陆离的众生相，并且不时通过平静的口吻和皮里阳秋的措辞暗示他的讽刺和嘲笑。

仅从《小世界》中人物的名字也可以看出，这类中世纪传奇故事确实给了洛奇很大的灵感。例如，小说中的青年学者柏斯，他的名字其实就是圣杯传奇中的人物帕西法尔（Parsifal）的变体——帕西法尔原是"天下之至愚"的山村少年，后来却成了众骑士的首领（这一点又和金庸《倚天屠龙记》中的张无忌有些相似了）。瓦格纳为此做过一个名为《帕西法尔》的三幕歌剧。又如，小说中的国际学术大权威，亚瑟·金费舍尔——他苦于缺乏新思想，也失去了性冲动——被认为显然就是"渔王"费舍尔·金的翻版，名字上的相似痕迹也清晰可见。

至于洛奇小说——特别是"卢密奇学院三部曲"——中的后现代色彩，恰恰是我希望你阐述得更仔细深入一些的地方。

■ 那我们还是以《小世界》为代表说事吧。你刚才提到的从"圣杯传奇"借鉴来的故事线索就是典型的一例。其实，这样的思路可以说是一种展开的西方文化传统的思路。比如说科学领域吧，当人们不遗余力地追求所谓的终极真理时，也正是这种典型的思维习惯所致。当然，在其他领域也是一样。如今，在我们的话语系统中，所谓的"客观""真相""真理"等，也都成了人们似乎不假思索就会脱口而出被高频率使用的"日常词汇"。而在学术界，比如说像在对科学进行人文研究的领域，目前也仍有许多学者坚持着所谓的"科学真理""客观真理"。在这背后，我们不是可以很明显地看出与《小世界》小说情节隐喻中的那种追求终极目标的虚幻吗？

《小世界》以学者参加学术会议为情节发展的线索，在描述中就有诸多机会来写那些学者，写那些学者在会议上的表

戴维·洛奇：一个后现代智者和他的小说

现，写学者们会上会下的谈论，这就给作者提供了一个在小说中更直接表现后现代理论的机缘和自然的理由。当然其中也经常会穿插一些带有调侃、讽刺和影射意味的内容。也正是在这当中，体现出了作者的理念和意图。因而，如果我们只是津津乐道于小说中对于学者以某种非学术的方式参加着一个又一个会议，在会议中不学无术，游山玩水，享受浪漫，那恐怕还只是看到了洛奇这座巨大冰山浮在水面上的一个小角。

□ 洛奇在"卢密奇学院三部曲"中对于那些"国际学术会议"和有关活动的描述，是特别能让我们会心一笑的。

比如那个少年得志的扎普教授，当故事展开时，他早已经是一个非常资深的"学术油子"了——他满世界飞来飞去，在各国参加各种各样的学术会议，一篇论文可以在各个不同会议上反复演讲（在现实生活中，我真的见过这样的国外学者）。他平时的话题则总是时髦而当令。在这些对他来说已经得心应手游刃有余的学术活动中，他演讲，他调情，他猎艳，他也张罗学术会议，也不忘记巴结比他更大的学术权威（比如亚瑟·金费舍尔）。他认为自己的身价已经够得上"一份年薪十万美元的闲职"。

戴维·洛奇当然没有什么愤青情怀，所以他对扎普教授以及扎普所热衷的那些学术活动，虽然有揶揄，有嘲讽，但并没有批判。在这个问题上，他采取了某种超然的立场。毕竟，在现实生活中，洛奇本人必定也是这类活动的参加者——在扎普教授身上，不见得一点也没有洛奇本人的影子。从表面上看，洛奇笔下的一场又一场"国际学术会议"，似乎已经变成学者们的公款旅游和社交游戏，学术交流倒已经变成次要的了。但是事实上，这样的"游戏"确实是必要的，它们对学术交流和学术繁荣有好处。这是因为，一个国家繁荣富裕之后，也必然会追求文化，就像一个人衣食丰足之后，必然会追求文化和精神享受。作为国家如何追求文化？首选之事当然就是供养学术，而供养学术的一个重要举措，就是举办"卢密奇学院三部曲"中反复出现的国际学术会议。

多年前我在一篇《小世界》的书评中，曾说过这样的话："中国的扎普教授们已经成长起来，更多的柏斯们则正在攻读博士学位。"那时情况看起来似乎还是比较正常的，然而转眼之间，我们这里竟已经出现了相当荒谬的情景，比如学术上的"量化考核"导致学术泡沫弥天而来——出版了无数专著，发表了无数论文，召开了无数会议，提升了无数教授，扩招了无数博士……总而言之，许多场景已经极具反讽意味了。也许，西方发达国家当年也曾经历过这样的阶段？

■ 你看，你已经在洛奇小说的基础上，给出了你的解读和延伸联想了。在文论界，一个很流行的观点是，一旦某个文本被创造出来，它就不再属于原作者，而是在每一个读者那里都有着不同的解读。但由此我们还会遇到新的问题：如何比较、评判不同文本的优劣，或者更弱化地说，如何比较和评判其间的差异呢？我以为，当一个文本对更广大的读者有着更广泛的吸引力，同时，又最大限度地提供了让不同读者以最为不同的方式解读的可能性，应该是好作品的重要标志。而戴维·洛奇以《小世界》为代表的作品，显然充分具备了这一特点。

原载《中国图书评论》2008 年第 2 期

物理学家的人文情怀

——费曼其人其书

□ 江晓原　■ 刘　兵

□ 记得我在20世纪80年代初，念到大学三年级时，因为是天体物理专业，开始上所谓"四大力学"课程（理论力学、统计力学、电动力学、量子力学），记得那时校园里流行着几种美国的物理学教材，其中就有《费曼物理学讲义》*（*The Feynman Lectures on Physics*）。那时对费曼其人了解甚少，对物理学的理解，也经常只是沉溺在无穷无尽的习题中而已。

《费曼物理学讲义》对20世纪物理学的两大重要成就——相对论和量子力学——做了系统介绍，书中还反映了费恩曼和其他在前沿工作的物理学家对一些问题的分析和处理方法。因为书中对基本概念、定理和定律的讲解，特别注重从物理上做出深刻叙述，而且全书系根据课堂讲授的录音整理编辑（据说费曼讲课通常只带一张纸），保留了费曼讲课生动活泼引人入胜的独特风格，所以很受欢迎。

但是费曼作为一个"科学明星"，进入中国各大学物理系师生之外的公众视野，基本上还是近些年的事情。这时费曼更让我们关注的，早已不仅仅是他的物理学了。

---

* 《费曼物理学讲义》，[美] R. P. 费曼著，上海科学技术出版社，1981。

科学的幻想与历史建构

■　与你类似,我也是在上大学学物理时,曾自己购买了当年原文影印版的三大卷《费曼物理学讲义》,这在当时也算是一大笔开销呢。尽管没有全部通读,但也对读过的某些部分留下了深刻印象。例如,当时在我学习超导物理学时,费曼对于弱连接超导体的约瑟夫森效应的一个简化明了的独特证明,就让人记忆至今。而且,那本是面向大学生讲普通物理的课堂讲授中对一个专业问题的证明,后来竟成为许多超导专著所常用的内容,这也显示出费曼的与众不同。

当然,后来了解到作为一个"科学明星"的费曼,先是在国外做访问学者时,看到那本后来被译为《别闹了,费曼先生》*(在湖南科学技术出版社后出的另一个版本中,又被译为《别逗了,费曼先生》)的那本原著。然后就到21世纪了,他的两本同样是很特殊的传记(由别人记录他的言行、故事)中译本的出版,产生了相当的影响。其实,在此之前,早在1989年,科学出版社就出版了《别闹了,费曼先生》的第一个中译本,当时用的书名是《爱开玩笑的科学家——费曼》。可惜,像当时科学出版社出版的许多书一样,那本书的影响似乎并不大。

□　关于费曼的物理学成就和造诣,各方早有公论,也不是我们近年所关心的重点。当费曼以一个"科学明星"进入中国公众的视野时,其实大家更关心的是他的思想,其中当然包括他对科学的看法。另外,当他成为公众人物后,也不可避免

---

* 《别闹了,费曼先生》,[美] R. P. 费曼著,吴程远译,天下远见出版股份有限公司(台湾),1999。

物理学家的人文情怀

地被要求扮演某种类似"公共知识分子"的角色,对物理学之外的各种问题发表意见。

例如,在《这个不科学的年代!》*一书中,收录费曼的三次演讲,其中颇多他对科学本质的思考和对其他社会问题的看法,并且相当程度地保留着演讲现场的语言痕迹,读来非常有趣。在第二场演讲中,费曼讲到科学在应用时的局限,虽然用的是非常浅显的大白话,所言之理却很深刻。费曼说,"我该不该这样做?"这永远是人类面对的大问题,而在这个问题上科学无法帮助你解决。他分析说,这个问题可以分成两部分:第一部分是"如果我这样做了会发生什么后果",第二部分是"我希望这些后果发生吗"。第一部分科学有可能帮助你,但是第二部分科学无法帮助你。所以费曼的结论是:科学无法替道德问题——其实也可以理解为价值问题——做决定。

比方说,科学可以告诉你,爆炸一颗原子弹会杀死许多人,但是要不要杀死这些人呢,科学却无法帮助你做决定。其实类似的思想,早年我在读赖欣巴赫《科学哲学的兴起》一书时就接触过。不过赖欣巴赫并不是谈论科学的局限,而是鼓吹一种"科学的"哲学,这种哲学试图帮助你分析各种行动的后果,但是最终要不要采取某个行动(即你要不要某个后果),则不是他能够帮助你解决的。

■ 如果从费曼作为"科学明星"来说,那他确实很有些"公共知识分子"的味道。他甚至曾参与对航天飞机失事原因

---

* 《这个不科学的年代!——费曼谈科学精神的价值》,[美] R. P. 费曼著,吴程远译,天下远见出版股份有限公司(台湾),1999。

的调查，以及像对中小学教科书的审查工作等，这都颇有"公共知识分子"的特色。但尽管如此，我却还是觉得，与更为标准的"公共知识分子"形象相比，也许他的"个人化"特色要比其"公共"特色更为突出。

但即使在这种可以用非常个人化、个性化来描述的特色中，费曼又可以说是科学家中非常突出的。这也许在他的那两本特殊的"传记"（即《你干吗在乎别人怎么想》*和《别闹了，费曼先生》）中，就给读者以深刻的印象。

而在国内最新出版的《费曼手札——不休止的鼓声》**一书中，他的那种与众不同的个性，通过更为真实的费曼个人通信，又可以让人们有进一步的认识。应该可以想象，他在写这些信时是不准备发表的，从而应该比为了发表的目的而向别人讲自己要更可信。至少，在我的记忆中，像他几次力辞不当美国国家科学院院士，像他与人打赌在若干年内不做行政管理工作，像他拒绝接受荣誉博士学位，像他拒绝《今日物理》向他寄赠杂志，等等，可举的例子实在是不少呢。

□ 那倒真是如此。昔王尔德有名言曰："除了诱惑，我什么都能抗拒"，寄赠杂志这种小诱惑我都很难抗拒（估计你也差不多吧），更大的诱惑恐怕就更难抗拒了。

你上面说的这些费曼的逸事，都表明他属于特立独行之人。人生在世，真要想做到特立独行，其实殊非易事。自身既

---

* 《你干吗在乎别人怎么想》，[美] R. P. 费曼著，李绍明等译，湖南科学技术出版社，2005。

** 《费曼手札——不休止的鼓声》，[美] R. P. 费曼著，叶伟文译，湖南科学技术出版社，2008。

要有特立独行的资本，外部又要有特立独行的条件。费曼恰恰这两项都具备，所以才能不时安然上演特立独行的喜剧。一方面，他是物理学天才，有成就有地位，特立独行就容易得到周围人们的宽容；另一方面，在美国，可能人们对生活中那些特立独行的人本来就相当宽容。

不过，费曼也有他认真工作小心谨慎的一面，不是一直那么游戏人间的——这似乎是他成名以后才给人的强烈印象吧。在《费曼手札》中有一封费曼21岁那年在普林斯顿大学念研究生时写给他母亲叙家常的信，有一段说："昨天晚上，惠勒教授忽然有事离开学校，我只好替他上今天的力学课。我昨夜花了一整晚的时间，准备今天的课程。"惠勒是费曼的指导教授。你看，第一次给老师代课，费曼还是非常认真准备的，这和后来关于他"上课只带一张纸"的传说很不相同。

■ 确实如此。在《费曼手札》中还有另一个例子给我以很深刻的印象，即他对"民科"们和一些还不一定算得上是"民科"而只是热爱科学的中小学生给他来信的回复。我想，我们恐怕或多或少地都收到过不少类似的"民科"来信甚至还会遇到他们登门拜访。而我们的反应又是怎样的呢？虽然我们现在在理论研究和相关的理论认识上（以及在部分实践上）对"民科"并没有像许多人那样的态度，但我们毕竟很少像费曼那样能够一封封地回复他们的来信，回答他们的问题。当然，他们对费曼回答的反应也和我们预期的差不多。我们也还可以用人数多少以及工作忙否或其他更多的理由为我们的不理睬做出解释，不过，这里更重要的，似乎还是一个认真的态度，甚至某种在类似社会责任那种意义上的为人方式吧。

当然，相比起在以往的传记中谈及的费曼更为传奇、更为特立独行的做事风格，这些人认真的地方似乎不那么突出，人们似乎总是更加关注与众不同的东西，但我们同样可以设想，如果没有那些认真（甚至比其他人更加认真）的工作，费曼也不大可能成为那样一个成功的物理学家。也许他与其他成功的物理学家的主要不同之处，是他在某种有共性的努力而带来的成功（当然这种共性的努力不是全部，而是重要因素之一）的过程中以及在成功之后，仍然乐于并且敢于保持着他在为人处事上与众不同的个性化的方面。

再回应一下你刚说过的一个人可以特立独行的内部和外部条件问题。就此，我还可以举另一例子：我以前曾与人说过，其实，苏联著名物理学家朗道与费曼在为人处事的个性上以及工作方式上似乎相似之处的，只是恰恰由于外部条件的约束，才使得朗道没有能够像费曼那样自如，那样更可以自由发挥其个性。你说是不是？

□ 关于朗道的一些故事，也是我非常喜欢提起的。他们两人确实有相当多类似的地方。要是朗道生在美国，不知他会不会上演费曼那样的故事。

关于费曼的"闹"，也是非常有趣的。中国人通常认为一个学者应该是沉静稳重的，学者而"闹"，成何体统？这当然和费曼本人飞扬跳脱的性格有关，也是他思想活跃童心不老的直接表现。《别闹了，费曼先生》这个书名耐人寻味——到底是欣赏他的"闹"呢还是也觉得他"闹"得有些过分了？

不过在讨论费曼时，还有一个问题也是我很感兴趣的，那就是：费曼是不是一个科学主义者？我们知道，一个成功的科

物理学家的人文情怀

学家可以不是科学主义者,而一个不懂科学的人也可以成为科学主义者。我们周围的科学主义者,则更多的是对科学有些了解(或一知半解)却又自以为"科学素养"高于天下之人的人。

费曼作为一个成功的物理学家,当然知道科学的局限,这在他那本《这个不科学的年代!》中表现得很清楚。从他那几次演讲来看,他当然认为科学非常好,但是他承认即使是科学知识本身也不是绝对精确的;他还承认人世间有许多根本性的问题科学是无能为力的。这样他就避免了将科学知识凌驾于其他知识体系之上——而这正是许多科学主义者最爱做的一件事情(我本人多年前也曾经赞成这样做)。

所以在我看来,费曼如果要算一个科学主义者的话,至少也是非常宽容开明的那种。对此很想听听你的看法。

■ 我倾向于相信,如果朗道生在费曼时代的美国,那肯定会是另一个出色的"费曼"。不过,他在当时的俄国能够做到那个分儿上,应该说已经是很不容易了。

关于费曼的"闹",我觉得,这已经是附加上了中国人的理解了。因为他那本传记的原书名,如果直译,应该是"费曼先生,我肯定你是在开玩笑"。而在中译本中,则译成了《别闹了,费曼先生》,而在更新的一个中译本(湖南科技社)中,又改成《别逗了,费曼先生》。如果按照美国人的思维,那原书名强调的是费曼的所作所为,让人很难相信他是在当真地做他的事说他的话,同时又有一种对于幽默感的欣赏;而第一个中译本的书名,用"闹"字,所强调的东西与原书书名就有些差距了,似乎更有一种认为费曼有些"胡闹"的意味(胡闹与开玩笑可是很不一样的);而第二个中译本的书名,倒似乎有些接近原书名的意思。但为什么不直接用原书名的直译呢?在这其中,或许还反映出了在我们与美国的出版者和读者(既是出版者想象中的读者又是现实中的读者)心目中,是如何理解科学家应该是怎样的人、应该怎样行事,以及如果要与众不同地行事并引人注意的话,底线又应该在哪里的差别。

关于费曼是否科学主义者的问题,要确切地讲,也许还需要认真地、更多地读读费曼的著作*,但在我的印象中,他大致可以算是一个温和的科学主义者吧。因为确实他正反两方面的言行皆有。除你说的那些表明其并不过于夸大科学知识的地位的说法外,他确实又有像对于哲学的轻视等等。

说到这里,再联系到我们前面提到的朗道,我倒想问你一个问题:你说在我们这里会不会有出现像费曼这样的科学家的可能性呢?

□ 我想这种可能性至少目前还是非常小的。

首先,科学家要达到费曼这样的科学成就就很难。这又有两方面的原因,一是我们的应试教育中,扼杀孩子们的想象力;二是科研环境不理想,"量化考核"的重轭之下,不让人

---

* 《发现的乐趣》,[美]R. P. 费曼著,张郁乎译,湖南科学技术出版社,2005。

《物理定律的本性》,[美]R. P. 费曼著,关洪译,湖南科学技术出版社,2005。

《费曼讲物理·入门》,[美]R. P. 费曼著,秦克诚译,湖南科学技术出版社,2004。

《费曼讲物理·相对论》,[美]R. P. 费曼著,周国荣译,湖南科学技术出版社,2004。

安安静静做学问了。

其次，文化中的传统因素一直在起着作用。一个类似费曼这样特立独行童心不老的人，喜欢"闹"，喜欢"逗"，通常会被周围的人视为异类。一个这样的人，他的成长之路一定荆棘遍地，很难"成角""成腕"。

当然，我们的社会毕竟还是在进步，也许若干年后，费曼或朗道这样的人物，能够在中国出现，也未可知。

我想你提到这个问题，当然不会是为了预测或算命吧？你背后进一步的想法是什么呢？

■ 你的分析很对。我提这个问题，当然不是为了什么预测，而且也知道这种可能性很小，只是想听你谈谈这种可能性小的原因。因为造成这种可能性的环境，实际上是一种不理想的、有问题的环境。

说到这里，我还想再问你一个问题，这个问题也有人问过我许多次，而我似乎也一直没有想到真正有力的回答。这个问题就是：为什么费曼的著作（尤其是他的传记），在像美国这样的地方，都是很畅销的书，而到了我们这里，情况却很不一样，他的书远没有达到那么畅销的程度。你说，造成这种差别的原因主要是什么呢？

□ 这个问题其实不仅仅表现在有关费曼的书上。事实上，欧美许多畅销的科学文化书籍（其中有些就是我们传统意义上的科普作品）引进中国之后，在销售上都不很成功。甚至某些著名的科学文化杂志，引进中国后也有类似的命运。

对于这一现象，以前有一种比较流行的解释，认为这是中国公众"科学素养"还不够高之故。这种解释当然暗含了这样的判断,即"科学素养"较高的人群会更有兴趣阅读《别闹了,费曼先生》《费曼手札》这样的书。我认为这种判断可能忽视了"国情"的不同,因而用来解释中国的上述现象未必合适。

"国情"当然是一个很老套的解释,但我在这里有更具体的考虑。我的基本想法是:不同的人群,他们关心的问题也很不相同,对不同书籍的阅读兴趣,很大程度上与此事有关。许多出国生活过足够长时间的人都知道,美国,比如说吧,公众所关心的事情,通常和中国公众所关心的事情大不相同。这也许可以用来解释为什么《别闹了,费曼先生》这样的书在美国畅销而在中国不那么畅销。

对上述解释我还可以提出另一个旁证。在中国,类似《别闹了,费曼先生》这样的科学文化书籍,在不同人群中的受欢迎程度也是大不相同的。这些书籍的中译本出版之后,往往有"叫好不叫座"的现象——学者的评价很好,他们还会在报纸杂志上写文章称赞这些书;但在实际销售中,原先所设计的"目标读者群"(多半是比照美国情形而来的,比如大学生或中学生)却并不踊跃购买。据说有些学术界评价颇高的科学文化书籍的中译本,许多购买者却是"民科"。当然,我们不反对民科——在《我们的科学文化》中,他们已经来到阳光下了,但他们不是出版者原先所设计的"目标读者群"。

其实这也许还可以从另一个角度来理解:一个在大众媒体上经常露面的"科学明星",关于他的书籍好卖,有什么奇怪的呢?在中国,易中天的书不是也曾经很好卖吗?但是在中国,迄今还没有出现过类似 R. P. 费曼、卡尔·萨根这样的

物理学家的人文情怀

人物。

说到这里我有一个大胆建议：有胆略的中国出版家，是不是可以考虑与电视等媒体联手，在中国推出一两个类似 R. P. 费曼、卡尔·萨根这样的"科学明星"，以此来全面促进科学文化书籍的销售呢？这对于真正提高全民科学素养也大有好处啊！

■ 你说的是一个可以尝试的建议。但相对于美国有费曼热、卡尔·萨根热，而中国易中天热的背景，也许还提示着我们另一个问题，即关于科普，即使在最广义的理解中，我们是不是又忽视了"地方性"知识的重要性了呢？

你看，在我们这里，像那些国医养生类的书，不是也相当的畅销吗？在广义上讲，那不也是一种"科普"吗？这似乎也意味着，中国公众在科普方面的兴奋点，确实是有别于西方的。

可是，那又怎么样？换个思路来想，我们做科普又是为了什么呢？说到底，不是为了让人们生活得更好、更幸福吗？能够达到这个目的，而且又保持有中国的特色，那就是中国特色的成功科普了。当我们说中国公众科学素养低，这个结论恰恰是从中国公众科学素养调查得出的，而那些调查问卷中的问题，就是以西方科学为主要内容的，极少有关于中国"地方性"的"科学"的内容。那不也正和我们这里说的科普书的情况一样吗？那种意义上的科学素养低，也正对应着一些相应类别的科普书在我们这里遭到冷遇。

因此，我想问题有两个方面：其一，是我们在面对开发和认可有中国特色，或者说有地方性特色的科普书籍问题时，理论认识和工作力度均有待改进——在此就可以尝试你上面关于"推出中国科学明星"的建议。其二，当然我们也应该做另外一些工作，比如，能够使得更多的人欣赏像费曼这样的出色学者的科普书的工作，因为这本来就是在多元的科普领域中重要而且不可缺少的一元。

当我们真的能够尽量地避免为了其他非学术、非科普的导向而做科普，而真正能够扬己所长、补己所短的时候，才是一种理想的做科普的文化环境。在那种环境中，也许我们就无须讨论像费曼这样的科学家及其科普作品的市场问题了。

原载《中国图书评论》2009年第2期

净土背后:大学校园中的那些事儿
——谈《文学部唯野教授》*兼及几部中国同类小说

□ 江晓原　■ 刘　兵

□ 我最初知道筒井康隆的名字,是因为根据他小说改编的同名电影《日本以外全部沉没》(2006)。他是日本著名的科幻小说作家,年轻时还有过当电影演员的梦想,不幸因为身高的原因未能如愿。这件使他耿耿于怀的事情后来总算有了补偿——在电影《日本以外全部沉没》中,他作为"特别出演",小小过了一把演员瘾。

这次你向我推荐小说《文学部唯野教授》,我发现作者竟是筒井康隆!这既让我非常意外,也让我非常兴奋,立刻就捧读起来。

才读了十几页时,我就对中译文留下了极为深刻的印象。我以前读过不少日本的小说和其他书籍,也经常看日本电影,而且因为自己也学过一点日语,所以对于日语中译文本所特有的那种"日本味"已经相当熟悉,以至于一拿到日语的翻译作品,就会预期将见到那些熟悉的语句和表达法。然而奇怪的是,《文学部唯野教授》的译者何晓毅的译文,却是完全中国化的,这在日语翻译作品中显得相当独特。

小说情节发展极为紧凑,场景快速转换,语言也极为流

---

* 《文学部唯野教授》,[日]筒井康隆著,何晓毅译,人民文学出版社,2007。

畅,所以不会让读者产生任何疲倦之感。当然,对于你我这样栖身于大学中的人来说,更容易被吸引的是小说对日本大学校园中权力、政治等问题的描绘和思考。作者那种适度的幽默和讽刺口吻,对于小说的题材来说则更具锦上添花之效。

记得当年你曾向我推荐戴维·洛奇的小说《小世界》,我读后非常喜欢;这次你又向我保证说,我一定会喜欢《文学部唯野教授》。确实,我读后又非常喜欢。所以很想先听听你对这部小说的感觉和想法。

■ 其实,我是非常偶然地在书店发现这本书的,因为看到其中是写大学的事,所以才会买下,买下后,也一直放着,直到前几个月有机会去日本,想拿几本书在路上读,才捡起了这本日本人写的小说。不料,一读过后,却大大地出乎我的预想,当时就想到了我们可以就此谈谈,尤其是,结合大学的问题来谈。此书,颇有些揭黑幕的味道。虽然像《小世界》那样的小说也是在说学界,但这本书却是直接在讲大学里各种外人难以想象的故事,而且揭露得毫不留情。在日本时,我曾与几位日本的教授谈起此书,他们都读过(由此看来译者说此书在日本,特别是日本大学中流行是属实的),而且有一位教授还专门说,其实书中的一些情形在日本的大学中确实是存在的。

不过,在进一步谈此书之前,我还想提一下,我国这些年来,也曾出版过一些涉及大学内幕的小说。比如最新的有阎连科的《风雅颂》*(江苏人民出版社),更早些的,还有李劼的《丽娃河》)(内蒙古人民出版社),以及史生荣的《所谓教授》

---

* 《风雅颂》,阎连科著,江苏人民出版社,2008。

净土背后：大学校园中的那些事儿

（春风文艺出版社）等。《风雅颂》一书我也刚看完，说实在的，真有些不敢恭维。至少，在现实主义的意义上，只能说是触及了大学的一点点皮毛而已。《丽娃河》一书是几年前在一位友人的推荐下读的，那本书直接以华东师范大学为原型，也比较充分地揭露了大学中一些丑恶的现象，但却似乎流于表面化，也有人觉得写得有些让人恶心（虽然我并不这样觉得，但《风雅颂》一书倒让我有些恶心之感）。多年前出版的《所谓教授》一书，似乎也是作为畅销书来做的，书中也写了不少大学科研人员之间的权力之争，写了体制的问题，似乎也还好读，但时间一长，印象也就变得很淡了。当然，这些写中国大学内部事务的小说，其积极意义仍然是不可低估的。

与前述几本中国人写大学的小说相比，这本《文学部唯野教授》显然要高出一个层次，让大学圈内的人，也会有所认可，甚至不仅仅是我曾遇到过的几位日本教授，就是像我们这样在中国大学中做教授的人，我想，也会在其中看出不少熟悉的东西，你说是不是？

□ 《文学部唯野教授》中的有些情节，以及某些人物的言行（比如"学部长"河北教授），似乎相当夸张，有点漫画色彩。我没有在日本大学待过，无法判断筒井康隆的这些描写有多大程度的真实性。

当然，作为小说，搞一点艺术夸张是没有问题的。

我一向相信，小说可以为我们提供"虚构的真实"——虽然具体情节是虚构的，但小说所构建的场景、氛围、人物心理、运作机制等，却可以高度反映出实际情况。而与此相对应的，某些非小说文本则以"学术严谨"为包装，向读者提供

科学的幻想与历史建构

"真实的谎言"——具体细节可以是真实的,但是通过忽略某些事实、强调某些事实、构建某些因果关系等手法,给读者造成虚假的印象,并推出错误的结论。

从这样的角度来看《文学部唯野教授》,则其中即使有某些夸张之处,仍有可能为我们提供"虚构的真实"。

这里我们可以来比较一下《文学部唯野教授》和你上面提到的几部中国小说。《风雅颂》我也看了一点,给我的感觉是作者似乎并不真正了解大学校园中的权力政治及其运作机制。这与前些年一部你上面未提到的同类小说《千条线,一根针》有相似之处。当时我读了那部小说,一个重要的感想就是,如果没有在大学中作为教师生存过足够长的时间,并上升到足够高的位置,要想描写大学校园中的权力政治及其运作机制,终归会隔着一层。

回过头来看《文学部唯野教授》,其中确实有许多中国大学校园中也经常见到的场景,有许多中国大学教师中常见到的言谈举止和一颦一笑。但是我也发现了一个与我们这里大不相同的地方。

■ 在文学批评领域,有一种理论认为,有时小说可能比历史更为"真实"。我想,在某种意义上,也许就像有时漫画反而比写实主义的画作更能突出反映出人物的一些特征一样吧。而《文学部唯野教授》这本小说,也正有着类似的特点。

在此书中,许许多多的情节,揭示出在一个比较发达成熟的大学体制中,森严以至于到有些荒谬程度的等级制度,学术考核中自以为是而且极端到非常不合理的种种规则,教师为职称提升而全无尊严甚至现金行贿,高级教授以学术权威自居却

净土背后：大学校园中的那些事儿

实则不学无术，大学中封闭的学术圈子拒斥面向狭窄的专业同行之外更广泛的社会传播，写有社会影响的普及性文章却要躲躲闪闪隐名埋姓，同事间相互猜疑、相互贬低，为多挣课时费而到处拉关系走后门，讲课受学生欢迎的教授反而要屈从于讲课无人爱听的上司，貌似高雅的教授却为蝇头小利斤斤计较，如此等等，作者笔下描述的大学中万花筒般的世象，确实与我们身处其中的大学有着或多或少的相似之处，因而，阅读此书引起某种会意和共鸣就是很自然的事了。

在列举这些相似之处的同时，你倒是引起了我的一点好奇心：你所说的，在小说中有一个与我们这里大不相同的地方到底是什么呢？

□ 其实这一点，在你上面列举的小说场景中已经被提到了，即在《文学部唯野教授》描绘的日本大学价值体系中，只有学术文本——哪怕是八股陈言根本没人看——是被承认的，而写了具有社会影响的大众文本或小说之类，是明显要得负分的，甚至会产生严重后果，所以教师们发表这些文本时要躲躲闪闪甚至隐姓埋名。这种情形和目前国内高校的情形相比是明显有差异的。

目前国内高校的"量化考核"体制，我们经常抨击批评，但我们的批评主要是针对使用"量化考核"来管理学术；至于"量化考核"体系本身的设计，并未成为我们关心的对象。在国内现行的"量化考核"体系设计中，倒是给了具有社会影响的大众文本以一席之地（例如《新华文摘》也被列入CSSCI期刊之类），所以我们的高校教师至少用不着为发表大众文本而躲躲闪闪甚至隐姓埋名。

不过这倒使我想起了昔日某高校价值体系中的不成文约定，一个科学家写了大众文本是要得负分的。某种漫画式的场景是这样的：

假如有两位资历、能力都不相上下的研究员，甲先生和乙先生。甲先生只写纯粹的学术文本，一年发表了3篇高水平学术论文；而乙先生这一年中也发表了同样档次的3篇学术论文，另外他又发表了5篇大众文本。那么现在他们两人会得到怎样的评价呢？甲先生会得到完全正面的评价：学问不错，论文水平很高。乙先生得到的却是明显偏负面的评价：学问还是不错的，但他写的大部分东西是普及文章！是啊，甲先生写的是百分之百的学术文章，而乙先生的学术文章只有37.5%（8篇中的3篇）！尽管两人的学术文章绝对数量相同，水平也不相上下，但是写了大众文本的乙先生是多么倒霉啊。

我上面这一段，也是"虚构的真实"，我觉得和《文学部唯野教授》中的日本大学非常相似——当然，该高校也早已反复"改革"很久了，现在还是不是这样就很难说了。另外，《文学部唯野教授》是1990年出版的，几十年过去了，日本大学中的情况也可能有所变化。

■ 可能正是因为对此的不同理解，导致我没想到你所说的与中国不同之处是这一点。相反，我倒是觉得，在这一点上，日本与中国也还是很有相同之处。你前面举的例子，用的是中国科学院，如果就高校来说，我觉得，在总体评价倾向上，特别是在正规的考绩标准背后的潜规则上，中国也大致是如此的。撰写面向更大范围的、跨专业的以及面向公众的非学术和准学术文本，在高校中并不受到鼓励。尽管这并非有明文

净土背后：大学校园中的那些事儿

规定（其实在《文学部唯野教授》所描述的日本大学中也同样没有明文条款这样规定），而只是一种潜规则，但潜规则的力量却是很强大的，有时甚至可以超过那些成文的规则。

高校中不鼓励撰写发表面向更广泛读者的普及性的准学术和非学术性文章，背后当然是目前在高校中过分强调具有学术文本形式而且可以在量化考核中化为分数的学术论文的发表。如果你把一部分时间用于在此之外的写作，当然属于一种不务正业，是不会得到赏识的；另一方面，在大学的学术圈里，发表普及性文章也会让人瞧不起，认为你水平不高，进而影响到对你学术水平的评价。不过，日本如此，中国如此，在西方也未必没有类似的情形，像美国著名科普作家萨根就是一个例子。

从《文学部唯野教授》来看，还有一层可以分析的是，害怕因发表普及性文章而影响其升迁的，主要还是那些需要进一步晋升的教师，如果像"学部长"河北教授那样，已经升到了阶梯顶端的"名教授"，当然可以不用害怕这些。但问题也恰恰在于，长期以来因为只追求所谓"学术文本"磨炼，在升到顶端时，是否还有写作普及性文本的能力，就已经很让人怀疑了，这还不算追求形式上的"学术文本"，其实也并不就代表着有"学术"或"学术品味"，在《文学部唯野教授》中的情节，也是充分地说明了这一点的。

□ 小说《文学部唯野教授》中另一个给我印象深刻的地方，是对大学教师之间权力结构的描绘。

虽然中国的大学里也有类似的权力结构，但是至少表现得比较温和。中国大学的教师之间，即使是院长、系主任和一般教师之间，或是资深教授和青年讲师之间，一般相处的时候还是相当平等的，这也许和中国数十年的社会观念有关。当然你可以说，这种平等只是表面上的，真正到了资源分配、职称晋升等"实质"问题上，权力等级制度就要起作用了。事实也确实如此。

但是在小说《文学部唯野教授》中所呈现出来的这种权力等级制度，却是赤裸裸的，连那种表面上的平等也没有。比如"学部长"要一群教师陪他出去喝酒时，他可以在路上随手拿了水果店摊上的水果就吃，身后的青年讲师、副教授之类的就赶紧去替他付钱。又如当教授、副教授们喝得酩酊大醉东倒西歪时，青年教师就得为他们服务——"助教来得多就是为了这时能分头用出租车把这些醉汉送回家"。

筒井康隆在这方面的描写，我推测是相当真实的。例如我们可以从国际会议上日本学者之间的相处情形得到旁证：在国际会议上，同来的日本学者，通常总是副教授更多地为教授服务，比如在教授演讲时帮他操作幻灯、为他拍照留念等，即使这两人来自两个不同的大学，相互之间并无上下级的关系，也仍然如此。

当然这可以从学术圈子的角度来理解，虽然不在同一个大学，却因为专业的关系仍在同一个圈子，遇到职称晋升、项目评审、论文审稿、成果评奖等事情时，圈子里的教授们仍然会对副教授拥有大小不等的权力。这方面的情形在中日两国的大学中也是类似的。

■ 你说的这点我同意，即在这本小说里所表现的日本的教授、副教授、讲师之间那种森严得让我们几乎无法接受的等

净土背后：大学校园中的那些事儿

级关系。恐怕，这一方面也有某种夸张（就像你说的，小说总会有些夸张），另一方面，也还是有些日本的特色。而在我们这里，至少，这样的权力关系表面上没有那么可怕，但也无法否认它以不同的方式存在和表现着。

说到这里，我还想再谈一点，即此书其实还有另外一个特色，即在结构和写作上的特色。作者写的是文学部（相当于我们大学的中文系）的事，主人公的专业都与文学有关，而此书的各章节，就分别以不同的文学批评流派来命名，如印象批评、俄罗斯形式主义，或后结构主义等。在每章前半部分叙述引人入胜的故事情节之后，每章都是以唯野教授就某一文学批评流派的讲座内容来结尾。这既是一种有设计的结构，又可以让读者（如果读者真的肯读的话——至少我是读了）在欣赏了有趣的情节之后，把节奏缓下来，听一段文学理论讲座，九讲下来，也就对于文学批评的理论的历史和现状有一个大概的了解了。

从作者的这种写作方式，我联系到了我们曾经谈过的另一位小说家戴维·洛奇。我觉得这两个人在叙述上形式差异的背后，倒有着某种深层的相似，因为就我的理解，在《小世界》中，戴维·洛奇恰恰是反过来，用他叙述的情节来演绎后现代文学批评理论。

□ 我读《文学部唯野教授》时也很快联想到了《小世界》。你所注意到的，戴维·洛奇用他叙述的情节来演绎后现代文学批评理论，而筒井康隆用文学批评理论来建构——至少是装饰——小说的情节，这种对应可以视为一种"镜像"，或许是筒井康隆有意为之？在后现代文艺手法中，拼贴本来就是重要的一款,《小世界》中就使用了拼贴之法;而拼贴活动中,镜像又是最常见的手法之一。我们回忆一下埃舍尔(M. C. Escher)那些独具风格的绘画,其中大量使用镜像手法,与上述两部小说之间的镜像,倒也堪称异曲同工——我恐怕扯得有点远了。

小说中还有一些细节也相当有趣。比如女学生夏本奈美子,主动接近唯野,甚至将唯野作为男友请到家中做客,唯野受宠若惊,有一番夸张的心理自白:"啊呀啊呀,怎么搞的呀!夏本奈美子那样的绝世美女……那么可爱的黄花闺女跟我这矮子?"小说并未交代唯野的身高,所以"我这矮子"似乎只是随口一说,但是如果联系到筒井康隆本人的经历,他大学毕业后参加电影演员选拔,因为身高太矮而落选,就不难发现他下意识里一直对此事耿耿于怀了。

不过小说中无处不在的夸张手法,我觉得有时候好像有点过分。比如小说中重要的讽刺对象之一"学部长"河北教授,被写成粗俗不堪,极端不学无术。但是按照小说中描绘的日本大学权力等级结构,河北如果真的如此粗俗不堪不学无术,他当年怎么可能从助教一步步爬上来?即使一贯拍马逢迎,也总要稍微有一点东西吧?这些地方,会不会和筒井康隆是写科幻小说出身有点关系?

■ 你提的最后一个问题,我恐怕就给不出什么确切的答案了,因为毕竟对日本的大学了解不够。虽然去过两次日本,也是在大学中访问,但因为不懂日语(在日本有一个特殊的情况,就是在大学里,如果你作为一个中国人,不讲日语,只讲英语,反而更受尊敬),只能看到一些表面上的东西。实际情

净土背后：大学校园中的那些事儿

形究竟如何，我想还是可以请教那些更了解大学的人士吧。

不过这倒不是最关键的地方。就像你所说的漫画风格，夸张一些也无所谓。重要的是，此书勾勒出了一幅日本大学的人生世相（就我的感觉，那些与我谈及此书的日本教授倒似乎并未表现出对此书的反感），而在我们这边，在阅读时，同样是可以作为镜像来思考中国大学的问题。甚至，我们可以从中反思大学这种东西在世界范围内，发展到现阶段，在那些好的方面之外，更还有什么问题和不完美之处。毕竟大学教授也是人，毕竟大学也在社会中存在，毕竟大学自身也是一个小社会，因而它的不完美，也可以说是人与社会的一种不完美。而在这样想时，《文学部唯野教授》中那些夸张的地方，就反而更加突出了需要反思的焦点问题。

在文学的享受之余，又能让人思考大学文化，而且不感陌生，这就该算是一本很出色、很值得一读的小说了吧。

原载《中国图书评论》2008年第10期

日本第一个诺贝尔奖得主的科学观
——汤川秀树的《现代科学与人类》*

□ 江晓原　■ 刘　兵

□ 1949年的诺贝尔物理学奖，给了日本人汤川秀树。他是一个完全"土生土长"、靠日本自己的大学教育培养出来的科学家，没有任何欧美留学的"镀金史"。当然，他得了诺贝尔奖之后，那就经常去欧美参加各种学术会议了。

作为日本的第一个诺贝尔奖得主，汤川秀树无疑在日本获得了极大的荣誉。各种各样的演讲邀请和报纸杂志约稿纷至沓来，这本文集《现代科学与人类》显然就是这些邀请和约稿的产物。文集初版于1961年，距今已经几十年了，书中的文章，基本上都是他在20世纪50年代的通俗作品。

今天重读这样一本早已"过时"的文集，能有什么收获呢？最初我确实未对它抱有什么期望，只是披阅浏览一番而已。不过，也许正是在这种"平常心"之下，心平气和地读读，倒也读出了两个令我印象深刻的收获，还是有点出人意料的。

■ 哈哈，你倒开始卖关子了，说有两个令你印象深刻的收获，却又不马上说是那两个收获是什么。

---

* 《现代科学与人类》，[日]汤川秀树著，乌云其其格译，上海辞书出版社，2010年7月第1版，定价：26元。

日本第一个诺贝尔奖得主的科学观

其实，我对汤川实在是了解得有限，不过，我在清华指导的第一个博士生，是研究日本诺贝尔奖问题的，近来，随着越来越多的日本人获得诺贝尔奖，相关的话题又开始逐渐热起来。我所在的清华科学技术与社会研究所，还专门请了日本2008年诺贝尔物理学奖的获奖者小林诚前来访问和做讲座。而我们研究所的杨舰教授也一直在保持着对日本诺贝尔奖的关注，并做了不少相关的访谈和研究，我也听过他的报告。

此时，许多人感兴趣的，是为什么日本会在近些年来有越来越多的诺贝尔奖获得者。而这背后，一个潜在的兴奋点，当然是对日本科学家的工作、其研究环境以及相关的其他有利于其获得诺贝尔奖的条件的思考。

你的印象，与这些问题有关吗？

□ 我的收获和诺贝尔奖的获得没有什么关系——尽管这显然也是此书容易引发的联想方向之一。

我的第一个收获比较表面。汤川秀树的这些文章和演讲稿，确实可以和我们从历史读物、文学作品乃至电影中所得到的20世纪50年代日本社会的印象相互印证，表明那时的日本社会还是相当落后的——刚刚从"二战"的废墟中爬出来，还在百废待兴阶段。即使是汤川秀树这样能够经常去欧美参加学术会议的人，看到欧美社会也难免有些目迷五色。比如他演讲中多次提到"机械与人之间的深刻问题"，其实只是他对西方发达社会当时已经普遍采用的高度机械化和电子计算机的深刻印象而已。也许他隐隐感觉到这种机械化、计算机化将来会给人类带来某些问题，但当时他也说不出什么高明的见解。从他那些演讲内容来看，他当时所面对的日本国内听众，用我们现在习惯的说法,还是相当"土"的。

我的第二个收获稍微"学术"一点。在上一个收获的基础上,我们不难想象日本当时的语境——应该还是处在对科学高度崇拜的阶段吧,但是汤川秀树却在收录此书的第一篇文章中就明确表示:"科学的进步未必能保证使人类生活得更加幸福。……新发现从来就不能够保证带给人类幸福。它带给人类的,或许是幸福与繁荣,也或许是全人类的毁灭和人性的丧失。"在几十年前,这样的观点应该还是相当"领先"的吧——早早就和唯科学主义拉开了距离。

当然,对于世界上唯一挨过原子弹的日本民族来说,也许认识到上面汤川秀树所说的道理会比较容易一些。况且汤川秀树自己就是研究核物理的。

■ 如果就直接的关系来说,你的收获与诺贝尔奖似乎确实没有什么关系,但如果间接地讲,我想,关系还是存在的。比如,这样一本书会出版,我们会阅读它,会谈论它,在这一切背后,与作者是诺贝尔奖获得者还是有着密切的关系。

这次阅读这本书,确实增加了不少对汤川的了解,其中,也有一些是有些超出我的想象的。比如,在以往,我们对于日本诺贝尔奖获得者的印象并不清晰,甚至有时会觉得他们只是因为在(科学研究中的)技术性问题的解决上有重要贡献而得奖,尽管近来越来越多的日本科学家获得诺贝尔奖这一事实已经使得这样的印象变得有带有疑问。但这本书中那些仅仅来自随感和发言之类的文字恰恰表明,像汤川这样的科学家,除在专业上的重要贡献外,在科学之外的修养和思考,也是相当出色的。

日本第一个诺贝尔奖得主的科学观

《现代科学与人类》这本书分为两个部分,后一部分,"基础科学的振兴",大部分文字也许更接近于科普,但其中仍然不乏超出科学的思考,而前一部分"科学与人类",也许在我们现在谈话的语境下就更值得关注了。正如你所说的第二点印象,像那样的观点,还可以在其中找到许多。例如,他虽然认为"科学本身是中立的",但与此同时却又指出,"科学真理本身既是有害也是有益的……因此,即使是科学家发现了真理,真理却也未必尽数被运用到有益的方面""如果幸福果真是人类共同的愿望,那么人类应当为之安全教育付出相当于在科学技术方面同样的努力",如此等等。

这些发表于半个多世纪之前的随感,虽然并非专业性的论述,但正如你刚说到的,它们确有"超前"性。

□ 所以,对于这一点我也印象十分深刻。汤川秀树几十年前的科学观,就比我们现在的许多人还更合理。这里还有一点值得注意的地方,就是前面提到过的,汤川秀树没有留欧留美的"镀金史"。他这样的科学观,放在当时的欧洲或美国,虽然也算比较新潮,毕竟并不奇怪。但在多少年来死命要"脱亚入欧"的日本,恐怕情形就会相当不同了吧。

一种比较简单的解释是:日本的大学教育比较好,欧美最新的思潮都会被介绍进去,所以汤川秀树虽然是"土生土长"的,却也不是没有机会了解这些思潮。

当然,还可以有另一种解释:在日本人的精神世界中,"唯心主义"、神秘主义的传统始终有着一席之地,也许正是这种传统,有助于汤川秀树建立起较为合理的科学观?

科学的幻想与历史建构

■　很抱歉，对于日本的情况，我确实没有研究，所以，没有把握说你提供的两种解释中哪种更有道理。不过，反过来想，面对中国的情况，现在有关反科学主义的许多理论和思潮也不是没有被介绍进来（尽管相对要晚得多），为什么我们今天的科学家阵营中却依然没有多少人会有汤川这样的觉悟呢？

不管怎么说，即使不去深究汤川的观点与日本的文化特殊性之间的关系，仅就事论事地看他的这本书，也仍然足以让我们在半个多世纪之后，继续品味和思考这位大科学家思想的当代价值。

原载 2010 年 11 月 5 日《文汇读书周报》

李约瑟在今天的意义与局限

——从《李约瑟：揭开中国神秘面纱的人》* 说起

□ 江晓原　■ 刘　兵

□ 作为科学史研究者，我们很早就想谈一次李约瑟了，但是得知英国人文思森（Simon Winchester）的李约瑟传记问世的消息，我们希望让此书至少起一个"药引"的作用，所以就决定将这个话题推迟到该书中译本出版之后——它肯定会很快被引进中国的。现在果然，此书的中译本已经出现了。

关于李约瑟，很多人虽久闻其名，其实对他只是一知半解。有的人将他当作"科学史"的代表人物（科学史到底搞些什么很多人也不清楚），有的人则更热衷于解答"李约瑟问题"——中国科学技术曾长期领先于西方，为何现代科学却没有出现在中国？

2000年，我应上海一家杂志之约，为纪念李约瑟诞辰一百周年写过一篇《被中国人误读的李约瑟——纪念李约瑟诞辰一百周年》，不料被该杂志"枪毙"，理由是"有损李约瑟的光辉形象"。这篇文章后来原封不动发表在北京的《自然辩证法通信》上（2001年第1期）。发表之后也曾经出现过若干篇和我"商榷"的文章。但非常奇怪的是，这些文章都不依

---

* 《李约瑟：揭开中国神秘面纱的人》，［英］文思森著，姜诚、蔡庆慧等译，上海科学技术文献出版社，2009年4月第1版，定价：35元。

据《自然辩证法通信》上我的学术文本展开商榷,却不约而同地针对《南方周末》对我的长篇访谈来商榷——然而这些"商榷"文章本身却都采用了学术文本的形式!既然撰写学术文本,按理说总应该查阅学术文献,不能随便看看报纸就大发宏论吧?

我在上述文章中认为:关于李约瑟,多年来国内媒体宣传给公众造成的印象和观念并不正确,至少很不全面。我们希望从李约瑟那里得到的东西,很可能并不是李约瑟打算给我们的。我们甚至有意无意地误读了李约瑟的学术意义。

而对于"李约瑟问题",我的看法是:这是一个伪问题,因为那种认为中国科学技术在很长时间里"世界领先"的图景,相当大程度上是虚构出来的——事实上西方人走着另一条路,而在后面并没有人跟着走的情况下,"领先"又如何定义呢?"领先"既无法定义,"李约瑟问题"的前提也就难以成立了。

我上面的"伪问题"说,虽然与席文(Nathan Sivin)的说法类似,但出发点是不同的(下文我们还要谈到)。然而相同的是,"伪问题"说都让不少人心里不大舒服。

■ 我们两个人都是搞科学史的,谈了这许久,居然没谈李约瑟问题,这确实有些奇怪,但我想,其中原因之一,恐怕正是因为我们把这过多地当作了一个更学术的问题,再加上没有赶上新书出版的契机。不过现在想来,既然像文思淼这样更为面对公众的李约瑟传记都可以出版,而且还引起很大反响,既然那么多中国人(在文思淼写的传记出版之后又加上更多的外国人)都知道李约瑟大名而不甚了解其工作,那么,作为具

李约瑟在今天的意义与局限

有一种传播普及意义上的对谈,当然也可以选择李约瑟作为对象了。

你前面谈到了"李约瑟问题",以及你写的文章和接受的访谈,而我于2003年在英国剑桥李约瑟研究所做了半年的访问学者之后,也曾写过一篇关于"李约瑟问题"的长文,后来发表在《自然科学史研究》上。类似地,我也认为"李约瑟问题"是伪问题,但我那篇文章的着重点,既不同于席文的观点,也与你刚说的问题略为有别。我的文章主要是考察在李约瑟之后,其他一些研究中国科学史的西方学者对有关问题的态度立场。在这样的比较之下,我们会发现,其实李约瑟的立场基本上还是半个多世纪以前的,而且后来变化也很小。而在这段时间中,随着科学史的具体研究和相关理论的发展,尤其是受到后来有些后现代意味的各种学说的影响,"李约瑟问题"早已不再是西方研究中国科学史的主流学者们所关心的问题,其存在的前提,也随着科学史理论的进展而被基本消解了。

我们还可以看到在"李约瑟问题"上有很强的"辉格史学"的风格,因为在李约瑟的研究中,在相当的程度上仍是以西方近代科学的成就作为潜在的参照标准,从而才有领先或落后之说。

那么,为什么时至今日,仍有那么多的中国学者,以及在学相关专业的学生们(我们从发表的文章中可以看出),还是如此痴迷于"李约瑟问题"呢?这倒是值得我们在后面好好讨论一下的。

不过,在此之前,我想先就你前面谈的内容向你提个问题。你说道,"关于李约瑟,多年来国内媒体宣传给公众造成的印象和观念并不正确，至少很不全面。我们希望从李约瑟那里得到的东西，很可能并不是李约瑟打算给我们的。我们甚至有意无意地误读了李约瑟的学术意义"。在这里，你所说的错误印象和误读具体所指是什么呢？

□ 那我就先谈下面两点：

一、李约瑟被中国公众视为科学史的代表人物（这应该不包括国内从事科学史研究的专业人员，他们中大部分人也许没有这种误解——但科学史专业群体本身就是非常微小的），而事实上并非如此。且不说国际上研究科学史的当代杰出人物，就算只找"科学史之父"作为代表，那也应该是乔治·萨顿（George Sarton）。但是萨顿在中国公众中有多少知名度？2007年我们两人主编了"萨顿科学史丛书"（上海交通大学出版），就是为了有助于公众扭转这方面的误解。

二、对李约瑟在国际科学史界的地位也缺乏正确认识。其实李约瑟身边的人对此早有坦然的陈述，而且刊登在中文书籍中，例如鲁桂珍在《李约瑟小传》（载张孟闻编：《李约瑟博士及其〈中国科学技术史〉》，华东师范大学出版社，1989）中说："李约瑟并不是一位职业汉学家，也不是一位历史学家。他不曾受过学校的汉语和科学史的正规教育。……实际上他根本没有正式听课学过科学史，只是在埋头实验工作之余，顺便涉猎而已。"李约瑟是一位非常成功的生物化学家，41岁当选皇家学会会员，但对于科学史研究而言，他非但是"半路出家"，而且是"自学成材"，这就和"科班出身"的"正统一脉"（比如上面提到的席文）大不相同了。

有的学者曾拿李约瑟获得萨顿奖（1968年），和他70寿

李约瑟在今天的意义与局限

辰（1970年）有西方科学史界头面人物为之祝寿，来证明李约瑟是被西方科学史界普遍接受的。但是在这两个被认为是李约瑟受到西方科学史界接纳的象征性事件发生了11年和9年之后的1979年，李约瑟在香港中文大学新亚书院举办的第二届"钱宾四先生学术文化讲座"上做了五次演讲，这五篇讲稿集成为《中国古代科学》一书，第一篇《导论》中就有"先驱者的孤独"一节，备述他受到的种种冷遇——而且就在他一生工作的剑桥大学！李约瑟感叹说：**"更有甚者，同样一堵墙也把我们拒于科学史系门墙之外，这一现象何其怪异啊！"** 他最后只好以"然而这个时代已经赋予我们很高的荣誉了（应该是指他获得萨顿奖），又何必埋怨太多呢"聊自宽解，这难道不是李约瑟自己仍然感到没有被西方科学史界接受的有力证明吗？

■ 如果你是就以上问题来说李约瑟在中国被许多人所误读，这我是完全同意的。确实，如果将他与美国的席文相比，其间"职业化"与"非职业化"的差别就很明显了。当然，这里所说的职业化，并不仅仅是指是否专门从事某项工作（李约瑟后半生倒是的确专门从事科学史的研究呢），而是指是否以那种学术共同体大多数人所认可和遵循的"范式"来从事工作。也许，针对两位同是从事中国科学史研究的大人物，将来有人做一个李约瑟与席文的比较研究，那倒一定会是很有趣的。

如果就一般情况说"非职业化"，那似乎倒与"民"字头的人群（如"民科""民哲"甚至"民史"）有些类似，但李约瑟却在有相当"非职业化"特征的同时，又是一个非常例外的

科学的幻想与历史建构

异数。这主要体现在，尽管"正统"科学史界对接受他有所保留，但他毕竟有着特殊的献身精神，在其科学家的职业生涯（应该说这是非常"职业化"的）达到近乎辉煌的阶段之时，毅然做出惊人的转向，将其后半生献身于中国科学史的研究，并写出了篇幅惊人的中国科学技术史巨著。

让李约瑟做出这一巨大转向以及在后半生全力研究中国科学史的动力，如果用李约瑟的"官方说法"，应该是希望对"李约瑟问题"做出回答，然而，出版的文思淼所写的李约瑟传记，又给出了另外新的说法，对此，我们后面可以再细谈。但毕竟因为这一转向，以及他后半生兢兢业业的研究，使得中国科学史为更多的西方人所了解，这确实是李约瑟最大的贡献，对此，我们也是应该充分承认的。

我也同意你所说的另一点，即国内从事科学史研究的专业人员中大部分人也许并没有误解李约瑟其人其书，但与此同时，我提的问题，即为什么时至今日，仍有那么多的中国学者，以及在学相关专业的学生们，还是如此痴迷于"李约瑟问题"，也许我们可以好好地讨论一下了。显然，如果对此没有说清楚，无论在学术研究的意义上还是在公众传播的意义上，都无法真正摆正李约瑟的位置。

□ 这个问题确实值得谈一谈，尽管我说这句话的时候，所指也许与许多人心目中的所指并不相同。

我估计你和我一样，与其说关心"李约瑟问题"，不如说是关心"为何中国有那么多人关心'李约瑟问题'"。说实话，我个人对"李约瑟问题"本身确实没有多少兴趣，我也从来没有打算去尝试解答过"李约瑟问题"——既然我认为它是一个伪问题，当然不可能去解答它。尽管我承认"伪问题也可能有启发意义"。

我接触的学术圈子或准学术圈子中，就有好几位人士相当热衷于解答"李约瑟问题"，而且还往往摆开阵仗撰写学术文本来解答。种种解答当然言人人殊，莫衷一是，谁也无法从中"评选"出"最优解答"。我也没有和这些人士就"你为何关心'李约瑟问题'"直接交流沟通过，所以对人们为何关心"李约瑟问题"，只能根据他们所发表的论述，进行猜测、分析和有限的推论。

席文属于对"李约瑟问题"不以为然的人之一，他认为讨论一件历史上没有发生过的事情"为何没有发生"是没有意义的，所以"李约瑟问题"就被他尖刻地比喻为"类似于为什么你的名字没有在今天报纸的第三版出现"，"它属于历史学家所不可能直接回答、因此也不会去研究的无限多问题之一"。

但细究起来，席文的比喻不无问题。如果你只是一个普通人，问为何你的名字没有出现在今天报纸上确实没有意义，但如果你是刚刚当选的领导，或是公众人物，那上述问题就并非毫无意义了。由于李约瑟认定中国古代的科学技术"领先"西方一千多年，因此他问"为何现代科学却没有出现在中国"也就并非毫无意义了。

问题的关键在李约瑟的上述认定。由于"李约瑟问题"——让我们重复一次，是"中国科学技术曾长期领先于西方，为何现代科学却没有出现在中国"——在修辞效果上用后一句话肯定和强调了前一句话，所以让许多中国人感到"倍儿有面子"，很亲切。因此对"李约瑟问题"的任何解答，无论答案是什么,都意味着对该问题中前一句话的肯定和认同。我猜想这或许就是许多中国学者热衷于解答"李约瑟问题"的潜意识动力吧。

■ 确实如此。不仅中国人,像一些印度学者,也是热衷于讨论印度版的"李约瑟问题"的。这里面,显然,民族(尤其是那些有过辉煌历史的民族)的情感是起了很大的作用的。但这也依然是可以理解的。为了一个国家、一个民族的发展,找出现在不发达的问题所在,从而解决当代的科学技术发展在政策、文化等方面的问题,这当然会是很有吸引力的想法。

但在那种可以理解的动机背后,其出发点却可能存在着学理上的问题。而这种辨析,则可以让人们思考更多的东西。

如前所述,我说"李约瑟问题"实际上是一个非常辉格式的问题,即是以西方近现代科学为潜在标准,而这种标准选择的背后又隐藏着一种一元论的科学观的假定,因而,表面上看是要强调中国甚至东方的重要意义,在深层意识中却是一种变形的西方中心论。这样的观念甚至影响到李约瑟本人的中国科学史研究的方式。例如,在他的巨著《中国科学技术史》中,就正是将中国古代"科学技术"的各个分支通过有些牵强的变形而对应于近代西方科学的各学科,这正如西方学者白馥兰(F. Bray)所指出的,这样可以让李约瑟辨识出近代科学与技术的中国祖先或者说先驱,但代价却是使其脱离了它们的文化和历史与境。

李约瑟在今天的意义与局限

　　这种对"发现"和"创新"的强调，是以一种很可能会歪曲对这个时期的技能和知识的更广泛语境的理解的方式。它把注意力从其他一些现在看来似乎是没有出路的、非理性的、不那么有效的或在智力上不那么激动人心的要素中引开，而这些东西在当时却可能是更为重要、传播更广或更有影响力的。

　　如果我们不将欧洲的近代科学作为参照标准，而是以一种非辉格式的立场，更关注非西方科学的本土语境及其意义时，"李约瑟问题"自然也就不再成为一个必然的研究出发点。而且，相应的研究，也会出现关注点的变化。就像法国学者詹嘉玲曾明确地指出那样，"许多研究传统中国科学的西方科学史家批评了李约瑟陈述他的核心问题的方式。他们选择了不同的研究进路，关心对于思维模式的更深入的理解胜于关心补充中国对当今科学知识之贡献的清单。在这一领域中，目前被认为是最为创新的研究，集中于关注在中国的科学传统中发现了什么，而不是缺失了什么"。

　　□　你的看法真的直指要害。事实上，李约瑟自己在如何看待科学这个问题上，似乎尚未得到高度自洽的明确立场，而是隐含着某些逻辑矛盾。

　　比如，按照余英时的归纳，李约瑟是将"现代科学"看成大海的，而一切民族和文化在古代和中古所发展的"科学"（广义的）则是千百条河流，最终都汇入"现代科学"的大海之中——李约瑟自己的措辞是借用中国的说法"百川朝宗于海"。但李约瑟这样一来，岂不就从根本上消解了他自己的"李约瑟问题"？既然是百川入海，中国古代就是百川之一；川本身当然不等于海，海也不可能从某条川中变成，或者也可以说，每一条川都对海的形成做出了贡献（这一点又是李约瑟所强调的）。那么再问"中国这条川为何没有变成海"还有什么意义？

又如，有学者认为，李约瑟虽然在生物化学方面早有成就，但他并未受过科学史学科的专业训练，也未受过科学哲学的专业训练，因此未能将科学加以适当定义是李约瑟的一大困境："由于没有定义，哪一些学门、哪一些分科、哪一些材料应该纳入，哪一些不应该纳入，就没有客观的标准，从事抉择的时候，较难划定统一的范围。在这种情况下……使工程越做越大。"这一问题的后果已经有目共睹。缺乏对科学的适当定义，也很容易使得"李约瑟问题"从另一个角度变成伪问题。而且，李约瑟有时拔高古代中国人的成就，也和不对科学加以适当定义有关。

从《中国科学技术史》的"工程越做越大"，很自然地被引导到关于李约瑟的著作方面。目前已有的中文读物中，相对完整的是李约瑟自己生前让柯林·罗南（Colin A. Ronan）改编的简编五卷本《中华科学文明史》*，由上海交通大学科学史系翻译，已经由上海人民出版社在2002—2003年间出齐。而李约瑟的鸿篇巨制《中国科学技术史》**，英文原版也还在慢慢陆续出版中，中译本自然又要更慢一些，它将是一个漫长的学术工程。还有就是那本由1979年在香港中文大学五次演讲稿集

---

* 《中华科学文明史》，[英]李约瑟著，柯林·罗南改编，上海人民出版社，2001—2003（全5卷）。
** 《中国科学技术史》，[英]李约瑟著，科学出版社·上海古籍出版社。

李约瑟在今天的意义与局限

成的《中国古代科学》*一书。这些是目前了解李约瑟思想和成就的比较权威的中文文本。

至于文思淼这本《李约瑟：揭开中国神秘面纱的人》，倒是并不致力于营造李约瑟的"光辉形象"，反而对李约瑟的许多八卦故事相当热衷。这当然会让中国读者中富于八卦娱乐精神的人兴味盎然，但恐怕也会让思想保守的人士皱眉的。

■ 关于李约瑟的百川归海的比喻，也是基于其一元论的科学观的，因为那个海本身最终是指一种普适的、实际上就是现代西方科学的东西。而在多元科学观看来，也许在科学的世界中并不存在这样一个唯一的海。因而，如果按照李约瑟的科学观来研究古代科学史（不管是中国的还是其他国家或民族的），自然就会带来前面所说的逻辑问题。

最后，我们终于说到了恐怕会颇有争议的文思淼所写的李约瑟传了。确实，这部传记在传统的观点看来，是有些八卦。但八卦也有八卦的意义。比如说，只有通过这种方式，才会让更多的人容易接触到李约瑟这个以其他方式不太容易引起公众和学术非同行兴趣的学者。再有，某种表面上的八卦却又有其严肃的历史研究价值，因为这会带领我们去注意那些非八卦的研究通常不大可能会注意的问题。例如，前面所说的李约瑟中年转向中国科学史并倾其后半生精力进行研究的动力问题，在上海举行的那次与文思淼和中国学者见面的新闻发布会上，我就曾向他提问，而文思淼则明确地回答

---

* 《中国古代科学》，[英]李约瑟著，李彦译，上海书店出版社，2001年1月第1版，定价：16元。

说，他认为这主要的动力并不是真正来自要回答"李约瑟问题"，而是因为李约瑟认识了后来多年作为其情人以及在最后终于成为他的妻子的那位漂亮的中国女子鲁桂珍。其实，这也是一种历史的解释，如果不把它作为唯一的解释的话，也是人们理解李约瑟的一种方式，甚至是更人性的方式。

我们谈到了李约瑟的局限和问题，但这并不排斥我们说他的研究工作和著作的巨大影响与相应的价值，同样地，有一本能让更多的人知道、了解李约瑟的、有些八卦意味的传记出版，也并不会真的有损于其形象，除那种极端保守的人外，一般读者只会因此而拉近与李约瑟的距离。让一个了不起的学者在公众和同行的眼中变得更加有血有肉，这岂不是一件很好的事情吗？

原载《中国图书评论》2009年第8期

李零：当代学者中的异数吗？

□ 江晓原　■ 刘　兵

□ 几年前我在《博览群书》上写过一篇文章，结尾那句话后来在网上流传颇广："我忽然发现《读书》近年变得不好看的原因了！哈哈，那是因为——李零已经不在上面写文章了。"如今《读书》已经换了新主持人，而李零又出版了更多的书。

记得第一次读李零的书，还是20世纪80年代。起先我只是出于好奇买了他的《长沙子弹库战国楚帛书研究》*，这书全部是职业抄手手抄影印的，读后推测这是因为书中涉及的古字实在太多，铅字排版难以应付之故。1988年恰好去美国参加国际天文学联合会（IAU）的年会，会后我跑到纽约的朋友那里待了一些日子，著名的大都会艺术博物馆我去了几次，记得里面藏着长沙子弹库战国楚帛书的原件，就特意去仔细看了，印象特别深刻。没想到不久之后，我的中国古代天学研究居然和李零的这本书发生了关系，我还引用了他书中的论点。这本原先出于我"好古成癖"的好奇心而买着玩的书，也就"不幸"沦为"学术参考资料"矣。

有趣的是，那时我并不知道李零何许人也，《长沙子弹库战国楚帛书研究》后记中也缺乏有关的信息，所以我很长时间

---

* 《长沙子弹库战国楚帛书研究》，李零著，中华书局，1985年7月第1版，定价：3.6元。

都想当然地以为李零是一位老者,甚至将他想象成须发皓然的样子,却不知他那时竟是青年才俊呢。

后来我知道他其实只比我年长7岁,也应该算同一代人。1992年他在中华书局的《文史》上发表的长文《马王堆房中书研究》,让我读后有类似"崔颢题诗在上头"的感觉——因为该文中的许多内容,当时正是我也打算写的,看到李零已经写得这样好,我就此息了念头。

李零让我印象很深的书是他的文集《放虎归山》*。其中有一篇《汉奸发生学》,尤其让我击节叹赏。后来在他的另一本文集《花间一壶酒》**中,又有一篇《一念之差》(吴三桂史料摘录),开首就谈到了当年的那篇《汉奸发生学》引起的一些风波——不算太险恶,不过风波总是风波。《一念之差》文中颇多妙语,比如"谁读了我的文章,因而想当汉奸,或不想当汉奸,我都不负责"之类。此文摘录了明清之际许多关于吴三桂的史料,间或也有一些李零自己的评论,这两篇文章可视为姊妹篇。

■ 和你相比,真是非常的惭愧,也许是由于研究领域的关系(毕竟你的第一专业的研究涉及古代文献,而你的第二专业又与房中术相关,甚至你自小以来对于古典作品的热爱,也都是重要的相关因素)的差别,我对李零作品的了解就实在是太少了。到目前为止,也只读过他的《花间一壶酒》《放虎归

---

* 《放虎归山》,李零著,辽宁教育出版社,1996年8月第1版,定价:9元。
** 《花间一壶酒》,李零著,同心出版社,2005年6月第1版,定价:29.8元。

李零：当代学者中的异数吗？

山》和《丧家狗：我读〈论语〉》*这三本书。不过，在读《放虎归山》中的"当代《封神榜》"这篇原载于《读书》上的文章时，我忽然记起，我是曾读过这篇文章的，而且记忆还挺深，并在几年前我写的某篇东西中，引用过他这篇文章中的一段话。只不过，我以前并没有明确地把这篇文章与李零这个名字联系起来。

尽管有这一个例外，而且，仅就我读过的那三本李零的书中的内容来说也有许多可评可议之处，但整体上讲，我对李零的学术，确实是不了解的。不过我以为，尽管李零本人所期待的生活，是被"放虎归山"，跳出学术研究，去读野书，写随笔，而且他的随笔又写得颇有可读性，但这后者，总应该是和他的学术研究功底，与他的学术眼光（或者说学术品位）有相关性的。那么，在后面我们也许更放开来谈之前，你是不是可以按照你的理解，对李零的学术研究，也就是在他所说的"三古"方面的工作，先简要地做一点总结和评论？然后，我们就可以在这样的基础上，讨论李零的追求，在学术的背景下以非学术的方式去谈我们想谈的问题了。

□ 考古方面的研究应该是李零的本行，但这并非我们两人的本行，所以我觉得我们就不要去"多管闲事"了，对他这方面工作的总结和评论，我看还是让给考古界他的同行们去做算了（我就是做了评论也是一个外行的评论，没有多少公信力，也不会给李零带来光荣）。我更感兴趣的，其实恰恰就

---

* 《丧家狗：我读〈论语〉》，李零著，山西人民出版社，2008年10月第1版，定价：68元。

是你所说的"在学术的背景下以非学术的方式去谈我们想谈的问题"。

为什么李零会进入我们这个专栏的视野？我想首先就是因为，他作为一个做过非常严肃、非常扎实的研究工作，而且现今仍然在学术体制内生存着的学者，却在近年屡次"处于文化界的风口浪尖上"(《新京报》上的说法)。

并不是人人都愿意处于风口浪尖上的。有些学者很害怕这一点，担心一旦处于风口浪尖上，自己的"一世英名"就可能毁于一旦。当然，也有一些学者（或伪学者）倒是非常想尝尝处于风口浪尖的滋味，无奈能量太小水准太低，拼命蹦跶也上不了风口浪尖。而如李零者，有足够的能量和水准，也有足够的勇气和胆量，所以虽然"一不小心"上了风口浪尖，我看他似乎尚能"胜似闲庭信步"。

那么李零自己愿不愿意"处于文化界的风口浪尖上"呢？我的推测是他愿意。

在《花间一壶酒》2005年的自序中，李零说过这样一段话："我很想摆脱学术工作，坐下来读点闲书，唠点闲话，写点闲文——因为学术太累……就像麋鹿久羁苑囿，顿起长林丰草之思。"他甚至还说："我确实是在走向业余，而且是怀着浓厚兴趣和极大的敬意！"

接下来的推理就要有一点跳跃了。在我们中国传统文化中，说了"闲话"，那是要惹来是非的呀；而且，不肯老老实实在学术的"苑囿"里待着，总想到外面"长林丰草"的江湖上去驰骋一把，那就是对遭遇风浪已经有思想准备了吧？更不用说对这样的驰骋还怀着"极大的敬意"了！

李零：当代学者中的异数吗？

■ 好吧，那我就顺着你的思路来谈吧。我想，你之所以首先关注到学者与风口浪尖的问题，恐怕也与你自身的经历和感受有关。就像你前面在说到《汉奸发生学》一文引起的"风波"时，用了"不算太险恶"的说法。那么，这与"文革"时期常说的"风口浪尖"已有了不小的差别。或者，也许我们用"成为一时文化争论的热点话题"这种说法会更确切些。

但要这样讲，就与学者介入公众传播领域相关了。我也正是在这种意义上才说你更关心此事与你自己的经历感受有关。因为标准、规范的学术研究（即使是人文社会科学研究），一般不大可能有影响进入公众传播领域。也正像你讲的，一些想进入这一领域的学者或伪学者，也许更看重的是因此可能带来的"知名度"，却因能力有限（你用的是"能量太小"的说法，那也正是因为能力有限所以能量才小）而无法得到所期望的回报。在不少情况下，恰恰是一些更以"玩"的心态来做这样的事，写那些"不正经"的杂文随笔而不是以 SCI 收录为导向的学术论文的人，反而会在公共领域中产生影响。产生影响的表现方式之一，就是引起争议。实际上，在公众传播领域中，有争议是有利于传播的，有大争议是大有利于传播的，众口一词地被认可，传播的效果就要差不少，而最惨的，则是连人们的注意力都没有吸引起来就无声无息地被遗忘。

从另一方面讲，一些学者的观点之所以会引起争议，而且被人们认为值得去"争"，并不是因为其荒谬，过于荒谬的观点人们通常也不会有争论的兴趣。最大的可能，则是那些学者提出了一些与传统的"缺省配置"不一致而看上去却又不无道理的观点。你说是这样吗？

如果是这样（抱歉我在你尚未回答之前就预先强加于你这

个判断了),那么,在李零的例子里,你认为主要是在哪几方面他带来了与人们的"缺省配置"的冲突呢?

□ 就一般的情况而言,我完全同意你的看法,但对李零来说,情形似乎也不尽然。

李零真正上了"风口浪尖",我的感觉主要是在《丧家狗》出版之后,或者是他发表了《丧家狗》中的基本观点之后。主要是他对孔子的评价。他的评价固然与现今相当"主流"的观点大相径庭,但现今这种"主流"观点,如果从五四的"打倒孔家店"算起,却也很难算是"缺省配置"。正如李零所说:"近百年来,尊孔批孔,互为因果,互为表里,经常翻烙饼。"

不过在概念上稍作一点技术处理之后,你的说法还是可以成立的——在"尊孔"已渐成眼下的"缺省配置"之时,李零出来说道:"有些东西,处于濒危要保护,我赞成;但非要弘扬,直到把孔子的旗帜插遍全世界,我没兴趣。"这确实是一个相当大胆、相当反潮流的立场。难怪此言一出,立马就上了"风口浪尖"啦。

当然,还有非常符合你上述说法的例子。比如李零的那篇《汉奸发生学》,就在汉奸问题上对中国人习以为常的"缺省配置"观念有所挑战。他对吴三桂表示了某种同情:"三桂的悲剧在于,虽然从愿望上讲,他本人想作申包胥,但多尔衮却不是秦穆公。"他相信吴三桂自己也不愿意当汉奸,是被特殊的时势逼出来的——我们常言"时势造英雄",在吴三桂身上就是"时势造汉奸"。这样的看法,当然是许多思想保守的人,对此问题未曾深思的人,以及那些"愤青"情怀浓烈,不屑心平气和知人论世只爱占据道德高度口诛笔伐的人,都不愿意接

李零：当代学者中的异数吗？

受的。

■ 这就联系到了另一个我本来就想谈到的话题。近些年，像《论语》这样的传统文化书籍变得很热。这里面，既有大众普及型畅销读物的作者的功劳，也有像李零所说的将传统文化作为一种意识形态的作用，许多大学纷纷成立"国学研究院"就可见一斑。而李零也在北大开读《论语》的课，以更为学术化的方式（又与标准的学术化方式稍有不同，至少在其字里行间体现出来的语言风格上是如此）讲授《论语》。

我这里想提的第一个问题是：如果将于丹和李零讲《论语》的书相比，你会怎么评论？非常抱歉的是，许多人听到这种比较可能就会愤怒（但不知李零本人会不会），但确实就社会影响来说，于丹的书是比李零的要大。那么，这是否意味着，在传统文化上，学术式的阐说与公众可接受的讲解发挥确实有着很大的鸿沟呢？这样的鸿沟是否可以通过某种或某些种类型的努力而被弥合呢？

其次，我读李零的书的另一个感想，是觉得他在骨子里并不追求时尚（比如说，在他的文章中几乎见不到那么多西化而且前卫的新理论——不过一个例外是他虽然不以术语但却在基础观念上表现出与女性主义的诸多观点的契合之处），又不简单地附和缺省配置的说法，而是以有些另类不俗（形式上倒有些大俗大雅的感觉）但却相对朴素的方式，给出自己的新解读。而这样的论述风格，在当下的学者中确实是不多见的，也形成了他的一个特色。也许他的文章相对来说（不是就大众传播来说）为人喜读，这也是一个重要因素吧。

科学的幻想与历史建构

□ 于丹的书我没看过,也不打算看。我向来有一个毛病——凡是那些炒得满世界都在说的超级畅销书我从来不看。这是一种逆反心理。如果李零也在《百家讲坛》天天开讲孔子,《丧家狗》也印了几百万册,那我也要敬谢不敏了。

这个毛病本身就可以回答你的问题,我认为,"学术式的阐说与公众可接受的讲解发挥确实有着很大的鸿沟",而且,我们根本不应该去弥合这种鸿沟。这种鸿沟是宝贵的,它至少能够在某种程度上限制"学术庸俗化"的趋势。

那么"如果将于丹和李零讲《论语》的书相比",我会怎么评论?

你记得我在吃饭问题上的怪癖吧——到了异地,总是找自己熟悉的食物吃,而对于尝试陌生的食物没有兴趣。李零的《丧家狗》就是我熟悉的食物,有了它我就用不着再去考虑于丹的书了——毕竟我又没有义务去评判李、于二人的水准高下或作品优劣。

我既然不读于丹的书,当然也就无法将她的书与李零的《丧家狗》做比较。不过我至少可以指出一个事实:媒体上有人从于丹的书中找出了许多硬伤,但至少我没有看见他们找出《丧家狗》的什么硬伤。

当然,这可以引导到另一个问题:对于《论语》这样的经典,"公众可接受的讲解发挥"是不是可以容忍硬伤?也许有人会认为"可以容忍",但我在这个问题上还是比较保守,我觉得无论如何,有硬伤——其实我们也无法不容忍,那些硬伤已经存在了——总不如没硬伤好吧?

■ 在这个问题上,我持相对宽容一些的态度,但同时又

李零：当代学者中的异数吗？

有一种相对激进的观点。

也许我们可以这样说，李零眼中书中的《论语》，是李零的《论语》，而于丹口中笔下的《论语》，又是于丹的《论语》。就像李零也不完全同意其他学者对《论语》的解说一样。当然，如果模仿李零的说法，用"《论语》解读发生学"的立场来看，各种解读似乎也都有其产生的环境，而且满足了不同的需求。在这里，《论语》只是论说者的一个话题而已，在说这个话题时，作者都是在投射和演绎着自己的观念，只是演绎的规范不同。

这样就有了另一个问题：即是否有一本"真正的""真《论语》"和一个"真正的""真孔子"呢（这还是李零的语式）？要回答这个问题，就又回到关于文本及其意义的哲学讨论了。激进一些讲，至少从原则上，后人现在是无法得知孔子本人的意见了，甚至就算孔子本人说过什么，那也不一定算数，对之还可以有别的解释。如果这样看的话，那么，学者自然可以坚持学者的解读规范，非学者（在专业身份上或有别于学者规范的意义上）也可以按他们的方式去解读，受众就更是多样了。但规范也有差异，同一规范下解读的结果也有差异，否则到某一本书，学者的工作也就终止了。

对此的进一步争辩，还可以用什么向"绝对真理"逼近之类的说法，但那种永不可及的"绝对真理"，至少对我来说，是没有什么吸引力的。

以这种方式，我们就可以（而且按你的说法就是"也无法不容忍"）更坦然地面对不同的、多元的各种解读版本了。只要选择和坚持（或不坚持而转变也无妨）一个你喜欢（出于各种可能的原因）的规范，你也就有了你的《论语》。

科学的幻想与历史建构

□ 站在多元的角度来说,你的这个看法我自然赞成。

从《去圣乃得真孔子:〈论语〉纵横读》*这样的书名来看,李零是相信历史上有一个"真孔子"的,而且相信他可以正确理解或"得到"这个"真孔子"。我不难预料,对于久经后现代思潮洗礼的你来说,李零的这两条信念,你最多只能赞成前一条。因为事实上,"真孔子"即使曾经存在,我们今天也肯定无法"得到"他。于丹的孔子和李零的孔子,乃至所有人的孔子,都是建构出来的。我们唯一能够比较的,是看谁建构的孔子相对来说更为合理,这就包括看谁从历史文献中得到的证据更多、谁在解读历史文献时出现的硬伤更少。

所以无论有没有"真孔子",无论我们能不能得到"真孔子",都不能成为替硬伤辩护的理由,有没有硬伤毕竟还是有点高下之分吧。别人未能在李零的文章或书里找出硬伤,当然说明李零的学术功底比较扎实;并可以进而推断,他建构的孔子更为合理。

不过说实在的,在李零的思想和文风之间,我更喜欢的是李零的文风。

杂志《新周刊》每年编一册当年的《语录》,在《2008语录》中,李零入选这样一条,"孔子不是软实力,老子不是软实力,传统文化不能救中国"。

我其实并不十分赞成李零的上述说法,但是我却喜欢这条语录。我喜欢它什么呢?我想我是喜欢它的表达方式——简洁明快,直截了当。这就要引导对李零文风的评价了。我非常喜

---

* 《去圣乃得真孔子:〈论语〉纵横读》,生活·读书·新知三联书店,2008年3月第1版,定价:29元。

李零：当代学者中的异数吗？

欢李零的文风，尽管我自己并不使用这种文风来写作。有一位优秀的美女编辑曾对我说，她感到李零的文章有"痞气"，这个表达也可能并无贬义，甚至还可能暗含欣赏之意呢。"痞"者，不甚典雅之谓乎？通常我们习惯认为知识分子说话行文应以典雅为好，然而李零说过"我崇拜知识，不崇拜知识分子"，他也许不屑于像通常的知识分子那样说话行文。这和他对于"学术苑囿"日益厌倦，常有"长林丰草之思"，希望早日"放虎归山"，倒是一脉相承的。

■ 看来，你也没能完全避免后现代的影响。不过，从论证的逻辑上来说，这种"去真"的说法真是很难反驳的，除非要诉诸信念——但那就已经无须也无法对之进行逻辑论证了。

关于"硬伤"，我姑且同意你的观念，但也还可以做点有限的辩护，当然，这并不仅限于《论语》和孔子的问题。从原则上讲，所谓硬伤，同样是在某种规范中才被认可存在的。比如，相比李零，人们说于丹对历史文献的解读中有硬伤，这当然是就传统中被一致认可的学术规范而言。于丹的解读，可以有其自己的意义，但问题是，在现实中她的解读又无法完全独立于传统学术对于历史文献的理解。这是一个更基本层次的问题。在此层次之上，是更个人化的理解，在这个层次上，李零同样试图给出与传统（或者说当下流行的观点）有所不同的说法。而且，他给出的说法，也是颇有新意的。他对传统古典文献阅读理解的学术训练和对学术规范的把握，也使得他的新解读，更容易得到学者们的接受。正是李零和于丹的学术背景、学术训练、学术规范的不同，以及相应的解读方式和传播目的的不同，导致了他们的著作在社会上的影响不同，以及其主要受众的差别。

关于李零的文风,我完全同意你说的那位美女编辑的说法,实际上,我也很喜欢这种带些"痞气"但却有力而简洁的文风。也许某些比较传统的学者对此会有不同感觉和意见,但那也没有关系,至少有一部分人能够欣赏,也就足矣。

总之,如前所讨论的,虽然在最后一点最基本的、带有本体意味的"真孔子"这样的问题上,李零还有些传统,但在其他方面,从行文,到思想,李零足以成为当代学者中的一个"异数"。而他在学者圈中受到的欢迎和产生的影响,更说明目前学者中像他这样的异数还是太稀有了。

原载《中国图书评论》2009 年第 4 期

高才自古多沦落

——戈革教授其人其事其书（上）

□ 江晓原　■ 刘　兵

□ 说起来，你我二人都可以算戈革教授晚年仅有的几个朋友了。当然我们都是他的晚辈，你对他是执弟子礼的；我虽被他视为忘年之交，但也一直对他执晚辈之礼。自从我认识戈革教授之后，多年以来我一直认为，他是我们这个时代少见的才子，而且是一个相当不得意的才子。

我原先打算安排我的博士生吴慧小姐给戈革教授做一个系统的访谈，为这位奇特的人物留下一份口述史料，而且我已经和双方都谈过，戈革教授和吴慧小姐都很乐意。谁知我犯了一个不可原谅的错误——我想将这份口述史料的出版先落实好，然后一气呵成，结果就拖延了访谈的实施，而等到出版终于已经不再有任何障碍的时候，戈革教授却已驾鹤西游，邃归道山了！每当想到此事，我心里总是很难过。

现在，只好让我们姑且以回忆的方式，谈谈戈革教授，希望能弥补此事于万一！

或许有读者会产生疑问：这位戈革教授何许人也？他真的值得你们这样郑重其事地来谈论吗？那我可以先举出几点，来证明我们这样对待他是有道理的。

一、他是中国研究尼耳斯·玻尔（Niels Bohr，可与爱因斯坦比肩的伟大物理学家）的最高权威，他的这方面工作在国际上也得到高度承认。他翻译了十多卷的《玻尔集》。

二、他因为对玻尔的杰出研究，而被丹麦女王封为骑士，女王向他颁授了"丹麦国旗骑士勋章"。

三、他曾是当年张伯驹主持的诗社的成员，年轻时和周汝昌（如今的红学大家）等人是频繁唱和的诗友。

四、他的篆刻达到非常高的造诣和成就，钱锺书、李约瑟、于光远等人，都拥有并使用戈革教授为他们治的印。

■ 真的是很高兴能有这样一个机会，以这种对谈的方式来回忆戈革老先生。

不过，我先要做一点小小的说明。确实，正如你说，我对戈先生是执弟子礼的，或者用戈革先生的说法，因为他曾参加过我的研究生论文答辩，按照以前科举时代的说法，可算作是我的"房师"。从我念研究生开始接触老先生，到在做论文时向他讨教，到他作为我研究生论文的评审人和答辩委员会成员，再到研究生毕业后在工作期间与他的各种交流，在相当长的时间中，我与他的关系也算得上是比较特殊了。

例如，在多年前，他为拙作《著名超导物理学家列传》（其实此书书名中"列传"二字也是出自他的建议）所写的序，是我所知唯一他给别人的书所写的序。在与戈老先生的交往中，我也确实获益良多。只是后来因一些特殊的事情，一直没有再见到他。也正因为这样，我觉得我们现在能以这种对谈的方式来纪念、悼念戈革先生，确实是我所愿之事。

你说到你曾想让你的学生对戈先生做一系统访谈而未果。不过你可能不知道，我也曾动过此念，想以访谈记录的方式做一戈先生的自传。这一工作在1995年甚至都已启动，戈革先

高才自古多沦落

生当时还很认真，从自序和"中国人的姓名"开谈，但甚为遗憾的是，只开了一个头，这项工作也没最后完成，最终只留下了两万多字刚刚讲到他的童年的记录稿。现在我刚把它重新找了出来。

因为戈革先生似乎没有留下什么系统的传记材料，我想，如果从这幸运地留下的只谈了一个开头的两万多字的材料中，摘录出一小部分相关材料放在我们这个对谈里，也算是对戈革先生生平的一些早期材料的披露，你以为如何？

□ 这真是太好了。因为在我和戈革教授的交往中，对他的童年生活谈得很少。

现在我们已经有几方面的材料来源了：一、你说的访谈记录。二、我最近偶尔在网上发现了另一则对戈革教授的访谈，倒是从童年谈到老年的，但只有五千多字，涉及的问题不多。三、当年戈革教授授权我在我们的"科学·历史·文化"网站上发表他的旧体诗词，这些诗词从侧面反映了戈革教授的情感生活和精神世界，我还曾根据这些诗词写作的年份，做了某些考证乃至"索隐"。四、我们两人与戈革教授直接交往中所了解到的情况。

我想，我们能不能试着根据这些材料，先设法将戈革教授的生平大致勾勒出来，然后再重点讨论一些有重要意义或有趣的问题？

■ 好。在戈革先生的那份自传记录中，他先从"中国人的姓名"问题展开长篇大论作为铺垫（这也是他写作的某种习惯），然后，便开始追溯"戈氏家族"的历史渊源。他提道：

科学的幻想与历史建构

"几年以前我竟辗转得到了三册（计九卷）《戈氏族谱》，上面有先父的姓名及表字小印，并有先兄的亲笔改订。就是说，这本是我家的藏书，由别人代为保存了下来。这样的几本谱书，躲过了许多次的灭绝之灾，在今天也可算不可多得的珍本了！"由此看来，他对本家族源流的考证还是很有文献依据的。

简单说来，"其祖上本来住在云南，后来搬到洛阳，后来又搬到浙江，而'近日'则已散布到江浙各地，包括'吴江之垂虹桥'。后来，苏州戈家有人迁到了北京，不久又迁到了河间献县一带；而浙江戈家有人辗转迁到了河北景州（今景县）。于是就形成了献县和景州的两个支派。大体说来，后世北方姓戈的人，除个别人外，都分属于这两个支派"。

戈革，则属于献县戈氏。

在"我的童年"这一部分，戈革先生回忆说：

"我于旧历辛酉年腊月廿五日（1922年1月22日）辰时，生于河北省献县前南宫村。其时祖父已逝，家中还有继祖母王氏、伯父和伯母周氏，伯父家的两个姐姐（后皆夭逝）和一个哥哥戈本宗、我的父母、我的大哥戈本捷（字足先）和我的姐姐戈玉清。三年以后，我妹妹戈玉环出生。我大哥乳名'福全'，姐姐乳名'雪'，妹妹乳名即为'环'。我乳名'福聚'，学名原为戈本荣，后改为戈繁荣，字跃先。

"我自幼反应迟钝，性情内向，婴幼时期身体较胖，两三岁时还走不稳路，后又因害痧眼，爱看小说，很快就成了近视眼。因此有些邻人认为我活不了几岁。等我长大以后，他们才把自己的推测告诉了我母亲。

"因为性情迟钝，我自幼得不到父母和其他长辈的喜爱。我有一位远房的叔祖父，他有些学问，交友较广，性情豪爽，

高才自古多沦落

见识高超。他对我大哥的评价是'此吾家千里驹也',而对我的评价是'将来当一辈子教书匠'。我很尊重和爱戴这位老人,但是听了他对我的评价也曾暗中颇感不平,认为自己将来不一定就那么没有出息。谁知事有凑巧,至少是在我身上,竟被他'不幸而言中'!

"我于七岁时入小学。那时的乡村小学还带有很大的旧式私塾性质,老师可以申斥和体罚学生(用戒尺打手心)……我们的家庭在村中被称为'财主',而我学习又很顺利,且十分老实(本来就不好动),因此我在小学时期从来不曾受过老师的申斥和责打。我们的课程已经不是《三字经》《百家姓》之类,而是采取了'洋学堂'的《国文》《算术》《修身》等书。第一册《国文》的前几课,每课只有一个字,即人、手、足、刀、尺、山、水、田、狗、牛、羊,等等。

"当时我们学习的方法全靠朗读。老师教了一课书,学生们就开始大声朗读,一读就是几小时,目标是要能够'背诵'。读了几小时还不能背诵,往往就要挨打。偏偏我从小不爱作声,因此特别讨厌那种朗读的方式,我只愿坐在书本面前发呆和胡思乱想。但是我永远能够顺利背诵,故老师也不管我。刚开始学《修身》时,第一课竟有八个字之多,即'夜间早眠,日间早起',这被认为是很'难'的。老师看我坐在那里发呆,就走过来问我认不认得那几个字,我说认得,他一个一个地指着,我都正确地读了出来。于是他大为惊讶,认为我很有'天才'。

"我们从一开始就有'习字'课,起初由老师写几个标准字,而学生们用薄纸铺在上面一笔一笔地描画。等有了一点点经验,就可以开始写小楷(也用相同的办法)。到了高年级,才能'临帖'。我一开始'习字',便被老师和别的长辈们判了'死刑',因为我写的那几个字实在太不像字。他们说,这孩子'手艺'(即写字的天分)太坏,一辈子别想写得好字!这种评价一直持续了很多年。但是我因中了旧小说之毒,一生'附庸风雅',从心里喜欢琴棋书画之类('琴'除外,我毫无'音乐细胞'),一直喜欢写写画画,并收买一些碑帖书画。现在我写的毛笔字仍很难看,但其水平早已远远超过了所有当年判过我'死刑'的人了。"

□ 在传统文人的所谓"琴棋书画"中,琴、棋两道我很少听他谈起,只知道他也下下围棋,看来他对这两道确实不擅长。但是在书、画两道上,则已达相当深的造诣和高水准。

不知你有没有注意到,他晚年书房墙上就挂着一幅他自己画的画,画面寄托遥深,题画诗中有"平生一事太遗憾,不信刘郎胜阮郎"之句,暗示此画与他的情感生活有关。

至于他的书法,他晚年有自己手抄诗集《拜鞠庐吟草》一册,是先将一张 A4 纸对折,然后画上左右各九行的乌丝栏,对折处还描有燕尾——完全描成旧时线装书的样子,再将这张 A4 纸复印数百份,接着就在这些纸上手自抄录历年诗词旧稿。事毕,再复印了十几份,赠送知音好友。我这一份前有题记云:"晓原博士得余吟草,有嗜痂之赏,谓将什袭而珍藏之。虽称许过当,亦令老夫有加倍知己之感也。杜工部怀青莲句云:世人皆欲杀,吾意独怜才,我非谪仙人,何足以当此乎!呵呵!辛未白露玄天之行前二日古稀叟戈革记于蓟门烟树之北。"意态飞扬,极见个性。他的书法虽然不能算非常漂亮,但显然是很有根底的。

高才自古多沦落

说到戈革教授晚年的书房，很长一段时间里我是这间书房的常客，估计你也是不时会去的，但是我们两人好像从未同时出现在这间书房过。

■ 戈革先生后来在书与画（当然还要包括篆刻）方面，确实有令人印象深刻的表现。从他的自述中，我们应该是可以看出其童年时所受教育的影响了，说实在的，虽然他自谦地说自己的毛笔字后来还"很难看"，但我们现在的教育，恐怕就完全不可能再有这样的基础训练了。

好，再继续摘一点戈革先生对其生平早期的回忆。

"我在初级小学读了四年，应该毕业了。但是我们村中没有'高小'。父母认为我年岁太小，而且性情太笨，不宜自己出门，因此让我继续在本村小学中多读了一年。然后就送我到二十多里以外一个叫'沙洼'的镇上去读高小。那地方在'子牙河'畔，我平生第一次见到了一条河。在那里，生活条件是十分艰苦的。一日三餐都是粗粮，夜间大家一起睡在土炕上。

"第一次离开家，独自一人生活，我觉得十分孤独和痛苦，每天都盼望快快放假。每到寒暑假，我父亲都来接我。我因不受喜爱，从来就很怕我父亲。但是每当放假他来接我时，我却心中觉得和他十分亲近。这种感情我不敢也不好意思表现出来，只能把自己的学习成绩报告给他。那时我的成绩是很好的，在班上不是第一名就是第二名。

"当时高级小学的学制是两年。我高小毕业时我父亲已经得了重病，当时只说是'痢疾'，多方医治无效，过了几个月他就逝世了，年仅42岁。现在想来，他的病恐怕是肠癌！

科学的幻想与历史建构

"1936年夏天,我父亲逝世半年以后,我被送到沧县的'河北省立第二中学'去读书。在那里,我开始受到'级任'老师的歧视,原因是我不会卑躬屈膝地向他献媚。他多次借故在班上申斥我,有一次且对我'罚站'。另一方面,当时中国的教师们,多数还有些道德观念和为人师表的责任感。他虽然十分不喜欢我,但仍对我表现了一定的关心。当时我患疹眼很严重,他主动地多次带我到医院去治疗,并且向我家中提出,我的眼病必须认真对待。在他的催促下,我大哥和他的几个同学进行了联系。当1937年暑假开始时,他的一位家在沧县的同学就把我送到了北平,到他们的一位医生朋友自开的专科医院中治病。

"父亲最得意的事是培养我大哥上大学。我们平常过日子,钱也舍不得花。但是父亲却从每年的家用中提出很大的一部分来供我大哥从中学一直读到大学(天津,国立北洋大学机械系)毕业。他并不讳言这是他的一种'投资'。每当别人恭维他有魄力供儿子上大学时,他就会说:'现在本钱是下上了,且看将来的结果吧!'可怜的父亲呐,当我大哥即将毕业时,他却离开了我们。

"我父亲去世以前,当战乱还未全面开始时,就给我定了亲。战乱来时,家有大姑娘可真是最为提心吊胆之事,因此我岳父那边当然希望我尽早结婚。但是按照当时的礼教,我丧父的孝期未满,而且年岁也太小,所以婚礼不能举行。后来在那种恐怖而席不暇暖的日子中过了将近两年,实在拖不下去了,我终于在1939年5月结了婚,当时我和妻子都只有17岁。

"婚后一年多,家乡实在待不下去了,我终于冒了极大的

高才自古多沦落

危险,开始了'流亡'的生活。从那时起,我就基本上脱离了有我童年影迹的故乡,后来只短期地回去过很少几次。"

非常令人遗憾的是,在讲到他父亲的去世和他离开家乡之后,这个自述就没有再继续下去。不过,从这些片断的摘录中,我们还是可以看到戈革先生早年生活的若干重要信息,这对于理解戈革先生后来生活的轨迹,显然是重要的背景。

□ 非常巧,我所知道的戈革教授的情况,恰好可以从此处衔接下去。

在流亡中他到过河南,后来辗转到了甘肃酒泉去上中学(因其兄在玉门油矿工作)。1945年他考上了西南联大,1946年,抗战胜利后西南联大重新分成原来三个大学,他选择了北大,而当时整个物理班五十多人,除了他和另一同学,其余人都选择了清华。他这样选择是因为当时北大没有体育课——他讨厌体育。他后来谈起此事时,又开玩笑地提到当时一个顺口溜,"北大老,师大穷,清华燕京可通融"——据说是当时年轻女子选择对象的标准。

1949年他大学毕业,当时解放军已经包围了北平城。新中国建立之后,他进了清华研究所念研究生。那时工作由国家分配,他被分配到山东工学院,他学的是理论物理,在工学院没有用武之地,只能教教普通物理。后来他回到北京,一再要求去综合性大学,始终未能如愿,最终在1953年他去了新成立的北京石油学院——仍然是工科院校,一直在那里工作到退休。他退休时的单位名称是"中国石油大学研究生院(北京)"。

据我所知,20世纪80年代,戈革教授有一个可能的机会,可以调入中国科学院自然科学史研究所工作，如果这样，他晚年翻译《玻尔集》等工作，肯定会获得更多的支持。不知为何，此事后来没有下文。

■ 说到这里，戈革先生的生平大致已有一个粗略的轮廓了。我们似乎也可以在此背景下来谈谈其他的方面。

人们常说，性格即命运。从戈革先生早年的经历，我们似乎可以看到他的性格之形成的一部分因素。至少在我接触他的这些年中，我发现，其实，他与很多人相处得都不是很好，他也非常清高地看不起许多人（尤其是许多学者），在与出版界打交道时，这更表现得很突出，也导致了他的著作在出版上遇到相当大的困难。当然，戈革先生是有资本清高的，但毕竟这种不入世、不从俗的为人方式，是其一大特点，甚至在一些情形下，有可能表现出一些略显扭曲的形式。我们在理解戈革先生时，恐怕不能不考虑到这一点吧。你说呢？

原载《中国图书评论》2008年第4期

高才自古多沦落
——戈革教授其人其事其书（下）

□ 江晓原 ■ 刘 兵

■ 你从戈革教授联想到束星北，真是相当有道理。其实从戈革教授留下的诗词中，我们也很容易印证你的判断。与束星北相比，我觉得戈革教授可能更清高一些，束星北也没有戈革教授那许多锦心绣口的文学才情，以及篆刻、书法等方面的造诣。

戈革教授之治学，也只能在时代的"初始条件"和"边界条件"约束之下进行。他是学理论物理出身，但因为工作单位的硬性分配，使得他未能如愿接近理论物理的前沿。据他自述，后来他开始翻译玻尔的著作，"慢慢地我就走上了科学史翻译与研究的道路"。

《玻尔集》中译本的翻译和出版，也是好事多磨。从20世纪70年代开始翻译，已经出版了10卷，第11卷已经译完，第12卷的原版他在2006年拿到，也已经译完。《玻尔集》最初两卷由商务印书馆出版，后来改为在科学出版社出版。如果不是戈革教授自己从丹麦为《玻尔集》中译本的出版找来了资助，如此卷帙浩繁的学术著作要在国内出版，恐怕是难以想象的——在当时的中国，毕竟只有很少的人知道玻尔，同意玻尔学说具有伟大意义的人就更少了。这个巨大的学术工程，总算在戈革教授生前得以完成。据说他临终前曾表示：《玻尔集》

已经译完，此生已无遗憾。闻之令人感动。

■ 这里你已经开始说到戈革先生令人惊叹的科学史翻译工作了。我想，就翻译的数量来说，也许国内科学史界再无一人可与之相比了吧。《玻尔集》，我倒是也非常幸运地得到了前十卷。仅此一项，就足以奠定戈革先生在科学史领域中翻译的经典地位了。更何况，这是以他一人之力完成。当然，其中经历的辛酸，也是旁人所难以想象的。在这10卷中，辗转由三个出版社相继出版，而且，每卷还都要由戈革先生自己找来出版赞助。即使是这样，到最后出版社也不肯再继续出了。

而且，如此艰难出版的那些卷，印数也相当之少。生前，戈革先生曾对我抱怨此事，说，起码每所有物理系的大学，总该会买一套《玻尔集》吧，再加上各图书馆，也绝不应只印这么少。然而，现实总是与最起码、最正常的预期不一致。如果真能做个统计调查，我想，在国内有物理系（还不用说那些只有物理教研室之类的）学校，能有一套《玻尔集》的，恐怕确实是屈指可数的。

当然，说到这里，还会再引出一个问题？从理论上讲，任何一个以物理研究和物理教育为业的物理系，当然需要对这个领域中20世纪最重要的物理学家之一玻尔的著作集有收藏，但为什么不呢？除去经费、信息、销售渠道等因素的制约，我想，一个重要的原因，还是对于物理学这样的科学学科在知识之积累和发展的理解上的问题。你想，这种经典文献性的东西，固然与物理有关，但这种关系更是在一种历史的、人文的意义上的关系，只关注最前沿，只关注SCI之类的人，显然是不会对于像玻尔这样已经成为历史的人的著作有多大兴趣了。

高才自古多沦落

但这样的后果之一,则是哪怕在物理学本身的范围和意义上,也会变得"有知识、没文化"了。

说到个人的例子,我在先后受赠10卷《玻尔集》后,倒确实曾因此而有某种直接的收获。正是在其中,我注意到了玻尔与超导研究的关系(在通常谈论超导和超导史的文献中,少有谈及此事的),也因此,在十多年前,沿此线索(而且不仅仅是线索,《玻尔集》本身就已经提供了许多重要信息),完成了《玻尔与超导物理学》一文,该文在《自然科学史研究》上发表之后,还曾获得了"大象科学史论文奖"。为此,我也应感谢戈革先生的这套辉煌译作呢!

□ 戈革教授在对玻尔学说的译介和研究方面,确实做出了罕见的努力和成就,要不丹麦女王也不会向他授勋并封他为骑士了。记得当年在授勋仪式(在北京举行)之后不久,在一个多云的午后,在他住宅的书房里,他和我谈起此事,他说:"国内科学史界有些人一直排斥我,这次授勋应该可以稍微洗雪一下我的耻辱了吧?"我说:"不,那些排斥你的人才有耻辱。"当时午后淡淡的斜阳正照进书房中,他说这些话时的音容笑貌,仿佛就是昨天的事。

除了《玻尔集》,戈革教授还翻译了许多书籍,大都与物理学有关。我自从多年前在北京念中国科学院的研究生时,开始和他成为忘年之交,他有新书出版都会送给我,记得有一天我对他说,我要收全他出版的所有书籍,结果他马上从书架上抽出好几种尘封的旧书,问我见过没,我都没有见过,那都是他好多年前出版的译著。于是他颇为得意地说:"你看,你还 far from '收全'呢!"

科学的幻想与历史建构

戈革教授除译著外,属于"原创"的著作出版得不算很多,这里先说如下几种:《玻尔》,台湾东大图书公司 1992 年出版,是"世界哲学家丛书"中的一种。《学人逸话》和《玻尔和原子》,都是江苏教育出版社 1999 年出版的。这三种都带有普及色彩。但是他最重要的原创著述,我认为应该是他的《史情室文帚》,此书有中国工人出版社的简体字版(1999)和天马图书有限公司的繁体字版(2001)。还有一本《渣轩小辑》,湖南教育出版社 2007 年出版。后面两种书中,有许多非常好玩的文章。

当然,2008 年时,他还有至少三种重要著作,尚待出版:《金人谱》(为金庸 15 部武侠小说中的人物制作的印谱,凡 1200 余人,1600 余印)、《挑灯看剑话金庸》(对金庸武侠小说的评论集)、《拜鞠庐吟草》(他的旧体诗词集)。

■ 说到这里,我们已经开始涉及戈革先生的翻译和科学史研究工作了。但作为一位真正意义上的才子,他可以为之自豪的领域,却显然不仅限于这两项。

熊伟也是出身于科学史而与戈革有密切交往的不多年轻人之一,尽管他现在身在国外,已经不专业从事科学史工作了。他曾在北京大学科技哲学论坛上发了一个回忆、纪念戈革的帖子,很长,写得很不错。其中他谈到,他对戈革的活动领域有如下排序:

文章,篆刻,诗,翻译,玻尔研究,科学史研究,教育,书法,绘画。

高才自古多沦落

当然,后来又有人对此排序有所争议,但无论如何,至少这表明了戈革的多才多艺。不知你对这个排序有何见地?或者说,按照你的理解,还应如何调整次序和增加什么内容?比如,我就想到,在这个排序中,就没有体现出他对武侠小说(尤其是金庸小说)的热爱以及研究;又如在教育方面,也是应包括物理教育和科学史教育两大方面。我曾当面听戈革说,在科学史之外,他应该有资格带武侠和篆刻方向的研究生,这也表明了他自己在其学术理解意义上对自己的某种评价吧。

对谈到现在,按照戈革本人擅长的领域来说,还有更多没有提及的内容。在这当中,如果按照其本业,也即科学史的学术价值来看,当然应该重点谈其科学史工作(包括翻译、研究和普及性著述),但在此之前,也许我们更应谈谈他那些"不务正业"的爱好,像诗词、篆刻等。在这些方面,你应该是更有发言权的。

□ 熊伟的长文我看了,他的上述排序,我基本是赞成的,可惜我们不能起戈革教授于地下而问之,不知他本人对这样的排序有何意见。不过这个排序,倒是颇有林琴南标榜自己桐城派古文第一、聂卫平标榜自己桥牌更好的风格。

说到戈革教授的旧体诗词,那是值得大书一笔的。现在有些号称喜欢做"旧体诗词"的名人,连对仗、韵部都搞不清楚,更别说平仄和入声字了,他们随便凑上四句七个字的,就说是"七绝";凑上八句七个字的,就说是"七律",也不怕别人笑话。倒还是民间有些真正的旧体诗词爱好者,能做些像样的。

但戈革教授就不同了,他在旧体诗词方面,可以说是惊才绝艳！既有相当大的天分才情，又有足够多的训练，总体达到了极高水准。放眼当代中国大陆，我是没看见能比得上他的人——当然我孤陋寡闻，不敢保证没有比他更高的作者，或许深隐不出，也不作诗示人。不过如果诗人这样隐居，那也就不必计入"当代诗坛"了。

戈革教授的旧体诗词，既能缠绵悱恻，风流旖旎，也能游戏笔墨，打油玩笑。前者如《鹊踏枝·和冯十四首》之十：

> 记得碧桃花下宴
> 舞凤歌鸾
> 绰约人初见
> 悄送横波回粉面
> 分明咫尺天涯远
>
> 羞展蛮笺重写怨
> 絮果兰因
> 欲说情还懒
> 夜夜玉壶红泪满
> 十年一别音书断

后者如《登异香楼四首》之二：

> 小坐时沾荀令香
> 解衣盘礴貌堂堂
> 一行作吏难开缺
> 三载窥臣漫穴墙

高才自古多沦落

照影飞蝇临镜鑑
落汤馋蚋品旗枪
寿山石好高天下
最数田坑橘子黄

  他诗词中的《鹊踏枝·和冯十四首》,代表了他在言情诗方面的最高成就,是他步南唐冯延巳原韵而作,不仅"置之古人集中几可乱真",在我看来犹有过之——有些篇章比冯作更佳。况且冯作十四首相互之间并无联系,而戈作十四首则一气而成,隐隐构成一个美丽哀怨的浪漫爱情故事。有一次我们闲谈时,我曾就此向他求证,但他笑而不答,只是说,"诗本在可解不可解之间"。

  因为我经常由衷称赞他的《鹊踏枝·和冯十四首》,有一次他童心又起,一天忽然给我寄来他新作的仿温庭筠风格的《菩萨蛮》八首,看得出也是精心结撰的风流旖旎之作。下次我们相见时,他问我,你看这八首与"和冯十四首"相比如何?我说你要听真话还是听假话?他说当然要听真话啦,我就对他说,我觉得这八首不如"和冯十四首"。他听后沉吟了一下,说:"我自己也觉得不如。毕竟我老了,不行了。"我安慰他说:"作诗也要讲究心境,不可强求的呢。"他深然之。

■ 说实在的,对于古体诗,我真是不怎么懂,因而,也无从在此多做评价。印象中,好像在我们周围的人中,对于他的一首名为《君子兰歌》的作品,多有提及和好评。而你所说的,放眼当代中国大陆,你没看见能比得上他的人,这应该已经是极高极高的评价了。往高了评价不好谈,往低了评价一些

科学的幻想与历史建构

人也许反而容易一些，我倒是经常看到一些当代学者，会附庸风雅地诌上几句"古诗"并为之洋洋得意，不过那却往往只不过是"打油"级别而已。古诗与古词的平仄之说，我倒是看过一些书，似乎懂得些，但我见那些不入流的学者所诌的"诗句"，却经常是对此完全不顾，与其那样，还不如干脆写白话诗算了（其实，这并非说白话诗就好写，那样的学者，就算是写白话诗，恐怕也不过是所谓"梨花体"而已）。可是，关于诗之韵，我只懂北方语系在曲艺意义上的"十三道大辙"（这与早年我学写曲艺段子的经历有关），而对那种包括古音考虑在内的韵，就一窍不通了。

说了不少戈革先生的诗和词，现在我们还是得回过头来谈谈戈革先生的主业了吧。这里说的主业，当然是指他的科学史工作。说他的科学史工作，我的排序是：翻译、研究性著述、普及性著述。其中，在最后一类中，也不乏"中间状态文本"（尤其是像他曾发在上海的《自然》杂志上的那些系列文章）。而他即使写研究性的论文和专著，也体现出了他所独有的风格和性格，虽然大多涉及物理学史，但你对此，应该并不陌生，你是否可以先谈谈你的印象呢？

□ 你提到的《君子兰歌》，当时在圈子里确实相当有名。不过在我看来，此诗在戈革教授的旧体诗词作品中，排位恐怕只能在中等略偏下。

说老实话，我虽然很长时间里是戈革教授家中的常客，但我每次到他那里去，从来不谈物理学史（他的专业）或天文学史（我的专业），我们只谈旧诗词、武侠小说、篆刻、书法、名人逸事等，总而言之，不谈任何科学史。不过，当他翻译的

高才自古多沦落

《玻尔集》开始陆续出版时，应我的要求，他每册都题赠给我，如果这算是涉及了物理学史的话，那或许就是我们交往中唯一的例外了。

这当然和我自己的情况有关。在所学专业和自身兴趣的关系上，我觉得我和戈革教授可能有着某种"同病相怜"的状况。我们天生的兴趣都在文学历史诗词歌赋琴棋书画之类的玩意儿上，然而却都有一个纯理科的出身——他是学理论物理出身，我是学天体物理出身。我想这种非常特殊的相同之处，应该是使得我们成为忘年之交的重要原因之一。我们见面时之所以从来不谈科学史，不是我们两人刻意回避的结果，实在是因为我们共同的兴趣在那些"不务正业"的方面更强烈、更浓厚之故吧。

关于戈革教授的科学史研究，我的印象是，他对物理学史还是有着相当深刻的了解，尽管他在这方面的学术论文并不多。另外，他因为国学底蕴深厚，所以对别人有些关于中国古代物理学史的穿凿附会之说，颇能够直指其谬。不过，你的研究领域倒是物理学史，我想你更能够对他的物理学史研究做出恰当的判断。

■ 要准确地评价戈革先生的科学史研究，也还不是一件易事。与他大量的翻译作品相比，他的专著和论文要相对少些。虽然也有给你留下颇深印象的像他对某类中国古代物理学史的评论性、批评性而且文风相当另类的文章，但他更多的研究，主要还是集中在玻尔，以及与玻尔相关的问题上。在这方面，坦率地说，戈革先生是颇为自信，而且对于他人涉及玻尔的工作，基本上都不大看得上的。这里面，我想，有其在玻尔

科学的幻想与历史建构

的文献方面下了大功夫的背景，也有像我们前面所说的其性格方面的因素。他对玻尔的资料确实掌握得很充分，物理功底又好，在对诸多问题的理解上，经常有与常见说法不同的地方，当面对那些水平低劣的科学史"研究"（在这个领域中，就像在几乎所有的领域中一样，这样的东西实在太多太多了），他尤其不能容忍。在国内关于玻尔研究方面，在量子物理学史方面，戈革先生显然是最为权威的研究者。

我想，也还是在很大程度上与其性格有关，在与我交往中，他也经常抱怨，说学界（当然这个说法有些太大了）"封杀"他，这是指他许多文章很难发表出来，当然，这会影响到他主动写论文的积极性，除非有人约稿。而且，即使在约稿的情况下，也还会遇到种种不快和困难，因为他对自己文稿的独立性的要求，经常不满意编辑的修改要求，更反感编辑直接的改动，甚至对来自出版界那些官方的文字出版规则也不认同而且不肯妥协，经常让编辑们很是为难。因而，我想，这也是他文章发表数量相对少的原因之一吧。

从研究风格上讲，我觉得戈革先生基本上是那种传统的历史研究风格，但与国内最常见的（尤其是在中国古代科学史研究领域中最常见的）考据第一的风格相比，他还更注重对史料的理解，注重观念。多年前，他在为我的《超导物理学家列传》一书写序时，曾说过，对于搞西方科学史的国内学者来说，其资料条件是远远无法和国外同行相比的，"但是有一点我们和美国同行相同，那就是大家每人都只有一个头脑，而且不分优劣。因此，当大家掌握的材料都很不充分（甚至有一方掌握得很充分）时，在动脑上我们不见得永远推枰认负。我国很少几个在科学史上真正取得了一点成绩的人，大体上走的正是这条路子。"在这里,也许我还可以略有些得意地接着引用戈革先生的话:"请允许我说,我以为刘兵也是走的这条路子。"

另外还可以提到的一点就是,与许多学科学出身后来转向科学史但在知识背景上却不那么宽泛的研究者不同,戈革先生极好的国学修养,在他的研究工作中也有着体现,而且他的学术写作,是很有一些将传统的人文修养与科学史相结合的特殊风格的,但这种风格,恐怕就是旁人所难以企及的了。

□ 你对戈革教授物理学史研究的判断很中肯,我完全同意。

在我们对他的学术成就和人文修养做了这些回顾讨论之后,也许我们还应该从另一个角度来看看戈革教授。俗语云"金无足赤,人无完人",戈革教授当然也不是完人。不过,作为一个如此倾慕他的后辈,要我来说他的缺点,还是相当困难的,好像有一点心理障碍。但为了尽量客观地评价他,我还是斗胆说一下吧。

我所见的戈革教授的缺点,基本上可以用八个字概括,那就是:恃才傲物,牢骚太盛。我相信这多半是性格使然。他绝对是一个性情中人。但平心而论,这八个字确实给他带来了不少困扰。

恃才傲物容易得罪人(毕竟有些时候原是没有必要得罪的),使他的人际关系受到影响。他诗中有"高才自古多沦落""常恨乾坤有外行"等句,正反映出他这方面的性情。当年熊伟曾有一个更为直白的表达,"戈革先生就是恨人家没学问"。

科学的幻想与历史建构

而人际关系欠佳，又会助长他的牢骚——这种牢骚经常反映在他的文章里。我猜想，他的有些文章在发表时遇到困难，可能和文章中某些不必要的牢骚有一定关系，特别是他又极度反感编辑改动他的文章，更加剧了这方面的困难。

但是不管戈革教授有多少缺点，和他的才华相比，就只能是白璧微瑕。

■ 我很同意你的评价和总结，特别是那八个字，即"恃才傲物，牢骚太盛"，非常准确地描绘出戈革先生的某种性格特点。戈革先生给许多人留下的印象确实如此。但我想，也许这种被许多人在不同程度上视为缺点的性格，与他的身世、经历应该有很大的关系。在这方面，也正是所谓文人在"不得志"的情形下容易出现的反应。

当代科学史学科的奠基者，美国科学史家萨顿，虽然也经历了种种挫折，但最后毕竟在哈佛大学扎下根，有了理想的工作职位，有了理想的研究环境。在有了所有那一切时，他曾说：

> 一个人有个好的位置是件幸事，但当他被一个抱负不凡的目标所激励，例如当一种宏伟的设想捉住他并占领了他的整个身心时，那就是更大得多的幸福了。此时，就不再是一个人找到了一个工作，而是一种伟大的工作找到了一个可敬的人。

由此联想到戈革先生，比如，就玻尔的研究，就对玻尔著作的翻译等，那不正是"一种宏伟的设想捉住他并占领了他的

高才自古多沦落

整个身心",而成为戈革先生更大得多的幸福吗?当然,除此之外,就萨顿这整段话来说,恐怕只有此话后半段,而且是在一种更宽泛的意义上来理解"工作"一词时,才会也有某种适用。因为戈革先生在萨顿所指和萨顿所找到了的那种意义的工作位置这个问题上,是"不幸"的,但如果就物理学史这个学科,就这个学科在中国的发展来说,戈革先生却是做出了不可磨灭的贡献的。这也恰恰应了萨顿在这里最后一句中的说法,"一种伟大的工作找到了一个可敬的人"!

原载《中国图书评论》2008年第6期

琱戈独具忆先贤

□ 江晓原　■ 刘　兵

□　人生如白驹过隙，转眼间戈革教授驾鹤西去已经很多年了！在一年一度去深圳评"十大好书"的往返旅途中，我一直在读这本《独具一戈：戈革纪念文集》*，感慨良多。不管这本纪念文集是多么"小众"，多么冷僻，我们必须来谈一谈它。

我既是戈革先生的忘年交，也是他的粉丝。本来这种纪念文集通常只有"圈子"里的人会关注，但戈革先生与众不同，他是一个特立独行、文理兼通、才华横溢的人。他作为物理学教授，独立翻译了全套《玻尔集》，为此丹麦女王向他颁授骑士勋章。然而与此同时，他还是非常优秀的旧体诗词作者，非常优秀的篆刻家。后面两项谓之"非常优秀"，绝非通常套语。当今被视为（或自己认为是）旧诗作者或篆刻家者多矣，以我所见，放到戈革作品面前，无不黯然失色。我衷心希望有更多的读者能够有机缘读到这本冷僻的文集，多情才子竟西行，后人哪怕只能通过这本文集稍稍领略戈革生前的风采，也必大开眼界。

书中有不少戈革的学生写的回忆或悼念文章，因为是以前未曾发表过的，所以我都是第一次读到。但是给我印象最深刻的，应该是范岱年先生写的长序。此序不虚美，不饰非，实话

---

* 《独具一戈：戈革纪念文集》，王德禄主编，中国石油大学出版社，2018年5月第1版，定价：80元。

实说,甚至对戈革的某些缺点,以及某些可能戈革自己也未必乐意提起的变化,不讳言。实在是一篇感情真挚、见解通达、人格高尚的好文章。

■ 我们以前确实曾以很长的篇幅谈过戈革,里面也回忆了不少戈革先生的往事。

首先,正像你所说的,这是一本冷僻的文集,也就是说,其实能够有机缘有兴趣读到它的人数是不会太多的,而且,在学界、出版界现在的状况下,像戈革这样的学者,在其身后能够出版这样一本纪念文集的概率也并不是很大。此文集能够出版,有赖戈革的几位直接或间接的弟子的努力。我想到的一个问题是,这样一本纪念文集,应该选取刊印一些什么样的内容才是合适的?或者,就像此文集所展示的戈革,在今天能够传达给读者,尤其是传达给那些对戈革原本了解不多的读者一些什么重要的思考和启示呢?

戈革这样的学者,本来就是非常罕见的,在今天更不用说,在以后恐怕更是极难出现的。人们了解到曾经的这样一位学者的人生和学术,除纪念的意义和一种珍稀的历史人物样本的意义外,还会给人们带来什么特殊的价值呢?

□ 我猜想,编者收集了这些会议和纪念文字,应该是全数收录本书的,当然编者做了分类,第一部分是"学生及后辈"的文章,第二部分是"朋友与家人"的文章,第三部分是"戈革学术追思会"和"戈革逝世十周年座谈会"的纪要,第四部分"附件"中,包括了戈革生前的数次口述资料的整理。如果是将收集到的资料全数收录本书,那编者就没有多少选择余地了。

不过对于你的前一个问题,我倒有一些延伸的想法,我觉得编者可以考虑多收录一些材料,使得这部文集更为丰满。比如,将原书的第四部分"附件"改为正文的第四部分,而增加一些在此文集各篇文章中提到的戈革诗词、文章、书籍选段等,作为本书的"附录"部分。这样做的合理性至少有两点:

一,原书中的口述资料部分,本来就已经在戈革的"著述"范畴之内,那又何妨再收录一些戈革的佳作呢?二,也是更重要的,考虑到戈革的著述有强烈的"跨界"色彩,例如从物理学史到武侠小说评论再到旧体诗词和篆刻,要想让读者对戈革其人有一个强烈而明晰的印象,不提供适当篇幅的"原著",不让读者有"尝鼎一脔"的刺激,那是远远不够的。不了解情况的读者,很难想象戈革是一个何等才华横溢的人。他们也许会以为,这本纪念文集也就是一个叫戈革的人的一些学生和朋友们为纪念他而写的应景文字而已——事实上这样的纪念文集早已司空见惯。

你的后一个问题,即这本纪念文集对于原先并不了解戈革的读者能引发什么思考和启示,我以为文集内最能引发这类思考和启示的,当数范岱年先生的长序,和熊伟的长文"古道西风忆戈革",此两文又是我们以前谈戈革时尚未问世的,理应得到我们更多的重视。

■ 出版戈革先生这样一个奇人的纪念文集,有两点是比较特殊的;其一,是充分展示其作为学者、文人和科学史家的特殊性;其二,是如何权衡来自各种角度和立场对戈革的评价。关于后一点,也恰恰是因为戈革在为人个性上的耿直、率真、不拘一格甚至于固执的特点，而带来的正、反的评价和解释。评价一个历史人物，如果只是塑造出一个"完美"的高大全的形象，反而会削弱这个人物作为一个鲜活的个人的吸引力。

看看近几十年来我们学界的学者，更不用说当下那些"标准"的学者形象，其中一个突出的特点，就是所受教育和知识背景的偏狭，在研究领域上的单一化，以及在研究趣味上的贫乏。而与之形成鲜明对比的，同时也正是戈革这个人物最有特点的方面，正是他在传统文化修养上的精深，以及将篆刻、武侠、书画与其学问的打通。虽然他现在被人们纪念的第一身份还主要是作为物理学史家、玻尔研究专家，但即使在这些专业性的研究工作中，那些其他相关的文化背景与修养所起到的影响，也是不可忽视的，也许这会是让未来的学者们继续研究的一个课题。比如文集中收录了我整理的戈革的童年经历回忆（可惜只是未完成稿），也应该算是为后人留下的相关史料吧。

戈革一生写下的著作、译者文字数量惊人，但由于专业隔阂等原因，并非大多数人有机会充分了解，在此我又想到，纪念文集如果能整理一份完整的戈革先生著译目录（此书只收录了他的年表），也许会让史料性和纪念性更加完美吧。

□ 你的意见非常正确。对于这样的纪念文集，一份完整的著译目录当然能增色不少，甚至可以说是必不可少的。

至于对戈革的评价，事实上在他生前就已经出现了不同意见。戈革当然不是完人，他性格上也有缺点。我1982年开始在中国科学院念研究生，到1988年博士毕业，这期间我和戈革有大量的私人交往，我常常会在他家里盘桓大半天甚至一整天。根据我在他身边时的观察,他性格上的缺点其实也就是"恃才傲物,牢骚太盛"八个字而已。

恃才傲物这一点,相信在戈革身边的人都有感觉,这在范岱年先生的长序和熊伟的长文中都有反应。熊伟当年"戈先生就恨别人没学问"一语,就是对戈革这一性格的精准描述,戈革词中"常恨乾坤有外行"之句,也可以视为他这种性格的夫子自道。戈革确实有才,而且才华横溢,可以说他有恃才傲物的资本,但是恃才傲物毕竟会影响他的人际关系。

牢骚太盛,一部分就是恃才傲物导致的后果,因为不甚和谐的人际关系影响了他的境遇和心境,而不理想的境遇和不愉快的心境发为文章,自然就是牢骚了。另一部分是因为戈革的精神,几乎一直生活在学术、艺术的云端,他对于人情世故和红尘俗事很不精通。即使他有时不可避免地也会有世俗的考量,但这种考量往往显得有点笨拙。

我猜想牢骚太盛还有另一个隐秘原因,可能和戈革的情感生活有关。这样一位多情才子,在他漫长的一生中,不遇到对他倾慕的女性是难以想象的,在他的诗词作品中,"指望花荫重遇见,无人行处都行遍""平生一事太遗憾,不信刘郎胜阮郎"这样的句子,都出现了不止一次。不过,根据我做过的一点粗浅的"索隐"功夫,我判断戈革始终是"发乎情止乎礼"的,所以他至多也就是在诗词中表达一点优雅的"牢骚"而已。

■ 回忆戈革的性格,包括为人们所称赞的方面,也包括有争议的方面。正是这种综合性的判断,才构成了一个人独特的人格。

琱戈独具忆先贤

回忆前人，也摆脱不了对今日的关照。我们回顾和学习戈革在科学史领域的工作，作为我们学术发展的借鉴，同时也会不自觉地感慨，这样的成就的取得之不易。除了戈革先生个人的执着，在当时他所处的环境中，取得这样的就更为不易了。这也颇为令人感叹。可以设想，如果我们的环境能够更为包容一些，则无论对于戈革先生本人的生活和心态，还是对于学术与文化的发展，岂不是都会更加理想？

□ 你的这个意见我完全赞同。戈革如果能够有更好的、更包容和宽容的环境，肯定有望做出更高更多的成就。

说起戈革的成就，要公允评价也不容易。这本纪念文集收录熊伟的一篇长文，特别值得注意。熊伟虽不是戈革的弟子，但他拿出治学的劲头，尝试对戈革各方面的成就进行论列和排序。这是文集中唯一做此尝试的文章，实属难能可贵。有点出人意料的是，熊伟对戈革各方面成就的排序（由高至低）居然是这样的：

文章、篆刻、诗、翻译、玻尔研究、科学史研究、教育、书法、绘画。

这样的排序，若起戈革先生于地下，不知他会不会有"熊伟胡闹"之感？戈革的学术翻译和玻尔研究，是他最倾注心力之事，也是他获得学术声誉和社会认可的主要原因，却只能位列第四、第五？

当然，熊伟有权这样排，因为他有他的标准和他自己的判断。他的标准是三条：1. 不可替代性；2. 与该领域同行的比较；3. 影响。这三条完全合理，无可非议，但问题可以出在对这三条的符合程度的判断上。例如，如果认为戈革的"玻尔研究"

别人也可以做，或者别人已经做了不少，或者对后世的影响有限，那排序自然可以靠后。

这种排序无疑可以见仁见智。不过，我实在是太喜欢戈革那些缠绵悱恻、风流旖旎的诗词作品了。

■ 排序确实可以见仁见智，而且从来没有唯一的标准。至少，在熊伟这个排序中，文章还是排在第一位，而文章实际上是可以涵盖科学史研究、玻尔研究或表述的。

但因为这个排序涉及太多的领域，一般来说，不同领域的规范或者标准通常会很有些不同，当然我们也就可以想象对这个排序显然也会有不同的评价。或者，这种涉猎内容甚广，也正是戈革先生的一种生活方式，只是部分偶然的生计和职业约束的原因，使得他最终还是以玻尔研究和科学史研究为立身之所。

排不排序，戈革都只是一个不可复制的奇才，倘若他泉下有知，也许会对人们给他的贡献进行排序的行动嗤笑一声吧——尽管他也在自己所著的《挑灯看剑话金庸》一书中依照个人喜好为金庸书中的人物认真地排了序！

原载 2018 年 12 月 12 日《中华读书报》

忆周雁

江晓原

最初认识周雁,是刘兵介绍的,说有一位非常优秀的编辑想认识你。初次见面,我们谈了一些书籍方面的话题,当时她正想做科学史方面的选题。虽然当时讨论的选题后来并未实施,但周雁给我留下了很好的印象。我感到,这是一个爱书之人。此后我们见过好多次面,她还到寒斋来做过客,我们每次相处都很愉快。

我们开始业务上的合作是为了《南腔北调集》——此事说来有点话长。

从 2003 年开始,我和刘兵在《文汇读书周报》上开设了一个对话专栏,刘兵建议取名"南腔北调",因为他是北方人,我是南方人,而且我们两人同在 1999 年从中国科学院系统调出,他去了清华,我去了上海交大,又正好是一南一北。这个《南腔北调》专栏至今还在继续着,已经整整四个年头了。我们每月谈一次,主题集中在当代"两种文化"的冲突。

我们采用真正的对谈——我写一段传给他,他再加一段传给我,我再加一段……如此循环往复,直至成篇。因为在写自己这一段时,你并不知道对方的下一段会说些什么,这样就保持一种不确定性。我们很喜欢这种方式。

在我们的《南腔北调》专栏开始不久,周雁就注意到了,她来找我,说要将专栏中的文章出集子。我和刘兵都同意,就初步定了下来。但当时我们已有的文字还不足以构成一本小书，所以约定再继续对谈一段时间，等文字积累到 10 万字左右时出书，书名当时就定为《南腔北调集》。那时周雁仿佛已有先见之明，她叮嘱道："不能给别人的哦。"

随着我们的对谈继续进行，逐渐引起了人们的注意，"别人"果然次第出现了，其中最有共同语言的是江苏人民出版社的副总编刘卫。他也有意将我们的"南腔北调"专栏出集子。当时已经传来周雁得病的消息，但我们都以为那很快就会好的，我们对刘卫说了先前已经答应给别人了，刘卫很理解。后来周雁给我来 Email，感谢我的"仗义"，并说她还是要做这本集子。

但是再往后，关于周雁病情的消息越来越不好了，我和刘兵都隐隐感到，她恐怕不能做这本《南腔北调集》了。出于一种奇怪的心理，我们两人谈到这个集子时，很长时间都不愿意将这种顾虑明说出来。我们只是继续着我们的对谈。

当我们的对谈正好进行到两周年的那个月，周雁真的离开我们了。

此后，每次和刘兵在网上对谈时，我都会想到周雁。我相信，在那个世界里，书香仍会常伴周雁左右。将来的某一天，她会看到《南腔北调集》的——我保证，我要将这篇文字收录其中，聊表对她的纪念。

现在，这一天已经到来了。

作者附记：

本文是江晓原、刘兵著《南腔北调：科学与文化之关系的对话》（北京大学出版社，2007）一书的跋。

5. 附　录

享受谈话中的不确定性

——《南腔北调》前言

□ 江晓原　　■ 刘　兵

□ 刘兵兄，我们在《文汇读书周报》"科学文化"版的对谈专栏《南腔北调》，竟已经谈了整整四年了！这次结集出版，倒也让我想起许多琐事，值得稍微说一说。

首先是许多朋友对我们两人对谈的工作方式感到好奇。有一种猜测是，我们每次由一个人写成一篇文章，然后将这篇文章改编成对话体，如此交替进行。我知道有不少对话体的文章是这样写成的，但是我们的对谈却完全不是这样。和我们熟悉的朋友都知道，我们两人实际上是依赖网络，每次我写一段，从网上给你，你再写一段，再从网上给我，如此反复若干次，完成一次对谈。

这种做法有几种好处：一、可以充分利用零碎时间，忙里偷闲进行；二、两人相互启发，相互刺激——因为在写自己的这一段时，不知道另一个人下面一段会写什么，所以写作过程中就会有着相当的随机性，偶然性，或者说不确定性，这种感觉和一个人埋头写一篇文章是很不一样的。

但是，这种工作方法，似乎并不是任意两个人之间都可以使用的——我和好几个朋友做过对谈，但是有的灵感如泉、文章锦绣的朋友，却不适应你我之间的这种工作方式——他们或是一口气就将自己要说的话全部说完，或是不分你我，自己一写就已经写成一篇锦绣文章,这样就都无法享受两人对话过程中的不确定性了。

■ 我们在日常生活中,一些不在一个城市甚至仅仅是不在一个单位,而学术上又品味相投的朋友在偶尔像出差或开会等机会碰到一起,经常愿意聚在一起"神侃",尤其是在一些学术会议上,有时大家会感到会下的"神侃"经常比会上的正式交流收获更大。但对于不在"神侃"现场的人来说,也就无缘得知这些比会议正式内容更"重要"的东西了,因为会议总会有些正式的报道,以及会议论文的出版。

我想,我们这种对谈,很有些像这种朋友相聚时的"神侃",差别只是在于我们是通过网上的沟通,谈话者只有两人而已。其实,就像写日记本是为了写给自己的一样,那种专门写给别人看的日记,就已经不是最原初意义上的日记了,而我们的网上对谈,在我的感觉中,也大致如此,我们基本是在谈自己的感受,而并非刻意地要谈给别人听,尽管最后的结果是发表出来。

古人有话说,酒逢知己千杯少,话不投机半句多。虽然我很了解晓原兄原来基本不沾酒,后来虽有所变化,至多也不过是象征性地喝一点点,但对于聊天,却是非常的热衷,记得在许多次会议上,在会后可能的各种活动中,你最优先的选择,几乎总是聊天。但这种在网上定期有规律的聊天与那种随机的闲聊又有所不同,如果没有真正共同的学术意识(不是说具体的学术观点,因为各人的具体观点反而可能会彼此有所不同)和学术品味,要一直坚持四年恐怕也是很难的。

就我个人来说,我也把这种网上的对谈,或者说对聊,看

享受谈话中的不确定性

作一种对自己的思路的整理,而且是在有对手、有挑战、有激励下的整理,因而是另有一层收获的。

□ 我最感兴趣的是这种对谈中的不确定性,在享受这种不确定性的同时,我们进行着非常放松而随意的谈话。我完全同意你的看法,即我们的对谈"并非刻意地要谈给别人听",所以每次我们的对谈都有一个原始版本,这个版本的篇幅是不受限制的,只有当我们感到可以结束这次谈话时——通常你会给出一个"有力的结尾",我才动手删改成一个符合版面要求的节本,这个节本,则是为了供发表的,也许有一点点像"那种专门写给别人看的日记"?当然,由于最初是随意而谈的,所以还是比较鲜活。

其实此事和在电视上做谈话节目有类似之处。对这类节目有经验的嘉宾、编导或主持人都知道,谈话要谈得精彩,离不开谈话者之间相互激发的氛围(有时被称为"情绪""感觉"等),如果事先"过度沟通",弄得大家都知道谁将说什么话,失去了不确定性,节目就会索然无味。我们两人也经常参加这类节目,也许正是这种经历,使得我们比较适应我们所选择的对谈方式?

这里我打算郑重提出,此次结集出版,我想就用我们每次留存的原始版本,至多只做极少量的修改,你看如何?

■ 我完全同意。保存原始的谈话感觉有其特殊的意义,除现场感和历史感外,也可以让原来以简本发表时一些意犹未尽的观点充分表达出来。

有一点需要说明的是,我们在《文汇读书周报》陆续发表

科学的幻想与历史建构

这个对谈系列所用的栏目名称是"南腔北调",这里也可以有多重寓意,一是我们两人确实一南一北,二是这种颇有些另类的声音往往也不是正统主流的腔调,当然,人们也还会联想到前辈那本也是以此命名而且又名气绝大的集子,如果不算"跟风"的话,至少可以沾些"仙气"吧。

非常有趣的是,我们两人的对谈后来又发展到学术会议上的发言,甚至某些节庆活动上的演讲——有几个这样的对谈也收入了本书。你戏称这种学术会议上的双人发言是"学术相声",虽属幽默,但也反映了某种形式上的真实。现在已经有朋友开始在一些场合模仿我们的"学术相声"了。

最后,在此我还要特别指出——因为现在我们当然知道这个仍以对谈的方式写成的前言是要给读者看的,晓原兄在每次对谈的加工中都付出了不少的劳动,而这次对于这本最后结集的对谈,整理的任务又都交给了你,对于你额外付出的辛劳,我要在这里表示感谢。

我们还要感谢《文汇读书周报》的编辑周涵嫣女士和顾军女士,正是她们先后负责每月在《文汇读书周报》上《南腔北调》专栏的编辑。

我们还要感谢已故的周雁女士,是她最先建议我们将这些对谈结集出版。

我们还要感谢许迎晖小姐,承她厚爱,策划了本书的选题并担任责任编辑。

2006 年 8 月 8 日

于在线的电脑上

南腔北调,畅谈当代科学文化

杨新美

当今,国内科学文化争论频起,学术体制问题多多,学术品位严重滑坡。但对此类问题的学术讨论,多因行文晦涩被公众拒于千里之外,难以有效传播。在近期北京图书订货会的专家荐书会上,北京大学哲学教授刘华杰推荐了《南腔北调:科学与文化之关系的对话》*。《南腔北调》一书由上海交通大学江晓原教授和清华大学刘兵教授合著,北京大学出版社出版。两位作者京沪联手,南北互动,激扬文字,谈笑风生,亲近读者,深入浅出,以对话形式写就当代学术时评。正可谓:亦庄亦谐谈学术,南腔北调话科学。

南腔北调话科学

《南腔北调:科学与文化之关系的对话》以21世纪以来问世的书籍为引,行文化思想评论之实。思想激进但持论则平,行文风趣而主题严肃。该书关注的焦点,是当代科学与人文之间的关系。举凡科学主义、反科学主义、"科学大战"、后现代、建构论、强纲领、伪科学、科学史、科学哲学、科学幻想

---

* 《南腔北调:科学与人文之关系的对话》,江晓原、刘兵著,北京大学出版社,2007年1月第1版,定价:32元。

等，当下科学文化的热点话题，无不纳入对谈的视野。

如今，两位作者在《文汇读书周报》上的对谈专栏已经进入了第五个年头，成为传媒界一道引人注目的风景线，而专栏前四年的对谈都收录了本书。本书由正编和副编两部分组成，正编集结了专栏前四年48篇对谈的完整版（在报纸上发表的都是江晓原删节成的2400字版本）；副编则收录了"学术品位"等方面的8篇对谈。全书围绕当前学术热点话题，以他们的心得，帮助读者加深对科学文化的理解，建立好的学术品位。

接受记者采访时，江晓原聊到书名的缘由："2003年，我和刘兵在《文汇读书周报》上开设了一个对话专栏，我们每月谈一次，主题集中在当代'两种文化'的冲突。刘兵建议取名'南腔北调'，因为他是北方人，我是南方人，而且我们两人同在1999年从中国科学院系统调出，他去了清华大学，我去了上海交通大学，又正好是一南一北。"

"其实，我们并不知道会谈成什么样，因为这就和平常聊天一样，就像网络直播形式。"刘兵补充道，"一般都是他先开头，我最后结尾；一般都是他引起一个说法，做在一个文件里发到我的邮箱，然后我方便的时候随时打开这个文件，回应他一段，如此循环往复，直至成篇。"如此一来，他们可以充分利用零碎时间，忙里偷闲进行。

他们回应对方都有时间的滞后，这样就有了一个思考的过程。在这个过程中，两个人相互激发，拓展了各自的想法。而且在写自己的这一段时，不知道另一个人下面一段会写什么，所以写作过程中就会有着相当的随机性、偶然性，或者说不确定性，这种感觉和一个人埋头写一篇文章是很不一样的。

刘兵还说，谈论的话题和他们关注的出发点基础就是出自于他们各自的专业背景，对于学科研究的内容，甚至面向学科之外的文化界人士、公众。而且这种谈话体本身就是有一种亲和力的，它不像学术论文一本正经，语言上比较自由，没有那么枯燥。

内容生动易懂，还实用

《南腔北调》的责任编辑许迎辉认为，在此书里两个作者的文笔都非常好，而且关于沟通科学与人文之间关系的方面，这么多年来，他们一直在做努力，现在又以这种对话的形式对当代的科学文化、学术做出评价，更容易让读者消化吸收。她还觉得那些不是学科学的读者也非常能接受此书。

"除大学生、研究生这个群体外，我觉得只要本科或者甚至爱好科学的读者，并不局限于从事科学工作的人士。这本书主要是想给大众读者看的，做到科学文化的真正普及。"谈到该书的读者对象时，许迎辉说："因为是书里每篇文章都是对谈的形式，比较口语化，不是学术型的文章，内容的涉及面非常广。两位作者都是学理工出身，研究生阶段又都学科学史，可以说他们是文理兼顾。书的内容主要是与科学有关系，但是不并不仅仅限于科学。"她还说，做这本书最大的意义就是将严肃的话题以对话体的形式出现。对话体的形式中，两个人的思想是有碰撞的，而且更容易将各方面的观点阐释的更加清楚。

北京大学哲学教授刘华杰评价道："这本书关于科学文化的信息量比较大。"实际上，科学文化是一个比较难以讨论清楚的事情。也有人讨论过此类话题，但是很多讨论不深入，十年前的话现在也还在说。像"废除中医""废除伪科学"事件已经成为公众事件，但是它背后的学理还是科学文化、什么是科学、科学与伪科学如何划界、科学文化与其他文化之间到底是什么样的关系、科学与反科学概念之争等等。这些话题在国内学术界讨论得不深，甚至有些人都没有把它们当成问题。他们两位的这本书对这些话题都有深入地讨论，而且讨论的时间持续数年之久。

刘华杰教授还总结说，从书中的行文，能看出两位作者的各自特点：刘兵显得比较前卫，江晓原显得比较保守、经典。他们的观点不完全一样，在某些问题上有分歧，这样的交流才更能派生出丰富的意义。但是他们共性也有很多，所以很多方面能沟通。

在几年对谈过程中，两位作者一共谈到了约 50 本书，这些数可能很少有人全看过，大多数人可能根本就没有看过，因此读者可以通过读这本书而对他们对话涉及的书感兴趣，就可以去有选择地去读，这样就可以读到"科学与文化"这个领域的许多好书。

刘华杰教授还说："从我的角度来看，这本书还是提供了很丰富的信息，是一些读者可能从来不会想到的一些方面。特别是我们出版界信息不畅通，譬如说哪里出了一本好书，读者根本不知道。而像他们这样可以把一个领域里好书聚集在一本书里面讨论，实际上也引导了读者。在购书时，读者能有选择性、目的性地买到真正的好书，而不会被一些假'好书'给蒙骗。"

原载 2007 年 1 月 25 日《科学时报》